Understanding
Architecture

后浪出版公司

认识建筑

湖南美术出版社
全国百佳图书出版单位

[美] 罗伯特·麦卡特　　[芬] 尤哈尼·帕拉斯玛——著　宋明波——译

目录

导言：建筑即体验

帕特农神庙是一件伟大的艺术作品，这是公认的事实。然而，只有当这件作品走入人的体验之中，它才具有美学上的意义……艺术永远是人类与外部环境互动体验的产物。建筑恰恰证明了这种互动体验的交互性……建筑作品对人们后续体验的重塑，比之其他门类的艺术，都来得更为直接和广泛……它们不仅影响到未来，还记录和传递着过去。[1]

——约翰·杜威
（John Dewey，1859—1952 年）

作为一本建筑入门读物，本书以如下前提为出发点：建筑只有通过我们对它的切身体验才能被评估和被理解。对建筑的理解并不需要专门的知识或技能，而是始于日常的栖居体验。我们的体验是最重要也是最恰当的评价建筑的方法。只有当建筑被体验时，当它被栖居者的五官全方位同时感受时，当它为我们日常生活的行为和仪式提供发生的场景时，它才有了意义，才会对我们产生影响。但凡能够在人类历史上留名、在使用者的记忆中常存的建筑，无一不是受到人类体验的启发、建立在人类体验的基础上并依照人类体验加以塑造的。那些能够触动我们感官神经并能赋予我们全新体验的建筑作品，吸引我们与之靠近，让我们的每一次回访都充满惊喜，随着时间的推移才逐渐地显露出它的全部特征。

芬兰建筑师阿尔瓦·阿尔托（Alvar Aalto，1898—1976 年）曾说："一座建筑物在揭幕那天的样子并不重要，重要的是它建成三十年之后的样子。"[2] 此外，如果一座建筑物只是孤立地吸引我们某种单一的感觉（现今通常是视觉），那么它也无法以深刻和动人的方式为我们所体验，充其量只能算是一个"奇观"（spectacle）：在我们第一次参观或是第一眼看到它的照片时，它的新奇性就已经消失殆尽了。我们生活在一个视觉影像主导一切的时代，一座建筑"看上去如何"，往往是我们评价它的唯一重要的依据。我们以为，只要看看书报杂志或网络媒体上的照片，就算"了解"了古往今来的各式建筑及其缔造的场所，而不需要真正栖居在其空间之中。维也纳哲学家路德维希·维特根斯坦（Ludwig Wittgenstein，1889—1951 年）曾说过："伦理学与美学是一回事。"[3] 而那种将建筑的外观凌驾于内部空间体验之上来评价建筑的做法，恰是对"内在美高于外在美"这一道德理想的颠倒。今天，我们有必要重申这个本应显而易见的道理：栖居的体验是评价建筑作品的唯一有效的方法。

建筑，作为一种体验，不一定要和它"看上去怎样"有关，而是要看它与它所在的场所的地景、气候和光线是如何结合的；看它的空间是如何组织的，如何妥善地容纳发生在其中的各种活动；看它是如何建造的，结构是怎样的，采用了哪些材料。也就是说，所有这些因素综合在一起影响着建筑"内在的面目"，即人们栖居在其中的体验。由此，我们必须承认，通常情况下，建筑并不是我们注意力聚焦的对象。正如美国建筑师弗兰克·劳埃德·赖特（Frank Lloyd Wright，1867—1959 年）所言，建筑是日常生活的"背景或框架"，它的空间和形式是由其栖居者的"舒适和使用"需求来决定的。[4] 当然，这一看似谦卑的定义不应导致我们低估建筑的影响力。建筑为我们在这世上的行为提供了场所，因此，它对于我们的存在感和身份认同感的建立起到了根本性的作用。正如美国哲学家约翰·杜威所述，建筑让人类感到"家一般的心安，因为他处在一个他亲身参与建造的世界中"。[5] 通过这种方式，建筑捍卫着人类体验的原真性（authenticity）。

栖居于建筑之中和体验建筑都是非静态的事件。正是基于这一理解，我们在本书中对建筑予以了新的释义。法国哲学家亨利·柏格森（Henri Bergson，1859—1941 年）曾写道："我们把它（流星）所穿越的空间的可分性归因于运动，其实我们忘记了可分的只是物体，而不是行为。"[6] 人们在运动中，在记忆和想象中，用他们的整个身体栖居在建筑里，而不是单凭一张照片所代表的某个静态的瞬间。空间与材料、光线与阴影、声音与肌理、天高与地远……所有这些因素在我们的体验中交织在一起，组成了能够呼应我们日常生活的场景。诚如杜威所言："我们习惯于认为实体对象都是有边界的……然后我们下意识地把所有体验对象都有边界这一观念带了……我们对体验本身的设想中。我们假设体验具有和与之相关的物体同样的明确界限。但是，任何体验，即使是最普通的，都有一个模糊的总场景。"[7]

令人印象深刻的建筑会牵涉到一种身体性的体验，这种体验是由我们双手的所及所感、指尖的轻触、皮肤的冷热感受、脚步的声音、站立的姿势和眼睛的位置决定的。我们的眼睛从来不会像建筑摄影那样，仅仅固定和聚焦在一个点上。在我们的日常体验中，比聚焦的目光更为强大的是眼角的余光——我们凭借它在空间中穿行，感知不断移动的地平线。正如美国哲学家拉尔夫·沃尔多·爱默生（Ralph Waldo Emerson，1803—1882 年）所说："人们忘记了，是眼睛决定了地平线。"[8] 生命力持久的建筑能够调动这种身体性的体验，牵动我们所有协同运作的感官，包括与身体的位置、平衡和移动有关的动觉。美国建筑师路易斯·沙利文（Louis Sullivan，1856—1924 年）说过："由五官感受和联觉做出的完整而具体的分析，为理智做出的抽象分析奠定了基础。"[9]

空间与感官体验（身体性的体验）的密切关系是以创造建筑作品的特定材料为中介而建立起来的。我们记住的往往是这样一些建筑物：它们把我们包容在一个能够同时刺激所有感官的空间中，因此赋予我们的感受要比一张静态图像丰富得多。令人难忘的建筑作品不应只有一次性的观赏价值，而是可以百看不厌，甚至日涉成趣，因为在一天中的不同时间、一年中的不同季节里，发生在建筑中的各式各样的活动和千差万别的参观者会为我们的每一次到访带来前所未有的体验。对一座难忘的建筑的体验中，我们印象最深的通常是其建造过程中留下的标记（材料的节点、图案、肌理和颜色）以及采用的各种方法，美国建筑师路易斯·康（Louis Kahn，1901—1974 年）称之为"展示作品创造过程的标记"。[10]我们从中看到了"手艺"——场所的制造中蕴含的他人的手工劳作。请勿必牢记，即使在拥有数字化施工管理和构件预制技术的今天，建筑仍然几乎是全部以双手建造起来的，建成的场所也仍然是以触知性和身体性的方式为我们所知所感的。

意大利建筑师卡洛·斯卡帕（Carlo Scarpa，1906—1978 年）在 20 世纪 70 年代初期就任威尼斯大学建筑学院院长之后，便把 18 世纪早期威尼斯哲学家詹巴蒂斯塔·维柯（Giambattista Vico，1668—1744 年）的名言"Verum Ipsum Factum"（真理即成事）刻在了学院入口大门的墙上并印在毕业生的学位证书上。我们可以把这句话理解为"我们只能够知道人类已经做出来的东西"。维柯的意思是，人类的知识只能来自其自身所创造的历史，来自历史上他人所创造的场所、作品和文字。诚如本章开篇对杜威之言的援引，我们所造的建筑，通过我们对它的体验而塑造了我们并改变着未来，同时它也是对其建造年代最直观有效的记录。本书也秉持同样的信念。在现代曙光初照的 1894 年，德国建筑理论家奥古斯特·施马索夫（August Schmarsow，1853—1936 年）曾说，建筑的历史完全是由人类对空间的感知能力的进化程度而决定的。就在同一年，法国诗人保罗·瓦莱里（Paul Valéry，1871—1945 年）写道："我们称之为空间的，是相对于任何我们可能想要构想的结构的存在而言的。这个建筑结构定义了空间，并引导我们对空间的本质做出假设。"[11]一方面，建筑的定义来自我们能够感知的空间；另一方面，我们所感知的空间又不断地被我们想象中的建筑重新定义。这种建筑与感知之间的制衡，在我们把建筑作为体验来理解的过程中，是至关重要的。

建筑只存在于切身经历的体验之中，对建筑的思考也必须建立在体验者与讨论对象发生真实联系的基础之上。一件能够让我们感动到落泪的建筑作品，它的意义并不在于其物质结构本身，也不在于其几何构图的复杂性，而是产生于观者的身心与该建筑在物质和精神层面之上的碰撞。这种体验性的碰撞，恰是从外部进行抽离式观察的对立面：它是我们所处的"场景"与我们的"自我"之间的一种完全的融合。先前的体验和记忆融入这一碰撞的精神层面中，而后我们在脑海中进一步完善建筑师在现实世界提交的这个作品，把它变为我们自己的作品。我们在这个空间中安定下来，这个空间也驻扎于我们的内心；建筑成为我们的一部分，我们也成为建筑的一部分。一件深刻的建筑作品并不是作为一个分离的对象停留在我们的身体之外，我们应能通过它来深入生活并体验自己，它引导、指示并限定着我们对于自己在这个世界上的存在的理解方式。

建筑并不指示或引导我们对它的体验，也不把我们带向某种单一性的解释。相反，建筑为我们提供了一个充满各种可能性的开放领域，它激发并释放我们的认知、联想、感受与思想。一座有意义的建筑物不会强加给我们任何具体的东西，而是启发我们自己去看、去感觉、去体会并进行思考。伟大的建筑作品会让我们的感觉变得敏锐，让我们的感知范围更加宽泛，让我们对世间的种种现实具有更强的感悟能力。建筑的真正目的不是创造出经过美化的对象或空间，而是为我们体验和理解这个世界（并最终理解我们自己）提供框架、视野和场景。建筑体验来源于人类的动作、行为与活动，反之它也引发了人类的动作、行为与活动。举例而言，窗框算不上是一个主要的建筑意象，但是窗子如何框限一处景色，如何引入光线以及如何表达室内外空间的相互影响等，这一切把窗子变成一种真正的建筑体验。同样，当一扇门仅仅被当作一个实体对象时，它在设计上的丰富性只能带来一些视觉的美感，而穿门而入的行为，亦即穿越两个世界——外部与内部、公共与私密、已知与未知、黑暗与光明——之间的界线的行为，则是一种身体性的、情感性的体验，正是这种体验诠释出了建筑的意义。进与出的行为是对建筑中最深层的形而上意义的体验。在抵达与出发这两个简单却深刻的行为中，我们意识到，只有在与体验产生私密且难解的联系后，建筑的意义才能浮出水面。

对建筑的体验是具有转化力的，它可以融合不同的时间维度，把我们与被遗忘的深层记忆重新联结起来。建筑体验不只是一场视觉性或感官性的碰撞。一件伟大的作品足以调动我们的整个存在，改变我们的体验性感觉（我们对自我的感觉）。它既改变着世界，也改变着我们。一件真正的建筑作品的转化力，并不来自作者意图（建筑的内容和意义）与建筑作为作品的最终呈现这二者之间的象征性连接。建筑本身即是一种现实，在我们体验它的时候，它直接进入到我们的意识之中。这种体验无须借由象征性来加以调和，而是作为一种直接的存在性遭遇而被经历：这种遭遇是在对作品的身体性体验中对其意义的亲密呈现，而不是象征性所包含的那种有距离感的呈现。在伟大的建筑中，意义不是那些产生于作品外部的东西，它所附加的象征符号只是将我们引向这个作品的渠道。建筑的意义，正如杜威所指出的，"固有地存在于即刻的体验中"，[12] 并直接决定了建筑作品的品质、影响力和永久性。

总之，为了被理解，建筑必须被体验——它不可能通过任何纯理性的分析而被领会。杜威曾言："在通常的概念中，艺术作品往往与建筑归为一类……在它与人类体验相分离的存在中。而实际上的艺术作品乃是与体验有关的产物，并且是存在于体验中的产物，所以，由上述概念得出的结论并不有助于理解艺术……当艺术对象同它最初创造过程中的体验条件以及后来发挥效力时的体验状态相分离时，它的周围就筑起了一堵墙，这堵墙把它的一般性意义都遮蔽起来了。"[13] 杜威把"体验"和"理解"分开，他声称，当一件建筑作品脱离体验的现实时，它便失去了真正的含义和意义。另一方面，作为体验的建筑应是一个私密的、让人深度投入的事件，与其说它把我们引向理解，还不如说它把我们引向一种"惊奇"（wonder）的感觉。"艺术中的启示是体验的加速扩张。人们说哲学始于惊奇，终于理解。艺术是从已被理解的事物出发，最后结束于惊奇。"[14]

本书介绍了建筑的常见主题和具体案例，这两者的编写都是从体验的角度出发，即我们日常栖居于建筑物中的直接体验。文字部分由 12 个基础建筑主题组成，这些主题被归为 6 组：空间与时间、物质与重力、光线与寂静、居所与房间、仪式与记忆、地景与场所。每一主题以一篇立论式文章作为开篇，论文的目的是将它所阐述的建筑原理置于由理念和体验组成的更广泛的文化和知识背景之中。每篇论文之后是 6 个选自世界各地和各个历史时期的建筑实例，以显示出场所的具体性和体验的普遍性。在对全书 72 座建筑物的描述中，笔者试图营造出身临其境的在场感，让读者感到自己仿佛正栖居于这些

空间中，从而在建筑的整个现象学范围内体验它：从它那笼罩一切的场所感，到它的物质实体，直至最精妙入微的细部。更重要的一点是，这 72 个实例完全适用于 12 章中的任何一个主题，因为它们都涉及了建筑体验的全部特质。所有深刻的建筑作品，其本身就是一个自成一体的、独立而完整的世界。

体验构成了建筑的根本基础，书中选取的这 12 个主题在我们对建筑作品的体验过程中得到了统一。之所以采用理论综述和实例分析相结合的写作方式，是为了让读者知道，在世界上的不同地方和历史上的不同时期，自人类文明有文字记录之日起到今天，我们曾以多么丰富的手段去构思和建造建筑，以体现我们作为人类在其中的共同体验。我们栖居在大地之上，仰望着同一片苍穹，建筑营造的场所正是我们形成个人和集体身份认同感的过程中最基本的要素之一。

本书最初的创作灵感来自约翰·杜威于 1934 年出版的著作《艺术即体验》（Art as Experience）。在杜威看来，当我们体验一首诗、一幅画、一段音乐或一座建筑时，我们与它相融合，把它变成我们自己的东西，而它便成为我们内在世界的一部分。在我们改变它的时候，它也改变着我们。杜威认为，一件艺术作品或一座建筑，如果没有经过我们的体验，就根本没有存在过。此外，在本书的撰写过程中，我们还借鉴了与杜威的理论并行的另一种思考方法——美国文艺批评家乔治·斯坦纳（George Steiner，1929 年— ）提出的"说服性批评"。它是指作为场所体验的结果而产生的一种深刻的见解：当一个人经历了强大的具有转化力的场所体验时，这种体验的品质和美感让他强烈地想要传达给他人，希望他人也能栖居和体验这一场所并拥有同样的体验。正如斯坦纳所说："从这种旨在说服的企图中，生发出批评所能给予的最真实的领悟。"[15] 然而，这种具有转化力的体验只能来自亲身经历和亲眼所见，体验者必须走入建筑的"血肉之中"。因此，读者不能心满意足地以为，仅凭在本书中读到的内容就足以"了解"这些令人惊叹的建筑作品，更不能说由此便"了解"了更广泛意义上的建筑学。如果您读完这本书后强烈地想要去体验这些场所，想要以自己的手足眼耳及其全部身体性意识去探索它们，那么我们才算实现了撰写本书的初衷。

时间　物质　重力　光线　寂静　居所　房间　仪式　记忆　地景　场所

空间

我们不是仅仅凭借五官感受去理解空间……我们生活在其中，我们把我们的个性投射在其中，我们通过感情的纽带和它联结在一起。空间不仅仅是被人感知的……它是被人用生命去体验的。[1]

——乔治·马托雷（Georges Matoré，1908—1998年）

仅仅几年以前，"空间"一词还有着严格的几何学意义：它只会让人们想到一个空的区域。在学术方面，它通常和一些特定的表述词连用，如"欧几里得空间""各向同性空间"或"无限空间"。通常的感觉是，空间的概念最终是一个数学概念。因此，如果有人提及"社会空间"，听起来就会很奇怪。[2]

——亨利·列斐伏尔（Henri Lefebvre，1901—1991年）

仿佛空间认识到……它与时间相比处于劣势，于是便用时间唯一未曾拥有的特质——"美"，来做出反击。[3]

——约瑟夫·布罗茨基（Joseph Brodsky，1940—1996年）

存在性和建筑化的空间

空间是最根本的建筑学概念。建筑通常首先被看作是对人类有意义的空间的建造，同时也是对空间进行富有表现力的诠释的艺术。意大利建筑历史学家布鲁诺·赛维（Bruno Zevi，1918—2000 年）在他的名著《建筑空间论：如何品评建筑》（*Architecture as Space*，张似赞译，北京：中国建筑工业出版社，1985 年。——译注）一书中主张，空间是建筑最必要的组成部分，只有那些把内部空间当作一种具有艺术表现力的媒介而刻意部署的建造物，才能被纳入建筑学的范畴。"内部空间……无法以任何形式得到完全的表现，但却可以通过直接的体验被理解和被感受，它是建筑的主角[4]……建筑的历史主要是空间概念的历史。对建筑的评价根本上是对建筑物内部空间的评价。如果它没有内部空间……这座建筑物的结构体……就会被排除在建筑的历史之外……"[5]

空间在所有其他艺术形式中也是同样根本的概念，在物理界及生物界——从动物的领域主权到人类的空间行为——皆是如此。[6] 动物和人类都会在其行为中运用空间监察、空间反应及空间组织等复杂机制，这些机制在大多数情况下都是在潜意识中运作的。甚至语言，从根本上看，也是通过使用空间性和具象化的比喻而建立在空间位置及空间关系的参照体系之上的。[7] 我们以自身作为参照点和中心点来感知、认识和描述我们的体验性世界。

在建筑中，空间不仅仅是一个引导行为的媒介，也是特地用来进行精神交流与艺术互动的手段以及进行美学表达的对象。建筑空间在整个世界与人的领地之间，在实体世界与心理世界之间，在物质世界与精神世界之间起到调和作用。建筑的职责是在自然的空间中为我们提供一个久居之家。

建筑为人类对世界的感知和理解创造了参照性的视野和框架。诚然，建筑的诞生一定是出于某种明确的使用目的，它的功能可以是纯粹实用性的，也可以是纯粹仪式性和象征性的，但总之一定是为某一具体的意图而服务的。然而，除了实用目的，建筑还具有一种意义重大的存在性和心理性的职责。人类建造的结构体把平淡无奇、均匀划一、没有界限的自然空间转变为若干对人类有意义、特征鲜明的场所，从而驯化（domesticate）了空间，以供人类栖居。同样重要的是，建筑为时间长度赋予了人工的度量单位，由此使漫长无尽的时间变得有迹可循。正如哲学家卡斯腾·哈里斯（Karsten Harries，1937 年—）所言："建筑帮助我们摆脱无意义的现实，代之以一

种通过戏剧化手法——或者不如说是建筑化手法——转化了的现实。这一被转化了的现实，引诱我们与之靠近，而当我们臣服于它时，它便赐予我们一种意义的错觉……我们无法生活在混乱中。混乱必须被转化为万物中的秩序……当我们把人类对庇护所的需求简化为一种物质需求时，就忽略了那种可以称之为建筑伦理功能的东西。"[8] 或者又如法国哲学家加斯东·巴什拉（Gaston Bachelard，1884—1962 年）所说："（房屋）是我们用以勇敢地面对宇宙的工具。"[9] 同时，宇宙这个抽象且难以定义的概念，又总是出现在建筑和人文景观中，一再地被解释。地景和建筑物其实是浓缩了的世界，是对世界的一种微观呈现。因此，为人类居住而建造的空间始终也是一个具有隐喻意味的空间。

当然，如果我们就此把建筑定义为满足人类目的、对人类有意义的空间的艺术，那么必须承认，这样一来我们便把自然环境也感知为空间性的布局和实体。山洞、田野、沙漠或大海的空间都可以为我们提供强烈的空间体验。但通常我们在体验自身存在的这个实体空间时，会觉得它神秘莫测，不可度量。我们努力探索它的结构，试图清楚地描述它，使之归入我们的度量法则并为其赋予特定的心理和文化意义。这种对建筑空间的创造，是通过对体块、几何关系、结构、材料、尺度、节奏及光线的巧妙处理而完成的。建筑空间可以是静态的或动态的，平面几何化的或立体雕塑感的，封闭的或开放的，集中式的或离心式的，整齐划一的或错综复杂的。

历史告诉我们，在一个时期占主导地位的世界观，往往会在那个时期的空间结构和空间特性中找到它的表达方式。几何关系是区分人文空间与自然空间最明确且直白的手段，它赋予人文空间特定的文化与心理层面上的定义、特征和意义。自古以来，建筑就渴望通过几何结构和数学比例的运用把人类的世界和宇宙的法则联系起来，以求创造出神界与凡界之间的和谐共鸣。

西方世界便沿袭了这样一个古代传统，即把算术（对数字的研究）、几何（对空间关系的研究）、天文（对天体运行的研究）和音乐（对耳朵所捕捉到的运动的研究）视为数学研究的"四艺"（quadrivium），而绘画、雕塑和建筑则被看作手工行业。为了将后三者从手工技术的层次提升到数学艺术的层次，必须为它们提供坚实的理论基础，也就是数学基础——这是可以在音乐理论中找到的东西。[10] 文艺复兴时期的建筑师与理论家莱昂·巴蒂斯塔·阿尔贝蒂（Leon Battista Alberti，1404—1472

图 4
一座巴洛克风格的教堂在空间上呈现出的复杂性。这种相互渗透的空间单元所形成的总体空间意象，让人无法排除感知和判定的模糊感。巴尔塔扎尔·诺伊曼（Balthasar Neumann，1687—1753 年），十四救难圣人教堂（Vierzehnheiligen Church），德国，巴伐利亚州，克罗纳赫，1743—1772 年。

图 5
比例的和谐一直被看作是使建筑结构与包括人体在内的宇宙万物的维度产生和谐共鸣的一种手段。莱奥纳多·达·芬奇，《维特鲁威人》（Vitruvian Man），约 1490 年，意大利，威尼斯，学院美术馆。

图 6
勒·柯布西耶在现代建筑中引入了黄金分割率的使用。黄金分割法则早在古希腊时代就被运用到建筑作品中，后来在文艺复兴时期由达·芬奇的好友——数学家卢卡·帕乔利（Luca Pacioli，1445—1517 年）重新引介。勒·柯布西耶以这一法则和假设的人体基本尺度为基础，创建了他的比例和尺度体系。勒·柯布西耶（Le Corbusier，1887—1965 年），《模度》（Modulor），1948 年。

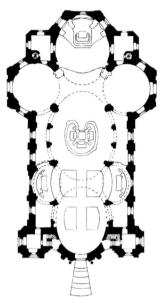

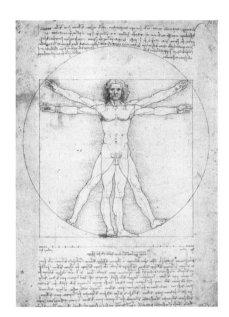

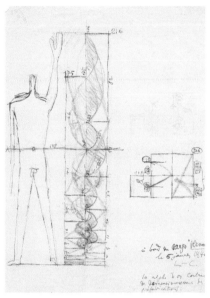

空间

年）在谈论古希腊哲学家毕达哥拉斯（Pythagoras，约公元前 570—前 495 年）时曾说："音乐用以愉悦我们听觉的数，与愉悦我们视觉和心灵的数等同。我们应当从熟知数的关系的音乐家们那里借鉴和谐的法则。"[11]（译文参见《建筑论：阿尔伯[贝]蒂建筑十书》，王贵祥译，北京：中国建筑工业出版社，2010 年。——译注）本着这些关于和谐比例的理想，建筑空间也依照音乐上的和音法则进行了比例化，即基于整数的简单倍数关系。

建筑史上两个基本的理想比例关系分别是毕达哥拉斯和声法则（Pythagorean harmonics）和黄金分割率（Divina Proportione），两者均起源于古希腊文化，在文艺复兴时期重新被启用。正如英国艺术史学家，鲁道夫·威特科尔（Rudolf Wittkower，1901—1971 年）所指出的："对微观宇宙与宏观宇宙的一致性的信念，对

宇宙的和谐结构的信念，对通过圆心、圆形及球体这样的数学符号就可以理解上帝的信念——所有这些相互紧密联系的观念都根植于古代，它们曾属于中世纪哲学及神学中的那些无可争辩的信条，在文艺复兴时期获得了新的生命……"[12]

本着这种传统，建筑空间被认为是一个客观的、几何的、明确界定的空间，一种负的实体（a negative solid）或一个缺失的体量，又或者是一个被明确定义、封闭独立并通常被几何化的空间。然而，对空间的理解在不同的历史和不同的文化中是各不相同的。即便在西方建筑史范围里，空间的概念也随着历史的发展经历了戏剧性的变化，在静态与动态之间，在垂直与水平之间，在连续与间断之间，在单一与复杂之间摇摆不定。在现代建筑中，新的结构准则与建造材料的发展使得建筑

空间的透明性和连续性不断增强，就像密斯·凡·德·罗（Ludwig Mies van der Rohe，1886—1969 年）的红砖乡村住宅方案（Brick Country House，1924 年，未建）和巴塞罗那德国馆（1929 年）中所反映出的动态的空间性那样，这两个设计都把室内的空间向外延伸，使之与室外的空间相互融合。西方人倾向于把空间理解为非物质的负形；与之相反，日本人的空间概念——他们称之为"间"（日语训读 Ma）——把空间当作物体之间与事件之间的间歇，而并不在室外与室内之间进行一种类别上的区分。

现代主义引入了"连续的、流动的空间"的概念，把空间描述为一种动态的行进，这种行进是从一个空间位置发展到下一个位置，而不是制造若干独立的、静态的空间实体和室内空间。20 世纪初，建筑和艺术的现代理论终于把空间概念和时间概念整

图 7

立体主义对现代"时空"概念的发展产生了决定性的影响。这一概念也改变了有关建筑空间的理念,引导人们把建筑看成是空间、体量、表面、肌理和色彩之间动态的相互影响。乔治·布拉克(Georges Braque,1882—1963年),《拿吉他的男人》(*Man with a Guitar*),1911 年,布面油彩,116cm×81cm,美国,纽约,现代艺术博物馆。

图 8

新造型主义(Neo-plasticism,即荷兰风格派运动)立志打破空间的封闭体量,创造一个具有节奏感的空间连续体。新造型主义的理念被广泛应用在各个领域中:从绘画到家具设计,从建筑到城市规划。特奥·凡·杜斯堡(Theo van Doesburg,1883—1931 年),《住宅项目的空间构造》(*Spatial Construction of a House project*),1923 年,荷兰,海牙,国立艺术收藏馆。

合为动态的"时空"(space-time)概念,这一概念把空间视为一个包含着各种关系、运动、事件和意义的区域,而不是一个封闭、静态或负形的空间形式。

与此同时,哲学领域也出现了关于人与空间关系的全新的、复杂的思考方式,尽管当时人们对空间的普遍理解还趋向于把空间视为完全存在于观察者之外的维度,仿佛我们是在舞台上生活。不过,到了 20 世纪中期,德国哲学家马丁·海德格尔(Martin Heidegger,1889—1976 年)指出,事实上,这种理解的反面才是正确的:"当我们谈及人和空间,听起来似乎人立于此,空间立于彼。但是空间并非位于人的对面。它既非外在的对象,亦非内在的体验。并不存在什么人和超于人、高于人的空间……"[13](译文参见《诗·语言·思》,彭富春译,北京:文化艺术出版社,1991

年。——译注)当我们进入一个建筑空间时,一种下意识的投射、识别和交换便立刻发生了:我们占据这个空间,而这个空间也在我们的内心占有了一席之地。我们通过五官感受来理解这个空间,用身体和行进来量度它。我们把躯体认识、个人化的记忆和意义投射到这个空间中;这个空间把我们身体的体验延伸到我们的皮肤之外,实体空间与心理空间便相互融合。依照现象学的理解,空间与心灵——借用莫里斯·梅洛-庞蒂(Maurice Merleau-Ponty,1908—1961年)的一个概念——"双重交叉式地"[14](chiasmatically)合并、混杂或缠结在一起。

我们并不像常见的"朴素实在论"(naïve realism)假设的那样,生活在一个由物质和事实构成的、现成的客观世界里。典型的人类存在模式发生在充满可能性的世界里,这些世

界是由人类记忆和想象的能力所塑造的。我们占据着存在性的世界,在这里,物质的与精神的以及体验中的、记忆里的与想象出来的事物,都在不断地彼此交融。在经历过的体验中的,记忆与现实,感知与梦想合为一体。这种实体世界与心理世界的缠结和辨识也发生在建筑体验中。所有深刻的建筑空间所具有的伦理力量正在于此:我们用对自我的感受(sense of self)使建筑得以内化并与之结合。优美的音乐、诗歌或建筑作品会成为我们肉体自我和道德自我的一部分,引导我们以更高的敏感度和更深刻的意义感来面对自身的存在。诗人约瑟夫·布罗茨基认为,"像我一样",是一件艺术作品发出的道德指令。[15]

我们经历的现实(生活性现实)并不遵守物理学上对空间与时间法则的定义与量度方法。事实上,我们经历的世界更接近于一个梦境,而不是

图 9
20 世纪 20 年代，建筑开始挣脱封闭体量、对称性及正面性等限制性意象，向连续性空间的理念发展。这种连续性空间是通过人的行进和室内外差别的最小化而被体验的。密斯·凡·德·罗，红砖乡村住宅，未实施项目，1924 年。

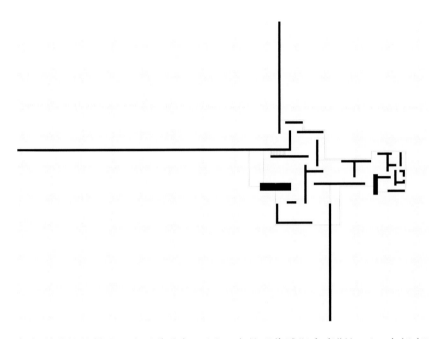

任何科学性的描述。为了将我们经历的空间与实体空间和几何空间区分开来，我们可以把它称作"存在空间"（existential space）。对存在空间的体验和组织是以个人或群体有意识和无意识地反射在这个空间上的含义、意图和价值观为基础的，它是一个独特的情境性空间，永远只能通过个人的记忆与意图加以解读。每一种生活性体验都发生于回忆与意图、感知与幻想、记忆与愿望的交叠之中。用梅洛－庞蒂的话来说，"我们生活在'世界的血肉'（flesh of the world）之中"，[16] 地景与建筑赋予这个存在性的"血肉"特定的视野和意义，从而实现对它的组织和表述。生活性空间也是制造和体验建筑（而非几何性空间或实体性空间）的对象和语境。深刻的艺术作品和建筑作品总能投射出一种生活性现实，而不仅仅是一些图片或对生活的象征性呈现。正如伟

大的现代雕塑家康斯坦丁·布朗库西（Constantin Brancusi，1876—1957 年）所言："艺术必须在不经意间，猛地一下给人以生命的撞击，呼吸的快感。"[17]

我们往往从纯视觉的角度去理解空间的概念，然而真实的生活性空间总是以一种多重感知性的方式被体验：除了视觉特征外，空间还有听觉、触觉和嗅觉上的品质，某些建筑的材料或形式甚至能唤起味觉感受，英国艺术评论家阿德里安·斯托克斯（Adrian Stokes，1902—1972 年）就曾写过"维罗纳大理石对舌尖的诱惑"。[18] 对建筑空间或情境的体验也不仅仅是一种叠加式的体验。梅洛－庞蒂曾如下描述："我的感知……并不是已经获得的视觉、触觉和听觉感受的总和。我用我的整个存在以一种总体的方式去感知：我掌握了这件东西的一种独特的结构，一种特殊的存

在方式，它同时吸引着我的全部感官。"[19] 对空间的感官体验通常来自视觉领域——光与影，但它也有赖于空间的声响以及空间在触觉和嗅觉等方面的特性，这些特性很大程度上决定了我们所体验到的是庄重还是亲密，严酷还是友善，排斥还是吸引。

空间体验是通过在空间中的行进所获得的身体感知。基于建筑体验的身体性这一根本特性，绘画和摄影只能为建筑物的生活性体验提供一些浅层的提示。在一轮真正的建筑体验中，环境与客体、远方与眼前、室外与室内、物质与非物质均是作为一个永恒互动的关系体系而被加以体验的。一个深刻的建筑空间能够投射出生命的特征，这个空间以万物有灵（animism，又名泛灵论，是一种认为天地万物皆有灵魂并能影响其他自然现象及人类社会的哲学观点。——译注）的方式为人们所体验。

罗马万神庙

The Pantheon

意大利，罗马

117—127年

万神庙建于哈德良皇帝（Emperor Hadrian，76—138年）统治期间，用于供奉古罗马帝国的天界众神。它是有史以来最有力地体现"存在空间"这一概念的建筑之一。在疆域广阔的古罗马帝国中心，罗马人建立起了一个集中式的单一空间，借此把大地与天空连接起来，也使人类宇宙的形式从中得以呈现。在这个宇宙中，人位于其中心——这集中体现了罗马人对于自己在这个世界上的位置的理解。作为古罗马空间创造艺术的典范，万神庙在根本上是一种对内部空间的体验。它那巨大的浇筑混凝土结构体只是一个外壳或模子，仅仅是为了塑造其内部的栖居空间而建造的。

不过，当我们走向这座建筑的时候，它宏大的内部空间、厚实的砖砌模壁和混凝土建成的外壳并非显而易见。我们只看到它的圆柱形外观上露出一组组减重拱（relieving arch）的印迹，减重拱用来把结构体的巨大重量传到地面。在古罗马时代，万神庙的内部空间是完全被隐藏起来的。❶此时，我们面对的是它的门廊——一个巨大的矩形的神庙结构，其正立面由八根 12 米高的花岗石纪念性圆柱组成。因为正立面朝北，只有在夏季的清晨和黄昏时分才能受到光照，所以大多数时候它都处于深深的阴影之中。圆柱顶部托起了坚实的石质三角

楣，三角楣的两条人字墙边线从两侧向中间的顶点升起，意在引导我们的目光搜寻顶点之下的对称中轴线。从圆柱之间穿过，我们走出明亮的阳光地带，步入阴影之中。四组红色的花岗石圆柱形成了三个宽阔的开间，其中最宽的中央开间通向两扇壮观的青铜大门。门洞里，空间开始收缩，光线也变得更暗。大门两侧的墙体相互靠拢，天花板也降下来，离我们的头顶更近了。

❷❸[1]走进神殿内部，空间豁然开朗，我们发现自己正站在巨大的曲线空间的边缘，它完全不同于在此之前存在于世上的任何事物。正如考古学家弗兰克·布朗（Frank Brown，1908—1988 年）所言："这个空间的形状是一个完美的圆形，以此作为一个完美的球形的基座。这个圆位于苍穹般的圆顶之下，象征着古罗马帝国的疆域边界。它是一个有边界的、清晰的、完整的、笼罩一切的空间，它有一种既能放大又能缩小的力量。"[2]万神庙的平面呈完全集中式，中心与圆心重叠，水平面的四条主轴线（与东、南、西、北四个基本方向精确地对齐）在此相交，并且从这里又升起一条垂直方向的轴线。这是一条连接天与地的世界之轴，它发端于地面，向上延伸，穿过位于穹顶中心的大圆孔，直指天空。

圆形和正方形这两种完美的几何形式在整座神庙的

设计中得到了充分运用。❹ 在我们所站立的圆形地面上，长条的花岗石拼成了正方形的网格，每个方格中的大理石和斑岩交替镶嵌，形成了两种图案：一种是灰色的正方形中带有一个深色的圆形，另一种是深色的方框中带有一个白色的正方形。地面的正中心是一个圆形图案。近旁，我们看到 6 米厚的圆柱形墙体，它是通过在内外两道砖砌模壁之间的空腔内注入混凝土而建成的，分为上下两部分。墙上设有七个深深的壁龛，或称凹室（加上入口的门洞一共是八个）。凹室前饰有一对圆柱，圆柱支承起上方的第一级檐口（cornice）。在两个缩进的凹室之间的实墙部分，一个小小的、带圆柱的神庙正立面从墙体中轻微凸显出来。整个圆柱形墙体在下半部分采用了和地面同质的大理石贴面，并且也镶嵌有类似的圆形和方形图案。墙体上半部分的设计变得更加统一，仅由细细的斑岩壁柱和浅浅的洞口交替装饰。壁柱和洞口上方是另一道石质檐口，它从墙体上向外凸起，在半球形穹顶的底部投射出一条水平的影线，环绕着整个空间。

❺ 万神庙上方的穹顶内可以精确地嵌入一个直径为 43 米的球体，而如果球体的下半部分也得以完成，那么它就刚好可以碰到神庙内部的地面。为了支承起这样一个史无前例的跨度，古罗马的工匠在穹顶的混凝土中

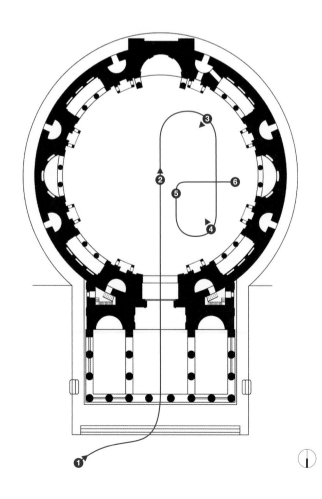

采用了轻质的火山浮石作为骨料；反之，在厚实的圆柱形墙体内，他们则采用了密度更大、更加坚固的石灰华（travertine，一种多孔的石灰岩，俗称洞石。——译注）和凝灰岩等当地出产的石灰岩。与下方墙体别具一格的多变色彩和丰富形式相反，穹顶的内壁显得更为简洁纯粹，光滑的石膏表面上呈现出均匀而暗淡的灰色，令投在上面的阴影显得格外突出。穹顶的内表面通过正方形藻井的横向和竖向线条加以组织和划分，每个藻井由一系列层层嵌套的方框组成，藻井的四条边的退缩程度各不相同，以致它们看起来比实际情况显得更高。穹顶中的正方形藻井嵌在动态的、不断变化的弧线之间，与地面上嵌在静态网格中的正方形石板形成了互补关系。藻井墙的网状结构向内弯曲并逐渐收缩，最终到达穹顶中心的圆孔。屋顶上的巨大圆孔直径为八米，深度为1.5米，透过它我们可以看到天空的湛蓝与浮云的轮廓。

通过圆孔，来自天空的光线带着漫射的光晕，微弱地照亮建筑内部的空间，而强烈的直射阳光则源源不断地涌入，在幽暗的室内形成一个明亮的大光点。光点的移动使得建筑内的栖居者能够感知一天当中时间的变化以及一年当中季节的变迁。❻ 随着天光的流逝，椭圆形光点沿着灰色的、嵌有藻井的穹顶逐渐向下滑落，掠过

大理石的墙面，缓缓地横扫过彩色的石砌地面，然后又爬上另一侧的墙面和穹顶，最后随着太阳落下地平线而消失，只在建筑内部留下暗淡的暮光。若是遇到暴雨天气，我们在万神庙中的体验会更具神秘感：空间内部混沌一片，仅有的一束微光来自屋顶的圆孔。它与倾泻而下的雨水一同涌入，仿若一根光亮的水柱落入房间的中心，消失在地砖中设置的小小的排水口中，形成了天地之间一个若隐若现、转瞬即逝的连接。

锡耶纳田野广场

Piazza del Campo

意大利，锡耶纳

1262年

在许多人眼中，建于中世纪的田野广场是世上最美的户外公共空间。诗人但丁曾在他的长篇史诗《神曲》中对这座广场赞美有加；时至今日，每年的赛马会仍在这里举行。这座锡耶纳市民的"公共会客室"建于一座古罗马露天剧场的地基之上，依据该城于1262年颁布的建筑法设计而成。这部建筑法对面向广场的建筑物的高度、建筑红线、窗户设计都做了规定。田野广场对这座小城来说是一项了不起的成就。在它所落成的14世纪，锡耶纳只有1.25万人口，因此它的存在证明了公共空间曾在这座中世纪城市的市民生活中起到极为重要的作用。在它建成之后将近八个世纪的岁月中，田野广场得到了完好的保存，在今天依然能够获得世界范围内的认可。这说明在我们对日常城市生活的体验中，合理的户外公共空间始终是人类的根本需求。

锡耶纳城坐落于三条山脊之上，三条山脊汇集于田野广场。田野广场依照原有的地形沿坡而建，占据了东南向山脊与西南向山脊侧峰交汇处的顶部。进入广场之前，我们首先要通过位于山脊外缘的古代城门，然后沿着阴暗狭长的街道向前走。街道沿着山脊顶部的走向而设，随着自然地形的变化缓缓地起伏。在广场地势较高的北侧，山脊的街道汇聚成一条东西向呈半圆形弯曲的街道。从这条弧形的街道上辐射出了七条窄道，通往下方的广场。沐浴在明媚阳光中的田野广场与隐匿在重重阴影中的小巷形成了强烈的反差。

❶ 走出幽暗的小巷，我们便进入了一个比例和谐的贝壳形的开放空间。在西、北、东三面，空间边缘形成了一条略显不规则的半圆形曲线，而在东南面则几乎是笔直的。广场空间的宽度大于它的深度：宽145米、深96米，构成了3∶2的比例。❷ 面向广场空间的建筑外墙在宽度、高度、檐口做法（出挑式的陶瓦屋顶或城堡式的垛口）和窗子样式（矩形窗或三孔尖拱窗）等方面呈现出丰富的变化，尽管如此，它们却共同形成了一种极为协调的建筑风格——这尤其体现在它们相同的砖石材料、结构比例、开窗位置和漆成褐色的木质遮阳百叶窗上。这正是源于锡耶纳城13世纪建筑法所规定的广场应具有的公共与共享的性质。显然，在中世纪，田野广场曾是这座城市的市民生活中心。同时我们也注意到，在沿着广场弧形边缘设置的几个巷口中，设有大台阶的最宽的巷口通往附近的主教座堂广场（Piazza del Duomo），而那里正是锡耶纳城的宗教生活中心。

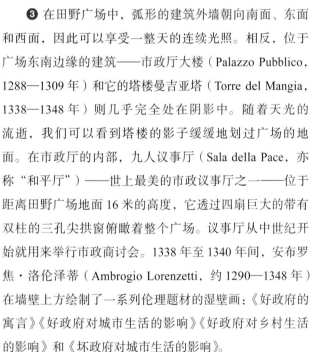

❸ 在田野广场中，弧形的建筑外墙朝向南面、东面和西面，因此可以享受一整天的连续光照。相反，位于广场东南边缘的建筑——市政厅大楼（Palazzo Pubblico，1288—1309 年）和它的塔楼曼吉亚塔（Torre del Mangia，1338—1348 年）则几乎完全处在阴影中。随着天光的流逝，我们可以看到塔楼的影子缓缓地划过广场的地面。在市政厅的内部，九人议事厅（Sala della Pace，亦称"和平厅"）——世上最美的市政议事厅之一——位于距离田野广场地面 16 米的高度，它透过四扇巨大的带有双柱的三孔尖拱窗俯瞰着整个广场。议事厅从中世纪开始就用来举行市政商讨会。1338 年至 1340 年间，安布罗焦·洛伦泽蒂（Ambrogio Lorenzetti，约 1290—1348 年）在墙壁上方绘制了一系列伦理题材的湿壁画：《好政府的寓言》《好政府对城市生活的影响》《好政府对乡村生活的影响》和《坏政府对城市生活的影响》。

❹ 在田野广场上徜徉，我们发觉它的地面才是空间中最引人注目和最具感染力的存在。一如它的名字（campo，意大利语中意为大地或田野），田野广场的铺地将整个空间完完全全地落实在大地之上，以极浅的半锥形从位于高处的弧形边缘向位于低处的直线边缘的中点倾斜。在低处的直线边缘，市政厅大楼正立面较高的中心部分正好与广场对面建筑的檐口位于同一高度。在高处的弧形边缘，建筑底层是商店和餐馆，它们面向广场敞开，通过摆放在室外的桌椅向广场的空间中延伸。广场的整个外缘以长方形的灰色大石板铺设了一圈硬地。硬地与街道同宽，其内缘采用白色的石块加以镶边——这一区域正是供每年的赛马会所使用的跑道。在环绕式铺地的内部，广场的主体部分被分为九个扇形。每个扇形区域在靠近弧形外缘的高处较宽，然后逐渐收窄，向位于低处的市政厅方向倾斜，最终交于一点。交点所在的位置设有一口排水井，用以汇集雨水。❺ 扇形部分的内部均以红褐色砖块铺设出了人字形（或称鱼脊形）图案，这一图案横贯整个坡地。扇形部分之间以小块灰色铺地石排成的直线加以分隔，这些直线顺着坡度方向从广场的顶部一路向下，通往底部。

当我们处在开阔的、微微倾斜的红砖表面之上，会发现坐比站更舒服。背靠缓坡而坐，我们的目光更多地是被聚集在空间中的人群所吸引：空间中没有任何特定的视觉焦点。造成这种效果的原因有三：环绕广场的建筑外墙整齐划一；唯一高耸的曼吉亚塔楼处于偏离中心

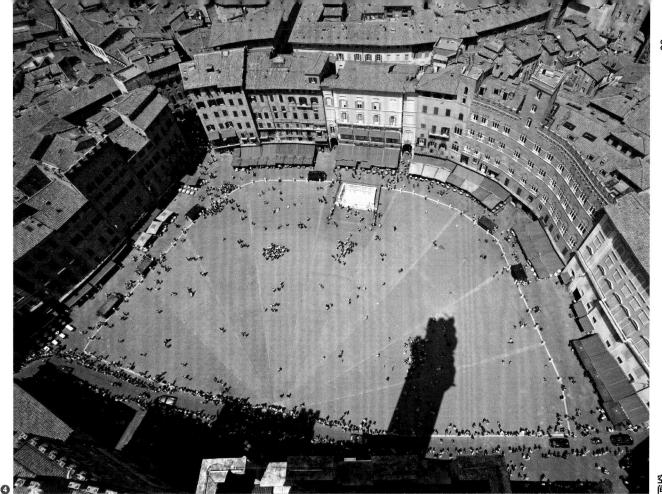

④

的位置；市政厅大楼的立面以一种稳定而均匀的节奏在
空间中展开，并且它的基座上也没有设置中心对称式的
入口。在对缓坡的斜度所产生的触觉性和身体性反应中，
在透过市政厅大楼两侧的开口看到的山下远景中，我们
始终能够感觉到当地自然景观的地势地貌。它以特有的
方式呈现在我们的体验中，而这一切都发生在这个极具
城市特征的场所的中心。

⑤

佛罗伦萨圣灵教堂

Santo Spirito

意大利，佛罗伦萨

1428—1436年

菲利波 · 布鲁内莱斯基

（ Filippo Brunelleschi，1377—1446年 ）

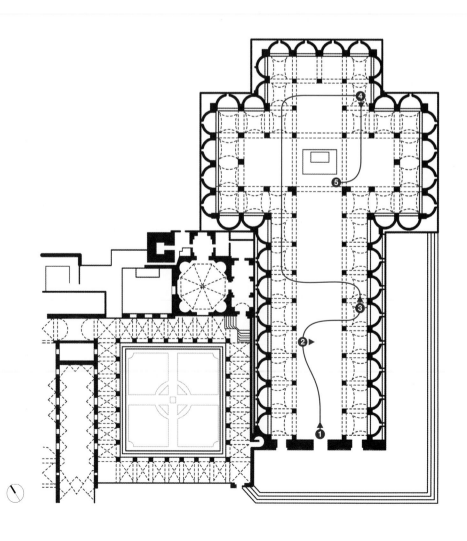

佛罗伦萨的圣灵教堂集中体现了文艺复兴时期建筑师的终极渴望：通过比例上的完美来建造理想化的空间。在这座教堂中，布鲁内莱斯基启用了一种严密的几何秩序，试图以此将人类智慧的结晶与更广阔范围的宇宙秩序关联起来。通过对古罗马遗迹的研究，他重拾了古代建筑的形式、空间和结构并对其加以改编和转化，从而在自己的设计与前人的作品之间建立起了联系。

虽然圣灵教堂的外部未能根据布鲁内莱斯基的设计完成建造，但当我们走向这座建筑，依然可以领会到建筑师的精心安排。他将教堂置于广场的尽头，通过一组平缓宽阔的台阶将人们引向开阔的入口平台；教堂就位于加高的平台之上，从广场地面的诸多建筑中脱颖而出。❶ 一进入教堂，我们便立刻置身于一片优雅的灰绿色石柱丛林之中。这种柱子以当地出产的一种名为塞茵那石（pietra serena）的砂岩制成，柱头上雕有风格化的茛苕叶形装饰。圆柱在左右两边各成一排，以整齐的节奏向前展开，把我们的视线引向前方明亮的十字交叉部和上方的穹顶。

站在这里，我们逐渐意识到，教堂的空间以及形成这个空间的所有表面和结构都是按照一个不断重复的空间性和结构性的模度单位来展开组织的。这一模度以两根柱子的中心间距为基准，每个模度单位为 11 臂长（braccia，文艺复兴时期意大利通行的丈量单位），大概不到 6 米。我们所在的中殿的宽度是 2 个模度，即 22 臂长（11.5 米），高度则是 4 个模度（23 米）。柱子的高度是 1.5 个模度（8.5 米），相应地，中殿顶部带有高侧窗的墙体的高度也是 1.5 个模度。❷ 位于左右两边的侧廊的宽度是 1 个模度，连接每对柱子的拱券的顶点高度是 2 个模度，因此侧廊在宽度和高度上都正好是中殿尺寸的一半。中殿的长度是 12 个模度（68.5 米），在穹顶下方与中殿垂直相交的耳堂（transept）的总长度为 6 个模度（34.25 米）。此外，我们所在的地面也通过一个单位边长为 11 臂长的正方形网格来加以组织和结构化。正方形网格、11 臂长的模度以及它们以 2：1 的比例展开的方式贯穿于圣灵教堂的整个建筑构造之中，从而使无数单体式的元素和空间得到了统一，形成了具有多样性的整体。

站在入口处，我们无法完全欣赏到教堂在空间比例上呈现的完美，必须通过在其内部的行进对此加以体验，换言之，用自己的身体来丈量这个空间及其组成元素。沿着中殿往里走，我们立刻发现自己正不由自主地按照柱子的跨度调节着步伐的大小，同时也根据柱子排列的

❷

❸

节奏（空间比例的模度）及时地调整着步速。❸ 这个空间性模度通过加在侧廊每一个正方形跨度上方的穹隆形拱顶而得到了强调。每个半球形的拱顶均由两对圆拱支承，圆拱坐落在四根圆柱之上，其中两根倚靠在围护墙上，另外两根位于中殿的边缘。抬头仰望中殿的顶部，我们看到，跨越于柱子之间的灰绿色石砌拱券托起了中殿上半部分的白粉墙，墙面在与每个拱券中心对应的位置上设有细长的高侧窗，墙顶托起了与地面平行的天花板。

然而在地面上，在我们所穿行的圆柱森林之中，建筑师却没有用平直的墙壁来界定我们所处的空间。侧廊靠室外一侧的墙上嵌着半圆柱，其尺寸与中殿的圆柱相同并与中殿的圆柱对齐，二者之间通过拱券连接。每对半圆柱之间设有一座半圆形的白粉墙小礼拜堂。礼拜堂的深度为半个模度，天花板呈半穹顶状，平面呈弧形，剖面与中殿圆柱之间的拱券规格相同。这些向建筑外部凸起的礼拜堂和位于它们之间的向建筑内部凸起的半圆柱形成了凹凸交替的表面，正如意大利学者乔瓦尼·法内利（Giovanni Fanelli，1936 年—）所述，让人"无法估测围护墙的厚度，因此这些结构不再显得像是一种有

形的物质，而只是一种对空间实体的表述。"¹围护墙的波动起伏使得教堂的空间看上去似乎在内外搏动，除了静静伫立的柱子，其他的一切都处于运动之中。

　　圆柱围合出了教堂中心的十字形内部空间，这些柱子既是真正起到支承作用的结构，同时也具有划分空间的功能。它们体现了教堂空间设计的基本法则，即通过模度单元的节奏性重复来实现空间组织。连续的列柱仅在十字交叉部被暂时打断：布鲁内莱斯基在此处设置了四根方形的墩柱，墩柱的顶部是支承中心穹顶的拱券的起拱点。❹ 这里，在十字交叉部的外缘，我们能够透过侧廊上连续的正方形空间看到墩柱后面的空间，并且可以清楚地看到整个耳堂。此外，从这个视角望去，柱子组成的"森林"似乎在无限地扩展。❺ 为了平衡空间在水平方向的延伸，来自上方的明亮光线将我们的视线沿着纵向的轴线向上牵引，经过四个拱券到达穹顶。穹顶底部设有一圈圆窗，12根石砌的拱肋呈弧形上升，直抵穹顶顶部的圆形天窗。站在这里，我们能够看到，四个方向的空间中都充满了光线，这些空间由柱子的节奏所定义，以波动起伏的礼拜堂为边界。水平层面的十字交叉部坐落在大地之上，它通过纵向连接与象征天堂的穹

顶融为一体。天与地通过"宇宙之轴"（axis mundi）合二为一，为圣灵教堂的空间赋予了一种罕见的超凡脱俗的性格。

橡树园联合教堂

Unity Temple

美国，伊利诺伊州，橡树园

1905—1908年

弗兰克·劳埃德·赖特

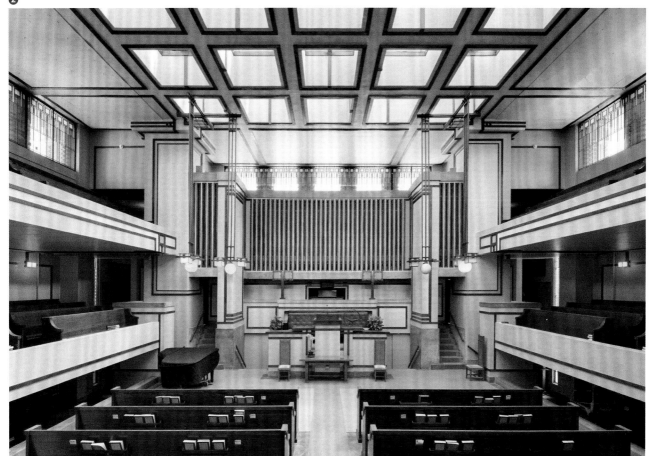

　　联合教堂是赖特为橡树园镇"一位论派"教会（Unitarian，基督教的一个派别，强调上帝只有一位，否定传统基督教的三位一体和基督的神性。——译注）设计的一座建筑，由建筑师亲自为其命名。这座教堂是现代宗教建筑史上最早的范例。联合教堂的设计以赖特对"一位论派"信仰的深入理解以及他与这一教派所共持的对"合一"（unity）理想的信念为基础，追溯了宗教崇拜活动的本源。赖特摒弃了传统上与礼拜场所的外观相关联的视觉符号，转而聚焦于室内——建筑的内部空间，对空间、几何关系、材料和光线加以转化，从而创造出一个将共同信仰加以呈现的神圣场所。

　　❶ 第一次参观联合教堂时，我们远远地看见一个巨大的混凝土立方体稳固地伫立在街角地盘之上，实墙上唯一的开口是躲在悬挑屋顶阴影中的高侧窗，除此之外不见任何明显的入口方式。实际上，我们要通过一个延长的入口序列才能进入教堂：先是贯穿教堂内外的一组弯路，然后是越来越暗、越来越矮、越来越窄的若干空间，最终到达入口后，我们便从刚才层层递增的压迫感中得到解脱，进入比室外还要明亮的教堂。❷ 由此我们得到了对教堂的第一印象：这个空间就如同某种神圣的容器，它凝聚了从上空落入的自然光并将其留存在四壁之内。❸ 中央立方体空

间的天花板是由横梁组成的网格，网格划分出了 25 扇正方形的彩色玻璃天窗。建筑外墙上，在四座露台的上方全部设有一排与墙面等宽的高侧窗，窗口上沿紧贴着向外出挑的屋顶。外墙下方装有 15 厘米宽的又细又薄的长条状玻璃，它们将四个转角楼梯间与围护墙分离开来。除此以外，我们在视线高度无法看到任何外部的景色。光线只从顶部进入殿堂，经过铅条镶嵌玻璃的过滤后被染成琥珀色，依据彩窗上几何图案的形状在室内散射开来。

　　环绕空间一周，我们很快发现，联合教堂貌似简单的平面——一个内含十字形的正方形——建立在严密的比例系统之上，这一系统无论在室外还是在室内都是由内殿空间的尺寸决定的。内殿的中央空间接近于立方体，平面是边长为 9.75 米的正方形（1∶1 的比例），高度与边长大致相等。十字形的纵横两臂——其下方是入口通道，上方是围绕中央空间的双层挑台——均由双正方形（长宽比为 2∶1 的矩形）组成，尺寸为中央空间的一半，即 4.9 米深，9.75 米宽（1∶2 的比例）。在平面和剖面上，这四个双正方形次级空间都聚集在内殿周围，面向中央空间打开。它们在几何关系上依赖于中央空间，因为后者是这个十字形结构的中心。四座位于外角的正方形楼梯间边长为 3.35 米（1∶3 的比例），它们使建筑的空间构成更加稳固并得

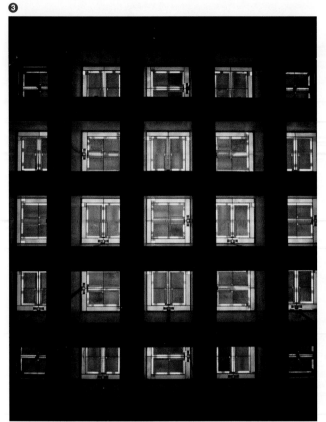

❸

❹

以界定。在体验这个空间的过程中，我们印象最深的就是赖特所使用的完美纯粹的几何图形。他通过正方形和立方体塑造了建筑的形体，将"完美"落实到了真实存在的空间——一个适于敬拜上帝的空间。正如美国诗人惠特曼（Walt Whitman，1819—1892 年）在《草叶集》中写下的诗句："歌唱神圣的四方，从上帝的圣谕出发向前进……来自完全神圣的四方……"[1]（惠特曼：《草叶集》，赵萝蕤译，上海：上海译文出版社，1991 年。——译注）

赖特在联合教堂中采用的这种内含十字形的正方形平面，推翻了座椅一律面向布道台的传统布局，为教友们提供了更多彼此相向而坐的体验。两人之间的最大间距不会超过 19.5 米，即整个空间的宽度（正好是正方形中央空间边长的两倍）。体验过程中，我们注意到了这个立方体空间的比例、其间充足且均匀的照明以及带有回声的音响效果，这些设计都为"一位论派"礼拜仪式中的提问和讨论环节提供了便利。❹ 所有人都得到了露面的机会，所有人的发言都能够得到清晰的传达，因此，教友之间显得格外亲密，建立起了一种近乎家庭成员般的关系。联合教堂以"合一"这一整合性特征而为人们所称道，这一特征来源于空间、材料和体验的融合。其中，教堂的建筑材料起到了决定性的作用。由于外墙上使用的是现浇钢筋混凝

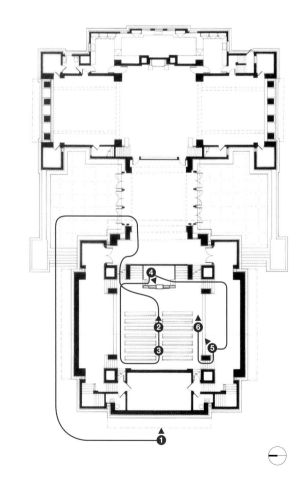

❺

土，室内墙壁涂层使用的是掺有水泥的石膏抹灰，因此，在体验这座磐石般的建筑的过程中，我们会发现其接缝部分（或次级部分）的缺失——这正是成就其合一性的关键。另外一个起到决定性作用的是柔软温暖的橡木元素，它在建筑中得到了灵活广泛的运用，与坚硬冰冷的混凝土产生了一种对位（counterpoint）关系。例如，我们进入教堂时推开的是木门，上楼梯时握住的是木扶手，照明来自木框架的吊灯；我们坐在厚重的木长椅上，被交错密布于每个混凝土表面上的细细的木饰线条包围着。

从外观上看，联合教堂是一个沉重、坚实、平淡的冷灰色混凝土体块，但我们在其内部得到的体验却与此截然相反：教堂内部由混凝土界定的空间转化为了轻盈的大跨度平面，它们色彩柔和，仿佛由落入凡间的天国之光聚集而成并飘浮其中。❺ 所有室内的表面如同被折叠过一般，以营造围合之感。深色橡木所组成的细长饰条网络清晰地表达出了各个转角处、天花板与墙面交接处的表面连续性。在对这个空间的体验中，我们能够时刻感受到"面"与"线"之间的互动，即巨大均一的平面和与之相连的纤细灵巧的木饰条之间的相互配合。此外，室内各个表面的连续转折也营建出了一种相似的连续性。所有这一切使内部空间交织为一体。❻ 内殿转角处，四根巨大的墩柱造

成了四个内折的凹角，导致这个空间被分裂、翻折乃至重新引向它的自身，从而造就了空间所隐含的层次或边界的叠加，一方面使我们无法对空间的边缘做出单一性解读，另一方面又制造出了一种空间与形式的真正的合一性。每个表面——从整个房间到其中每盏吊灯的尺寸——都遵从严格的比例规划，以正方形或立方体为基本单位进行叠加或消减的变形，从而为这个空间内部的几何关系注入了无限的生命力。

❻

朗香教堂

Chapel of Notre-Dame-du-Haut

法国，朗香

1950—1955年

勒·柯布西耶

❶

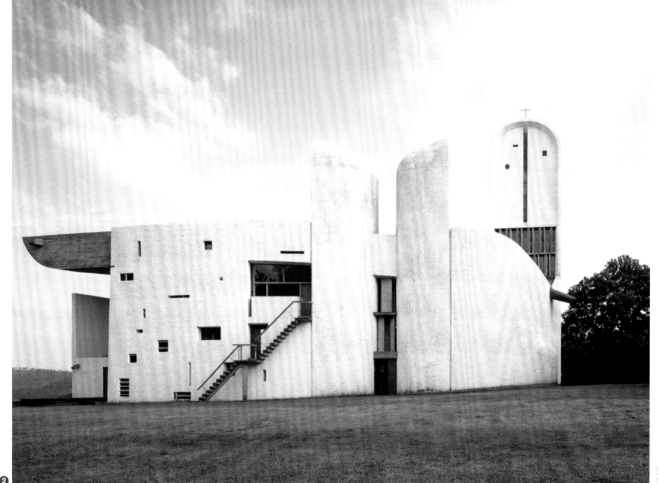

❷

　　位于法国朗香（Ronchamp，又译"龙尚"。——编注）的圣母教堂是一座朝圣教堂，它建在山顶的古代太阳神庙、古罗马兵营和先前的天主教小教堂的遗址之上。朗香教堂被誉为现代最伟大的祭祀空间之一。这座建筑由勒·柯布西耶设计而成，以其在空间上和形式上富有动感的造型与它所处的广袤地景相互呼应，从而将地形元素置于人们注意力的焦点。同时它也成功地塑造了一个极具情感张力的室内空间，一个可以进行私人冥想和精神默祷的场所。

　　我们从很远的地方就可以望见这座小教堂。朝着它所在的山岗向上走，教堂便缓缓出现在视野中。我们首先看到建筑的南立面。立面西侧被一座坚实的曲线形塔楼牢牢地固定，塔楼内设有一座小礼拜堂。南立面的墙体上方是1.8米厚的巨型曲面屋顶，由深灰色混凝土薄板构成。它悬架在带有深凹孔洞的白色粗面灰泥墙之上，俯视着我们，以压顶之势向我们袭来。支承墙则呈曲面凹陷，仿佛要远离我们，然而又向东延伸并逐渐加高，最后停留在与屋顶的端点对齐的位置。❶ 在建筑的东立面，墙面形成了一个凹入式的空间。建筑师在这里设置了室外布道台和祭坛，二者处在巨大屋顶出挑最深部分的遮蔽之下。东、南两侧内凹的庞大墙体与屋顶的最高点交汇在东南角上，

在山顶的空地上塑造出了两个分别向南和向东的户外空间。它们吸引我们与之靠近，为身处室外的我们提供了一种庇护感。此外，借由墙面中间退缩、两端向外敞开的弧形曲线，这座建筑又将我们的注意力引向远方的山脉和高原。

　　朗香教堂带给我们的最初印象并不是"你好，请进"，它强有力的造型反而激起了我们在周边的山顶区域进行巡视的欲望。这时我们便能看见四个差异显著的建筑立面，它们分别朝向东、南、西、北四个方向。❷ 北侧，两座圆弧状造型的礼拜堂塔楼（分别向东和向西）以曲面相对，二者之间形成了一个次入口。这个垂直入口的形式与西立面上从屋顶最低点向外水平伸出的巨大混凝土排水口形成了一种对位关系。回到南面，我们在西端的塔楼边上找到了节庆日使用的主入口。大门内外两侧都饰有珐琅壁画。这是一扇旋转门，推动它，我们穿过大门，进入室内。

　　❸ 此时我们发现自己正处在一个类似洞穴的空间里。教堂内部十分幽暗，仅被几束戏剧性的光源照亮。而最令人惊叹的还是头顶上方深灰色的混凝土屋顶。屋顶不是从两边向中心升起，而是从南墙扫向北墙，中间弯曲下垂，其最低点位于西墙，最高点则在东南角上。❹ 庞大的屋

❸

顶上带有南北向的条纹，这是用于浇筑混凝土的木模板留下的印痕。屋顶厚重强大的气场主导了空间中的一切，它横切过支承它的四面造型各异的白色粗面灰泥墙。在北面和西面，强烈的垂直光线从小礼拜堂照射进来，使墙面与屋顶的交接处落入黑暗之中。在东面和南面，沿着整个墙顶出现了一条连续的光带，透过它我们可以看出屋顶越过了墙体，一直延伸到室外。用以承托屋顶重量的，是从墙身中升起的混凝土方柱，方柱体量窄小而间距宽大。在明亮光带散发出的漫射光晕之中，方柱的暗影若隐若现、似有似无，以致头顶上方的巨型混凝土表面看上去仿佛悬浮于墙体之上而没有任何支撑。

❺ 我们转身面向东面的祭坛进行观察。左侧，混凝土布道台从向东的小礼拜堂的开口伸出来；前方的东墙上散落着一些极小的窗口，光线穿过，如同点点星光；右侧，❻ 巨大厚实呈曲面的南墙上设有大量的矩形窗口，每扇窗口都与内墙表面之间形成了急剧倾斜的四条边线。这面带有复杂窗洞的墙体在上方与屋顶交汇于空间中的最高点，终日享受着从南面射入的阳光，显得格外透亮。墙身这个密实厚重的发光体与上方屋顶那黯淡巨大的重量体形成了一种精确的对位关系。❼ 一排排用非洲黄金木（iroko）制成的工艺精美的靠背长椅位于礼拜堂的右侧，

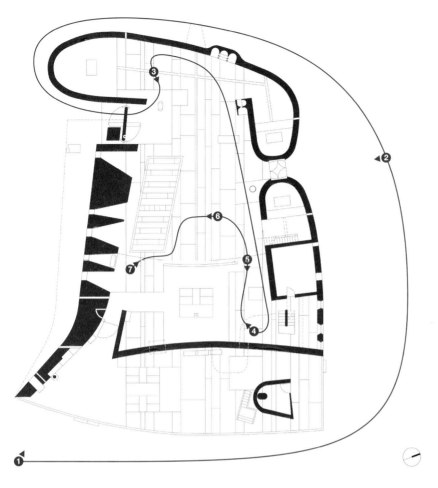

❺

❻

❼

靠近厚厚的发光的南墙。长椅下方设有架高的木台座，它
让我们的双脚在冬天能够远离冰冷的地面。教堂的混凝土
地面宽 12.8 米、长 25 米，它被光滑的石头连成的细线分
割成一个个长方形，顺着下方地表的天然走势缓缓向祭坛
的方向倾斜。在铸铁制造的圣餐桌前，地面加高了一层，
上面设有石砌的底座，底座支承着混凝土材质的祭坛。位
于下陷的混凝土屋顶下方的、不断倾斜的混凝土地面微妙
地调动着我们的平衡感。我们看到了巨大的屋顶悬在头
顶，却不见任何明显的支承方式。这种视觉上的紧张感通
过身体的动觉和触觉的感受而得到了强化。同时，这种移
情式的体验也与我们对宗教仪式的体验形成了一种互为补
充的呼应关系：当你沿着缓坡向下朝着圣餐桌走去，离祭
坛越来越近时，你因谦卑而弯腰俯身；当你转过身来，沿
着缓坡向上走回自己的座位时，又因实践了自己的信仰而
昂首挺胸，阔步而行。[1]

　　勒·柯布西耶在陈述该建筑的设计意图时说道："和
谐，只能通过那些极为精确、严谨、协调的东西，通过那
些为感觉带来深度愉悦、不为他人所觉察的东西，通过那
些让我们情感的锋刃变得锐利的东西而获得。"[2]如建筑师
所言，这座教堂正是根据经典的比例系统加以组织的，其
基础是人体的比例和黄金分割率（1.618∶1），后者是由

古希腊人最早创建的和谐比率。然而，在朗香教堂里，我
们并不能真正看到任何可以证实这个比例系统的迹象，因
为它已经在建筑的肌理组织中得到了完全的升华。在我们
对教堂的体验中，感官得到了全方位的刺激：回荡在空间
中的讲话声，巨大的木长椅的触感，在圣坛前行礼时地势
对体位和站姿产生的微妙影响，埋藏在墙身内的古代石块
（这里指朗香教堂回收利用了基地上原有的 4 世纪小教堂
废墟里的石块，后者毁于第二次世界大战。——译注）散
发出的历史气息，以及通过诸多方式进入空间的带有神秘
感的光线。既古老又现代，这个空间之所以动人，是因为
它在我们内心制造了深度精神性的和谐共鸣之感。

洛杉矶天使圣母大教堂

Our Lady of the Angels Cathedral

美国，加利福尼亚州，洛杉矶

1996—2002年

拉斐尔·莫内欧

（Rafael Moneo，1937年— ）

　　天使圣母大教堂是洛杉矶市的主教座堂，是该城天主教徒举行礼拜仪式的重要场所。洛杉矶是世界上最大的城市之一，其市中心地区被城市干道和高速公路所包围，体现了汽车在当代美国城市生活中的主导地位。然而，通过建造一座平静安详的精神仪式的小岛——一个远离日常喧嚣的世外桃源，莫内欧对这种工业现代化景观予以了有效的制衡。

　　❶ 教堂坐落在庞大的基座之上。基座宽 91 米、长 244 米，占据了一整个街区（block）的面积。其下方是停车场，东侧形成了一座带围墙的大广场，西侧是教堂和钟楼。由于基座的设置，教堂的地势明显高于周围的城市道路。教堂的纪念性外形是由若干角度各异的体块组成的极富力度的矩形联合体，这些体块聚集在教堂内部的祭坛周围并保卫着它。教堂的外墙以钢筋混凝土建成，在西侧和南侧分别与街道平行，在面向广场的一侧则呈斜向布局。与城市道路相邻的墙面上饰有粗壮的、凸起的水平条块，条块的下缘投下条状的阴影；入口处和广场一侧的墙面则是光滑的，上面仅有混凝土分缝造成的线状阴影以及模板固件的小孔形成的微妙的点状阴影。教堂的采光窗口由宽大的玻璃体块组成，它们带有水平向的凹凸条纹，就质感而言不同于任何传统意义上的窗户，反而更接近承托它

们的混凝土墙。环绕在基座周围的厚重墙体被局部架空，我们由此被引入下层的庭院，然后通过台阶和坡道来到上层的广场。❷ 此时在我们前方出现了一个嵌有混凝土十字架的巨型玻璃体块，它位于教堂东墙的上方，向外出挑。入口大门并没有设在东立面的中心，而是位于左侧。这里有一扇只有在重大瞻礼日才会开放的大门，为主入口；旁边还有一扇小门。穿过小门，我们来到教堂内部。

　　进入主殿，空间高度骤减。我们沿着一条铺着石头的缓坡慢慢向上走，逐渐将城市的喧嚣抛之脑后，直至能够听见自己的脚步声以及正在举行的宗教仪式的种种回响。现在，我们沿着一条与主殿等长的回廊（ambulatory）往里走。行进过程中，我们在右侧看到了一系列瘦高的、平面呈扇形的小礼拜堂，其墙身以混凝土建成，采用顶光照明。莫内欧没有按照传统做法让礼拜堂背靠在围护墙上，使之开口向内，而是让它们沿着主殿的外缘设置，开口向外，对着我们正在经过的回廊。经过每座礼拜堂时，我们都会发现脚下铺地石的图案在随着斜向设置的礼拜堂的墙体而改变着方向。继续前行，透过每隔两三个礼拜堂设置的狭窄的纵向空间，我们得以粗略地瞥见中殿，也能够更加清晰地听见中殿里举行礼拜仪式的声音。抵达回廊的尽端时，我们注意到铺地图案再次发生了变化：石块不再按

❸

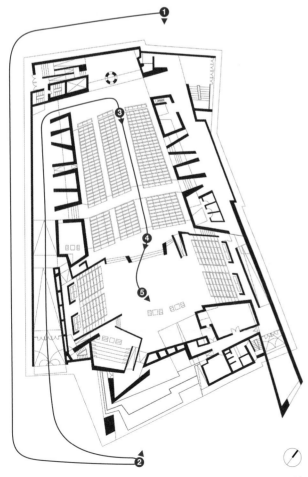

直线铺设，而是排列成了一条条缓和的弧线。弧形线条引导我们转向右侧，进入中殿。

❸ 教堂中殿宽 30 米、长 84 米，层高从 18 米升至 36 米。从平面上看，空间从西墙的洗礼池向着东墙的巨型玻璃窗逐渐打开。从这里，我们可以看见刚才经过的那些小礼拜堂的后方——高耸的混凝土墙在上方形成了一系列斜出的空间。墙体整齐地排列在空间两侧，比主殿顶部的天花板高出了 6 米，和天花板共同构成了主殿的内边界。在这两排小礼拜堂墙体的后方和顶部，光线透过设在建筑围护墙上高高的巨型玻璃体块洒入空间之中。进入空间的光线经过条状排列的雪花石（alabaster）的过滤而染上了一层金黄的色泽，在棕褐色混凝土墙的反射下，为整个空间蒙上了一层轻柔缥缈的光晕。礼拜堂墙体的上部成角度向外斜出：斜墙的底面将光线向下反射，照进礼拜堂中，而斜墙的顶面则把光线引入教堂主殿。❹ 悬垂在空间中央的是一片轻微翻折的天花板，以薄木板建成。木板排列成线条走向不断变动的图案，与我们刚才在回廊中见到的铺地图案相似。木质天花板的外缘在与小礼拜堂巨大的墩柱状墙体交接的地方向上翻折，墙体随之消失在头顶上方。教堂的屋顶在靠近围护墙的部位被提升起来，向上翻起，光线由此洒入内部空间。坐在木质天花板下方的木长椅

❹

❺

区，我们可以直观地审视和理解这座建筑的尺度。

　　沿着中殿慢慢向前走，会发现地面在缓缓地下斜。此时我们意识到，这个平缓弯曲的铺地图案其实是一系列以祭坛为圆心展开的同心圆。在十字交叉部，耳堂的墙体在两侧向后退缩，耳堂上方的屋顶朝着教堂的中央向上翘起。如此一来，明亮的光线便沿着耳堂高高的背墙如瀑布般倾泻而下。在教堂的最高点——位于祭坛上方的东墙顶部，墙身和天花板之间设有一扇巨大的窗子。整个窗洞里镶满了排成 V 形图案的细条雪花石，其间设有两块混凝土板，一块垂直，一块水平。它们相互贯穿，形成了一个悬浮在空中、被光包围着的十字架。❺

　　混凝土墙体现出的强烈的垂直性，与它们支承的木质天花板那饰有精细条纹的水平表面相对应；教堂内部空间的空阔，与我们脚下小块铺地石那可触知的细密节奏相对应；混凝土墙的厚重坚实，与经由半透明石头过滤的光线的轻柔色泽相对应；充斥在空间中的悠扬管风琴乐声，与信徒祷告时的静默不语相对应。我们的体验在以上种种对应关系之中得到了完美的平衡。正如美国建筑师卡洛斯·希门尼斯（Carlos Jiménez，1959 年—）所述，当一个人体验过这个空间超凡的精神性之后，再回到外面的世界，会"因为一种难以形容的、更为轻柔却无

处不在的声音———种与信仰之神秘共振的光的回声——而变得坚强。"[1]

空间

物质
重力
光线
寂静
居所
房间
仪式
记忆
地景
场所

时间

建筑，不仅仅是关于对空间的驯化……它还是一种对抗时间恐惧的深层防御。"美"的语言本质上是永恒的现实的语言。[1]

——卡斯腾·哈里斯

时间，如同人的思想，就其本身而言是不可认识的。我们只能通过在时间中发生的事件间接地认识它：通过观察变化与恒定；通过标记在固定场景中接连发生的一系列事件；通过记录不同的变化率之间的对比。[2]

——乔治·库布勒（George Kubler，1912—1996年）

我始终坚持"上帝是时间"的想法，或者说，至少神的精神在于此。[3]

——约瑟夫·布罗茨基

现在与过去的时光
也许均会在将来重现
而将来业已包含过去
若时光皆永恒不逝
则时光也无可挽留[4]

——T. S. 艾略特（T. S. Eliot，1888—1965年）

时间中的空间

时间是实体现实和人类意识中最神秘的一层维度。在日常生活中，时间看起来是不证自明的，而在更深入的科学性和哲学性分析中，它却似乎是难以理解、无法定义的。最初，时间被当作神一般的存在受到人类的景仰，它被认为具有至高无上的神性，宛如一条从神界流入凡间的生命之河。古罗马帝国时期的神学家圣奥古斯丁（Saint Augustine，354—430 年）曾慨叹道："何为时间？若无人问我，我知。若有人问我，我则不知矣。"[5]

我们以日常生活经验为基础对时间的理解似乎都会在科学的严密检查下崩塌，况且在今天的物理学界还存在着好几种截然不同的时间理论。在文学和电影艺术中，时间被视为是完全可塑并可逆的元素。时间的尺度也是千差万别，例如宇宙时间、地质时间、进化时间、文化时间以及人类体验性时间等。每个人都知道体验性时间可以是多么的变化多端，它或取决于人类所处的情境，或取决于人类体验或期待的视域，这种视域恰好为时间的绵延提供了衡量的尺度。

望远镜和显微镜的发明拓展了我们对空间领域的两个极端的理解，而摄影和电影中放慢、停止或加快时间的手法，以及速度这一概念的"发明"，也以同样的方式改变了人们对时间的理解。整整一个世纪之前，菲利波·托马索·马里内蒂（F. T. Marinetti，1876—1944 年）就在 1909 年 2 月 20 日的巴黎《费加罗报》上发表了《未来主义宣言》："我们断言，世界的璀璨光辉已经因为一种新的美而变得更加壮丽：速度之美。"[6]

20 世纪初，作家、诗人、画家、雕塑家和建筑师中的一批进步人士抛弃了客体化的和静态的外部空间的观念，推翻了线性时间的封闭轨迹的传统认知——正如透视表现法和线性叙事法所反映的那样，进入了一个由人的感知和意识组成的、动态的体验性现实，它将空间与时间、现实与梦境、时事与记忆融合在一起。在现代，我们甚至改变了我们的身体位置与时间流向之间的关系：古希腊人认为未来从他们的身后走近，过去从他们的眼前退去；而我们现在则转过身来，面向未来，任过去消逝在我们身后。[7]

这些对世界的科学性和艺术性新体验，一方面把空间和时间这两个不同的概念加以区分，另一方面也引入了"时空"统一体的新观念。空间、时间和时空统一体是整个 20 世纪建筑与艺术理论的中心。"时空"概念最早由瑞士建筑评论家希格弗莱德·吉迪恩（Sigfried Giedion，1888—1968 年）提出，他在出版于 1941 年的专著《空间·时间·建筑》（*Space, Time and Architecture*）中就

在许多民族的神话故事中，时间被看作是神一般的存在。与土著文化中的循环式时间相反，基督教文化中的时间概念是线性的，具有明确的起点和终点。时间开始于创世纪的那一刻，而末日的审判则是时间的终点。希罗尼穆斯·博斯（Hieronymus Bosch，1450—1516年），《七宗罪》（Seven Deadly Sins），约 1485年，油彩，120cm×150cm，西班牙，马德里，普拉多博物馆。

文化性时间的历程在人类的建筑中得以量度和表达。吉萨金字塔群是一个具有时间深度、持久性和永恒性的意象。胡夫金字塔建于约公元前 2550 年，卡夫拉金字塔建于约公元前 2494年，孟卡拉金字塔建于约公元前 2455 年。

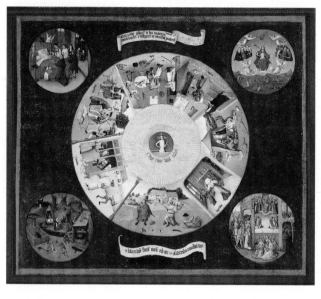

此论题展开了探讨。吉迪恩写道："现代物理学中的空间，是相对于一个运动的参照点进行的构想，而非牛顿的经典力学体系中的那个绝对静态的实体。在现代艺术中，自文艺复兴以来首次诞生了一个新的空间概念，它引导我们在对空间认知的方法上进行具有自我意识的扩展。这在立体主义中得到了最充分的证明。"[8] 立体主义、纯粹主义、结构主义、新造型主义和未来主义的杰作以及广义的现代建筑都反映出，通过观察者和观察对象的移动以及对元素和图像的分裂与重组，可以达到空间和时间的全新组合。在吉迪恩的观点中，这一新概念最早是由数学家赫尔曼·闵可夫斯基（Hermann Minkowski，1864—1909年）进行的系统阐述。早在 1908 年，闵可夫斯基便宣称："从今以后，单独的空间或单独的时间注定将褪色成一道影子，只有这两者的结合才能让

它们继续存在下去。"[9]

近年来，后现代主义哲学家们指出，自现代以来，我们对空间和时间的关系及其相互作用的认知与理解都发生了显著的变化。例如，这两个物理维度之间正在发生一种奇特的反转和互换——时间的空间化和空间的时间化。我们今天普遍用时间单位来量度空间，反之亦然。我们用时间单位来表达距离（1 小时的车程、10 小时的航程），也用空间单位来表示时间，像地理上的时区等，这些都体现了空间和时间这两个概念的反转。过去的几十年中，又出现了一个全新的现象——时间领域的全面坍塌或内爆（implosion），它将时间幻化成实时平面屏幕上散乱的碎片。当下人们的生活中充满了快捷旅行、即时全球通讯和流动的无形资产，这使得世界共时性成了一个合乎时宜的

话题。人类学家大卫·哈维（David Harvey，1935 年—）曾谈论过"时空压缩"的问题，并认为"在过去的二十多年间，我们一直处于时空压缩的紧张阶段，这种时空压缩对政治经济的运作，对阶层力量的平衡，对文化以及社会生活都产生了具有混淆性和扰乱性的影响。"[10]

显然，这种"时间坍塌"的现象也反映在建筑中。的确，当代建筑设计似乎经常摒弃时间的体验性要素，也就是说，我们看不到渐进的时间连续体和时间的绵延，而更看重时间的即时性和爆发性所带来的冲击力。由于速度与时间的步伐不断加快，我们似乎正在失去记忆的能力。米兰·昆德拉（Milan Kundera，1929 年—）对这种后果曾做过发人深思的评说："慢的程度直接与记忆的强度成正比，快的程度直接与遗忘的强度成正比。"[11]

在过去几十年中，体验性时间的

图 3
以掌握天文周期和宇宙时间为目的的建筑。巨石阵，英国，威尔特郡，分阶段建于约公元前3100年至公元前1930年。

加速是公认的事实，只要将其与19世纪著名的俄罗斯、德国和法国古典主义长篇小说中所投射出的那种缓慢而煎熬的时间感做个比较就清楚多了。意大利作家伊塔洛·卡尔维诺（Italo Calvino，1923—1985年）曾对此做出如下评论："当代长篇小说的创作或许是一个自相矛盾的命题：其中时间的维度已被打碎，我们只能在时间的碎片中生活或思考，而这些碎片中的每一片都沿着各自的轨道渐渐远去，转眼间消失得无影无踪。要想重新体会小说中时间的连续性，我们只能借助在时间没有静止也还没有爆炸的年代中创作的作品。"[12] 一座"慢"的当代建筑，可能也是一个类似的"矛盾命题"。所谓"慢"的建筑，指的是通过个体对该建筑的渐进性和重复性的体验，能够不断成熟、清晰和丰满起来的建筑。这种个体体验的对象不仅包括建筑本身，也包括建筑与

其语境和历史之间的联系及辩证关系。或许只有在先于当下这个步履匆匆的年代创造的建筑作品中，我们才能够感受到来自时间的仁慈拥抱。

不同人类文明中所共有的具有推算天文历法功能的建筑，如英国威尔特郡的巨石阵、秘鲁纳斯卡和朱马纳草原的谷地巨画、印度斋浦尔和新德里的古天文台等，显然是出于追踪天体运行、季节循环和时间进程这样的明确目的而建造的设施。其实，所有建筑结构都能通过光与影的不断变幻对时间的流逝进行具体化和戏剧化的诠释。正如卡斯腾·哈里斯所述："光的作用就是提醒我们，空间语言也是时间语言表达的一种方式。"[13] 建筑结构还有另一层开创性的意义，即它可以被解读为人类心理结构的外化，以及个人与集体的记忆与意识的延伸。建筑是一种工具，它让我们掌握和保留历史性与时间感，理解社会

与文化现实以及人类制度在其中所扮演的角色。

伟大的建筑物不仅是历史遗迹、象征或隐喻，还应该是展示时间的博物馆。当我们走入一座前人建造的伟大建筑，它特有的时间模式也会进入到我们的意识和情感之中。事实上，建筑化的构造是对时间在历史和文化层面上的深度进行测量和表达的首要方式。即使我们还没有在现实中真正地体验过这些结构，事实也仍是如此：如果脑海中没有埃及金字塔或其他伟大建筑的形象，我们的历史感将会是多么的浅薄和空泛？而当我们真正走入一座历史建筑的时候，便能充分地理解它其实是一座为我们提供多样化体验的宝库。在卢克索的卡纳克神庙中，时间一动不动地伫立在那里，让我们体验到了一个由空间、物质、重力和时间组成的强大的无差别统一体，仿佛这些物理维度还没有从

宇宙大爆炸前的混沌中区分出来。当
我们走进罗马式或哥特式的建筑并在
其空间中行进时，一种庄重而缓慢的
体验性时间感便油然而生。在这样的
空间中，匆忙和急促是不被认可的。

　　建筑实体只能通过人在空间中的
行进而被体验，因此，建筑空间从根
本上而言是触知性的和身体性的。建
筑为我们的感知和理解投射出具体
的视野，这些视野将我们对空间和时
间的体验加以转化，此时，建筑就创
造出了它自己的被改变了的现实。因
此，建筑调节着我们对实体现实和
对时间的解读。像电影与文学艺术一
样，建筑可以加速、放缓、停止甚至
逆转人们对时间的体验和理解。

　　关于人类通过建筑来体验和解读
时间的这一需求，有一个特别耐人寻
味的例子，就是人为设计建造废墟
传统。这一风尚源自 16 世纪的西欧，
此后便愈演愈烈。我们所知的最早的

人为建成的废墟是位于意大利佩萨罗
（Pesaro）的乌尔比诺公爵的公园——
巴雷托（Baretto），约建于 1530 年，
后遭毁弃。废墟不仅让人联想到脱离
尘世的隐居生活，也与自然和花园的
意象息息相关。这两个主题后来都曾
反复出现，后者更是在 18 世纪达到
了高潮。当我们意识到自己并非命运
的主宰，所有人类文明的成就终将被
自然、衰败和时间所吞噬，废墟中的
感伤情绪便应运而生。当约翰·索恩
爵　　士（Sir John Soane，1753—1837
年）在伦敦的林肯法学园区建造他的
私宅时（这座住宅包含了无数废墟的
意象），他将这座建筑想象为一片废
墟，并以未来的古文物专家的口吻撰
写了一篇虚构的论文，名为《林肯荫
园私宅历史初探》[14]（1812 年）。

　　废墟这一母题也在现代建筑中
得到了运用。阿尔瓦·阿尔托在他的
设计中插入了一些关于古迹、废墟和

图 5
建筑的体验性"速度"。表达缓慢的体验性时间的建筑。天主教西多会的多宏内修道院（Abbey of Le Thoronet），法国，普罗旺斯，1160—1190 年。

侵蚀感等潜意识的意象，以唤起文化连续和时间层叠带给人们的慰藉感，并为柏格森哲学思想中"绵延"（duration）的概念（意指时间不可避免的流逝）做出了具体的物质性的表达。阿尔托对圆形露天剧场母题的频繁使用，也是他运用历史意象来唤起历史"绵延"的欢欣愉悦之情的一个例子。

对人为历史感的向往和对时间深度的假象的渴望在今天也同样盛行。购物商城、宾馆酒店、中心地标、政府大楼等城市建筑都企图通过虚构的历史来寻求时间所赋予的权威性和怀旧感。美国人文地理学家约翰·布林克霍夫·杰克逊（J. B. Jackson，1909—1996 年）曾经如下形容人们对于时间体验的追逐："一出兼具历史性与戏剧性的幻想剧目愈演愈烈。不仅有正午枪战等招徕性的路边噱头，还有历史剧演出场所中乔装打扮的领

位员、烛光中的古典音乐演奏会、高度仿古的盛大晚宴、对历史事件片段的再现等。这一切正逐渐把经过重构的新环境变成若干非现实的场景，借此我们得以短暂地重返黄金时代，同时还能洗清前人的罪行在我们心头留下的历史愧疚感。历史，披着它那华美的袍子，重返我们的世界。没有什么教训需要吸取，没有什么契约需要信守，我们鬼迷心窍般地被带进一种天真幼稚的状态，成为这个虚构环境的一部分。历史成为永不退场的常驻演员。"[15]

每一个年代和每一座建筑都具有独特的时间感和速度感。有的空间缓慢而耐心，令人心平气和，也有的空间急促而忙乱，令人神经紧张。我们在早期的现代建筑中已然感受到时间在逐渐加快，而在近年出现的某些解构主义建筑中，这种速度感进一步得到了加强。这些建筑往往显得仓促紧

张，甚至产生了瞬间爆炸性的形式。如今的明星建筑总是给人一种毛躁不安、横冲直撞的印象，仿佛时间的维度即将消失殆尽。

当代文化崇尚青春、渴求不老，对老化、磨损和衰败的迹象感到畏惧。这种难以摆脱的执念再加上人工合成材料的品性所造成的后果便是，当代环境已经失去了容纳和传达时间痕迹的能力。我们的建筑常常看似存在于一个没有时间性的空间里，既没有与过去的联系，也没有对未来的信心。

与这种对青春的觊觎并行存在的，是当代文化对独特性与新奇性的沉迷。我们这个时代的艺术往往以其出人意料的新奇性而被批评或被赏识。挪威哲学家拉斯·史文德森（Lars Svendsen，1970 年— ）对此做出了看似自相矛盾但却具有说服力的论述，他认为这种对"新"的痴迷是

导致体验性贫乏的原因之一："然而，新奇事物受到追捧的唯一原因就是它是新的，因此事物之间变得没有差别，因为除了新以外，它就没有什么其他的特性了。"[16]

我们通常不会意识到自身在生物学和进化论层面上的根本性构造，也不会意识到我们自身的历史性。然而，事实上，我们并不是生活在孤立的瞬间之中，我们是具有历史性的存在，在我们的生理构造中有巨大的时间深度在延续。我们周围的建筑环境反映着也确实应该能够反映出这种历史性，而不是把我们与时间因素脱离和疏远开来。在现今这个由高科技和全球化统领的世界里，我们享用着数码科技和虚拟现实带来的好处，成为被城市驯化的个体。然而我们的身份并不仅限于此。我们同时还是漫长的进化过程的产物，在我们的基因中还藏有狩猎者或采摘者、捕鱼者或农耕

图 7

废墟母题用来唤起对过去和层叠的时间的怀旧式体验。院子里的砖墙是对不同砖型和不同砌筑方式的试验成果。这个院子为我们带来类似拼贴画和重建的废墟般的体验。阿尔瓦·阿尔托，夏季别墅（Experimental House），芬兰，莫拉特塞罗（Muuratsalo），1952—1953 年。

时间

者的本能，我们的体内仍然保留着人类在进化初期作为海洋物种和爬行物种的器官残留。我们肯定也携带着相似的精神和心理残留，这些残留因素指导着我们的行为和情感。我们可以有把握地设想，建筑为我们带来愉悦感的根本来源不仅仅是审美性的，它深埋在我们的基因构造中。为什么我们这么喜欢坐在炉火边？难道不是因为自从我们的祖先征服了火之后，就一直在火苗带来的安全感中营造梦想吗？难道不是因为炉火带来的欢欣雀跃和家庭温馨感已经切切实实融入了我们的心理结构之中吗？[17] 这种愉悦和满足的感觉可以被称为"原始体验"。我们在刻意建造的技术化的生活方式中已经失去了对这种因果关联的感受能力，而建筑的职责正是要重新带给人们这种原初的存在体验。建筑需要把我们与我们的因果性和体验性现实融合在一起，而不是将我们与

之疏远和隔离开来。

艺术的神奇品质在于它对渐进的线性时间的漠视。伟大的艺术作品能够战胜时光的绵长，不断以现在时与我们发生对话。当一座古埃及的建筑直面我们的双眼和内心时，它的生命力和真实性与任何当代建筑并无二致。源于旧石器时代的阿尔塔米拉（Altamira）和拉斯科（Lascaux）的洞窟岩画，在历经两万多年的时间真空后，看上去依然与当代艺术一样鲜活且富有内涵。正如保罗·瓦莱里所言："一个艺术家的价值足以跨越千秋万代。"[18]

埃皮达鲁斯露天剧场

Theatre of Epidaurus

希腊，埃皮达鲁斯

公元前330年

❷

古希腊的社会生活和宗教生活顺应着日夜交替与四季更迭的节奏，与自然界息息相关。在坐落于埃皮达鲁斯的露天剧场中，我们能够看出这种关联达到了何种密切的程度。在古希腊，神庙是神祇居住的场所，而剧场是与之相对应的社区聚会的场所，用来举办具有宗教性、政治性、伦理性和审美性意义的活动。城邦公民聚集于此，将他们共有的文化纽带加以表达和颂扬。露天剧场一般为下陷式建筑。由于藏匿于地表之下，这类建筑通常保存完好，也是现今能够证明古希腊社区活动曾经存在的唯一依据。

从位于西北方向的阿斯克勒庇俄斯神殿（Asklepios，希腊神话中的医药之神。——译注）向埃皮达鲁斯露天剧场望去，我们首先看到的是一座依靠天然地形开凿出来的庞大的建筑体，它占据着山腰上的一个皱褶位置。❶ 走向剧场，我们继而看出这是一个弧形内凹的、浅浅的倒锥形，它在沿着山坡不断加高的同时，也在水平方向呈阶梯式逐级后退。剧场嵌入地面之中，与自然地形亲密地融为一体；与此同时，它在整体上的几何精确性充分显示出了人类智慧的伟大。剧场的结构是以舞台为中心层层展开的同心圆：最大的圆直径

为110米，中心舞台直径为18米。从中心舞台到剧场最高处的通道，观众席的高度增加了21米，进深为43米——比例为1：2。看台的下半部分设有33排座位，其曲线外缘超出了半圆形的范围继续呈弧形延伸，环绕在中心舞台的两侧。看台的上半部分设有22排座位，其外缘只比半圆形的范围超出少许。这两条圆弧的夹角度之所以不同，是为了与地形的坡度相贴合。因此，剧场外墙的上半部分（与山体较高处连接）比下半部分更加靠后，也更加舒展。

从侧面进入，我们沿着两组巨大的挡土墙向前走去。这两组挡土墙将剧场看台的外缘向外延伸，越过了自然地面的边界。❷ 来到中心舞台，放眼望去，阶梯式观众席所组成的壮观的弧形斜坡似乎依附于一块完整的巨石之上，仿佛古代工匠直接在山坡的天然岩石中开凿出了一整片巨型石壁，而后又在石壁上切割出了一排排的观众席。经过23个世纪的风吹雨打，这些大石块之间的接缝仍然紧密，令人叹为观止。❸ 沿着巨大的石阶向上攀登，只见每一排座位都对应着两级踏步，同时我们注意到座位和踏步在细节上的处理方式：每排座位出挑的前沿向下转折，与通往后一排座位的第一级踏

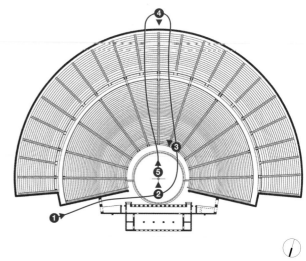

步的前沿对齐；第二级踏步的前沿则正好和后一排座位的腿部空间的前沿对齐。为了呼应这一细节，每排座位前沿出挑部分的底部和座位立面之间的交接处并没有被切成直角，而是做了圆角处理——因为隐藏在阴影中，我们通过手的触摸才发现了这一细节。另一个同样微妙的细节是，每一排座位的标高都比它后面那排座位腿部空间的地面略微高出一点。如此一来，前排的座位和后排的踩踏区域就得到了明确的界定。

我们转身面朝下方的舞台，在这些从巨石中开凿出来的座位上坐下。❹ 剧场最先呈现给我们的不是舞台上演出的剧情，而是向四面八方延展的地景：左边，我们看见阿斯克勒庇俄斯神庙的遗迹；右边，一座山峰仁立在不远处；而在正前方（北面），从面前向外展开的是层叠起伏的山峦（剧场的中轴线正好对准山间的一个缺口）。视野中，处处风光旖旎，令人心旷神怡。面前的壮阔美景在左右两侧受到剧场呈斜角的低矮的围护墙的夹持，因此碗状的露天剧场便与地景这个更为巨大的内凹面合为一体。大自然为剧场提供了空间背景，而太阳每天的东升西落及其在四季中的轨迹变化则为发生在前景（舞台上）的表演设定了时间节奏。

此刻，我们对剧场的理解又深入了一步。为了突出舞台在剧场中的特殊地位，建筑师采用了十分细腻却行之有效的处理方式，令人印象深刻。首先，整座建筑中只有舞台被赋予了完整的圆形这一完美的几何形式。❺ 与剧场内其他区域的地面不同，圆盘形的舞台不是石砌的，而是采用了夯土做成的光滑表面。舞台地面的外缘镶了一圈石块，石块嵌入土地中，顶面与舞台的夯土地面齐平。在舞台的石块镶边外沿和观众席内沿墙基之间设有石砌浅沟，浅沟在靠近舞台一侧的内壁采用石块贴面。石块贴面的断面呈半圆形，它微微向浅沟方向凸起，连成了半个圆环。石块弧形线脚的底面消失在它自身的投影中，使夯土地面的舞台看起来像是一个脱离地面的圆盘，微微飘浮在石砌浅沟的底面之上，独立于剧场的其他部分。

坐在剧场中，我们感觉到身下紧贴着大地的石头，感觉到洒在背上的温暖阳光，也感觉到迎面扑来的和煦而干燥的微风。有人站在标志着舞台中心点的圆石上开始讲话，我们便进一步感受到了这个空间卓而不凡的声学品质。虽然身处室外，面向空旷的大自然，声音却在剧场的空间内得到了极为有效的传播。即便我们坐在观众席的最

后一排，也能够听到舞台中心一枚硬币落地的声音。演员无需刻意抬高音量，就可以将声音清晰地传遍整个剧场。这个共鸣效果好得出奇的空间是由和谐的几何关系组织而成的，它从大地的骨骼中脱胎而出，向着远方的群山敞开怀抱。埃皮达鲁斯剧场令我们体验到了一种依据太阳的位移节奏加以编排的人类生活世界和自然景观之间的融合。置身于此，正如耶鲁大学教授文森特·史库利（Vincent Scully，1920 年—）所言："人与自然的整个可观测宇宙，在宁静的秩序中合为一体。"[1]

法塔赫布尔西格里宫

Palace of Fatehpur Sikri

印度，法塔赫布尔西格里宫

1569—1585年

❶

这座皇宫由莫卧儿帝国的阿克巴大帝（Akbar the Great，1542—1605 年）主持建造，位于法塔赫布尔西格里（波斯语，意为"胜利"），与清真寺、商队旅馆、蓄水湖等其他主要建筑共同构成了新都城的中心。城中只有这座皇宫和清真寺的平面布局正对四个基本方向，这显示出了皇权和伊斯兰信仰之间的密切关系。不过，清真寺采用形式简单的矩形平面，仅由一座庭院构成，而皇宫却是由一系列布局更为松散的矩形庭院组成的建筑群。这些庭院依对角线方向排列，朝着山脊的顶部逐级加高。整座皇宫被高墙所包围，从而创造出了一个私密的内部世界，一个遗世独立的场所。

❶ 来到皇宫内部，我们便置身于一系列层次复杂的空间中。几乎所有空间的地面层都设有开放式的敞廊。我们在敞廊中穿行，时而包裹在室内的阴凉里，时而沐浴在室外的阳光下，对时间的感知也相应地产生了快与慢的交替变化。艳阳高照，庭院显得辽阔无边，从一头走到另一头需要很长时间。与此形成对比的，是庭院四周藏匿在阴影中的敞廊和楼阁，它们采用了小巧的家庭住宅比例，只限于短暂的停留。在我们的体验中，这座皇宫形同一座阳光四溢的迷宫，每座庭院的大小、形状及其四周建筑的性格都各不相同。因此，每当我们走入一座新的庭院，都不

得不重新定位，才能找回自己此刻所在的空间秩序。始终如一的是敞廊中 3 米宽的柱间距所形成的节奏感，它成了测量行进的一种尺度。一直不变的还有建筑在光照下投射的影子，这些连续不断的影子标明了我们与四个基本方向之间的关系，为我们在这座由高墙筑起的巨型迷宫内进行定位提供了可靠的依据。

宫殿和敞廊的柱子、横梁、墙体和漏花隔断，以及庭院的地面全部采用当地出产的红色砂岩石板建成。石板经过精雕细琢，为整个场所赋予了一种统一的性格，令人过目不忘。皇宫内的红色砂岩地面采用阶梯平台式的处理手法，时而上升，时而下落，形成了一系列低矮的基座和庭院。这一处理手法同时出现在室内和室外的地面，由此将皇宫的全部空间编织在一起。在庭院的地下和建筑墙体的内部含有一套精心设计的输水系统：在古代，生活用水可以通过水渠和暗槽传送到皇宫的各个角落。在炎热干燥的印度，这一设计既满足了功能性的需求，又带来了感官上的舒适。皇宫内，我们出乎意料地几乎没有受到高温的困扰，因为凉爽的微风从通透的建筑中穿堂而过，驱散了阳光的炙热。

皇宫中两个最重要的空间是阿克巴白天驻留的宫殿和夜间就寝的后宫，二者以一种互补的方式彼此联系起来。

❹

❷ 后宫是整座皇宫中最正式的中轴对称空间，由一系列带有厚重分隔墙的房间组成，房间共同在内部围合出了一座 55 米长、50 米宽的中央庭院。庭院四周，四个立面的中央都是两层高的、中心部位敞开的宽大楼阁。庭院四角各有一个塔式房间，这些房间必须经由隔壁房间的内部才能进入。除了浴池，后宫的空间是整座皇宫中遮阴最深的部分。后宫庭院的中心部分通过水渠形成的一圈深深的阴影线与外围部分相分隔，在我们的体验中形同一座石岛。

❸ 阿克巴白天的居所却出人意料地采用了非正式和不对称的格局。中心庭院外围的四个立面各不相同，庭院的西北角也没有封闭起来，而是通过一座两层高的楼阁把宫殿与庭院牢牢固定在地面上。楼阁的底层是敞廊，二层则较为封闭。庭院的东、北、西三个立面都设有敞廊；南侧的建筑中藏匿着皇帝的居所，它的三个楼层也都设有通长的敞廊，遮蔽在深深的阴影中。庭院东端是一座边缘呈台阶式跌落、边长近 30 米的正方形蓄水池，四座极窄的小桥分别从四个方向跨过水面，伸向位于蓄水池中央的岛式平台，平台的中心设有架高的正方形宝座。这座水池是皇宫内面积最大的水体，意在显示出皇帝住所的尊贵地位——皇宫建筑群里真正的绿洲。

　　阿克巴的两座宫殿关系密切，二者之间通过其他建筑进行着一种对话，媒介之一便是全部由敞廊组成的"五层殿"（Panch Mahal）。五层殿自下而上逐层收缩，最后在顶层形成了一座由四根角柱托起的凉亭。❹ 作为皇宫内最高的建筑，这座完全通透的、以列柱构成的空间金字塔是皇帝退朝后独自静思的地方，也是他与当时五大宗教（伊斯兰教、印度教、佛教、基督教和拜火教）首领进行会谈的地方——阿克巴大帝希望不同的宗教能够在他的统治下达成和解。我们站在五层殿的顶层，极目远眺四面八方的景色。清风徐来，我们感到自己仿佛处于世界之巅，与浩瀚的宇宙紧紧相拥，在历史的长河中稳步前行。

　　❺ 在五层殿的东北方向是"觐见厅"（Diwan-i-Khas）。这是一座两层高的建筑，平面呈正方形，边长为14米。觐见厅是皇宫中最坚实的建筑，外墙厚度达2.5米。屋顶平台设有围墙，四角各设一座凉亭。底层四个立面的中央各设一个门洞，门洞通向建筑内部双层高的中心房间。中心房间的平面亦呈正方形，边长为8.5米。❻ 房间中心伫立着一根精雕的石柱，从正方形的基座开始，自下而上依次变为八边形、十六边形和圆形。圆形柱身上顶着一个巨大的倒锥形柱头，柱头由一道道呈放射状排列的、外轮廓如蛇形蜿蜒的牛腿式支撑逐级向外伸展而成。

继续往上，柱头的顶部托起了一座小小的圆形平台，平台通过四座狭长的石桥与二层回廊的四个角落相连。这个造型奇特的结构体清晰地唤起了我们对皇宫庭院里带有四座小桥的台阶式蓄水池的体验。不过，我们现在不是站在桥上俯视水面，而是站在桥下那一潭由阴影汇成的深池之中仰视小桥。房间中巨大的中心柱、厚实的墙壁和浓重的黑色阴影为我们带来了深陷于大地之中的下沉感，让人感觉仿佛身处一座从岩石中开凿出来的庙宇之中。沉浸在这个房间厚重黯淡的深度里，我们从尘世中隐退，而时间也停下了脚步。

索恩故居

Soane House

英国，伦敦

1792—1824年

约翰·索恩爵士

索恩故居是约翰·索恩爵士为自己打造的集居住、办公和艺术品收藏等功能为一体的建筑。为此，索恩将位于伦敦林肯法学园区（Lincoln's Inn Fields）的三栋相邻的行列式别墅加以翻建，历时40年之久，最终为世人献上了一件浓缩了空间与时间的建筑杰作。索恩在原有建筑墙体所框定的极为有限的范围内施展手脚，运用经过精心调整的自然采光法营造出了出人意料的空间深度、布局上的复杂性和层层关联的历史感，成功地打造了一座可居住的"废墟"。

索恩故居内包含的这三栋别墅均以红砖为面材。建筑师为位于中间的那栋（13号）加上了一层石灰岩立面，新立面在原有砖墙的基础上向外凸出了几十厘米。立面分为三跨，底层和二层各设三扇圆拱窗。

❶ 穿过狭窄的入口门厅之后，我们首先来到餐厅和书房，这两个房间共用一个平面为双正方形的空间。书房的南墙面向街道，墙上设有两扇高大的圆拱形开窗，其形状和尺寸与外面石灰岩立面上的圆拱窗一致。窗子由两块薄薄的木板组成，如此一来，外墙玻璃窗的明暗关系便得到了三次重复，同时窗前也形成了一个深度与窗宽相等的、层次丰富的空间。书房的两面侧墙几乎完全被带有玻璃柜门的桃花心木书柜所覆盖，书柜与房门等高，上方设

❶

❷

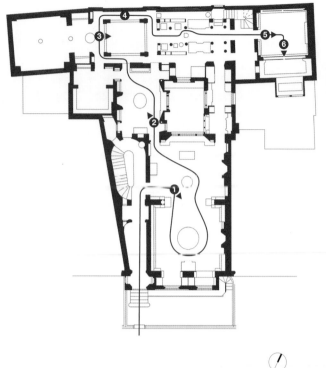

❸

有不同规格的圆拱状壁龛。书房和餐厅的天花板都是水平的，上面镶嵌着绘画作品。两面侧墙上凸起的两段墙墩标志着餐厅和书房之间的边界。每段墙墩的前缘伫立着四根金属细柱，它们共同托起了由三段弧线组成的双层悬拱，悬拱将两个房间的天花板加以分隔。房间中，几乎每一个表面都被切开，展露出中空的内部或与之相连的下一个空间。由此，建筑内部被赋予了一种透明感，观者眼前的景象也在成倍地增加。镜面元素的使用——书房两扇玻璃窗之间的大镜子以及分隔两个房间的墙墩上的狭长镜子——进一步增强了这种视觉效果。为了避免来访者在这个复杂性不断增加的多层次空间中迷失方向，索恩在书房和餐厅之间的墙墩上设置了两块小路牌，上面分别写着"东"和"西"。餐厅的另一端开设了一扇正方形的大玻璃窗，窗子顶部与天花板相接，窗外是建筑内部的"遗址庭院"（monument court）。餐厅的角落均设有双扇的木门，木门将我们引向别墅中各个方向的厅室。

❷ 穿过其中的一扇门，我们进入早餐室。这个空间不大，穹形天花板悬浮在上方，与四面墙体相脱离，天花板中央设有一扇微缩的穹顶采光天窗。在早餐室南北两端又高又窄的类似门厅的空间里，阳光透过高高的天窗射入室内，照亮了挂在墙上的一幅幅画作。房间东侧的墙面从

两端向中心以对称的角度斜向设置，墙面中央是一扇大窗。窗子很高，越过了穹形天花板的外缘。透过窗口，我们可以看到遗址庭院。除此之外，三面墙在角落部位都设有开口，一方面让观者得以窥见毗邻空间和采光庭院，另一方面也将光线从四面八方引入房间内部。为了使房间获得更佳的采光效果，穹形天花板的四角和边缘都嵌有圆形凸面镜，壁炉上方还设有"双镜"——长条形的镜子环绕着一面向前凸起的镶框的大镜子。似乎每一寸墙面都通过门窗、镜面或琳琅满目的建筑草图和油画藏品而打破了封闭感，为观者呈现出或真实或想象的风景。这些风景与我们对这座房子的体验相互缠绕，亦真亦幻，妙不可言。

从天窗射入的强烈光线以及悬挂在空中的建筑残片所组成的景象吸引我们穿过早餐室的北门，来到一个三层高的空间的狭窄边缘。**❸** 这是一个通高的空间：下方是地下室，陈列着一只巨大的古罗马石棺；上方则是高高的屋顶，以巨大的穹形采光天窗作为空间的收头。**❹** 透过天窗，光线沿着回廊的内外两面墙倾泻而下，照亮了墙面和栏杆。光线所及之处无不是索恩爵士的艺术珍藏：建筑残片、装饰线脚、柱身、柱头、檐口、雕刻、花瓶、瓮罐、模型、胸像和立像，令人目不暇接。其中，一些是知名古建筑的大理石原作，还有一些是石膏浇制件。琳琅满

❹

❺

目的藏品在索恩的精心组织下分布于两个楼层。悬挂在上方"穹顶"和"柱廊"上的建筑残片被戏剧性的光线照亮（光源来自一系列的小天窗），而陈列在"地下墓室"里的古代藏品则几乎完全隐匿于黑暗之中。

在迂回曲折的漫步路径的尽头，我们找到了别墅中最引人注目的空间——著名的"图画室"（picture room），亦称"画廊"。❺ 房间的平面呈正方形，边长为层高的一半，天花板呈灯笼式向上拱起。光线从北、西、南三面墙上的高侧窗射入，也可以通过位于屋顶中央的、贯通南北的天窗照射进来。高侧窗下方的四面墙完全被各个历史时期的大型建筑绘画所覆盖，画作均呈现了以透视法则描绘的室内和室外空间。❻ 乍看之下，这个房间似乎是固定不动的，但其实它的三面墙都装在铰链上，可以拆卸。只要转动墙面，我们就能看到墙背面的绘画作品以及后方第二面墙上陈列的画作。因此，每面墙实际一共有三层。南墙上最靠外的那层还可以向外推开，伸入两层高的"修士会客厅"（monk's parlor）的上半部分空间。修士会客厅的采光来自顶部的天窗以及一扇朝南的大窗，窗外是"修士内院"（monk's yard）。

我们站在敞亮的图画室中，看着那些在时间和空间上与我们相隔遥远的建筑影像随着墙体的转动层层展现，如

同一扇扇打开的"窗口"引领我们穿越时空，畅游历史。走在暗影重重的逼仄回廊通道和地下墓室之中，感受着来自头顶上方的微弱光线并与古代建筑的残片擦身而过，这一刻，我们仿佛重返遥远的年代。在这座层叠嵌套的迷宫般的房子里，无论身处何方，时间似乎都被浓缩于一点，骤然停止。

❻

古堡博物馆

Castelvecchio Museum

意大利，维罗纳

1956—1978年

卡洛 · 斯卡帕

時間

这座维罗纳"古堡"（Castelvecchio）建于古罗马时代的遗址之上，紧邻阿迪杰（Adige）河，在漫长的岁月中曾被反复拆建，并在第二次世界大战中遭到严重破坏。从1956年开始，斯卡帕一直致力于这座古堡的改造工作，直至1978年与世长辞。在博物馆的设计中，他并没有为某个历史时期赋予至高无上的地位，而是颂扬了这个场所被人类栖居的连续历程。而由此造成的时间的复杂层叠——从古代到现代——也一同被刻写在了这座历史建筑之中。

穿过古老的吊桥，迈入城堡的大门，我们脚下便出现了精心编排的花园内院的碎石地面。❶ 此时，位于我们左侧的是中世纪跨河大桥砖石混合的墙身，其顶部筑有齿状雉堞；右侧和前方是白色的毛面灰泥墙，墙上镶嵌的哥特式石质窗框形成了不规则的装饰样式。哥特式窗框并非古堡原有，而是在20世纪20年代的改建中从维罗纳的其他建筑中挪用过来的。这一点从钢框玻璃窗便可以看出来：它们与石质窗框相分离，有的凹进，有的凸出。❷ 在斜对面，我们看见花园最远角的两面外墙并没有闭合。墙体之间留出了不规则形状的空隙，空隙上方，一座骑马像从阴影中冒了出来：这是维罗纳领主康格兰德一世（Cangrande，1291—1329年）的雕像，

也是这家博物馆最重要的藏品。

博物馆入口位于离我们较近的角落。行进过程中，我们注意到了地面的变化：一系列的硬地、草地和浅水池交替排列，形成了不同质感的平面，将古老的艺术品与当代的建筑交织为一体。水池旁，我们看到阳光下的建筑立面在清波荡漾的水面上映出了支离破碎的倒影，进而意识到立面本身也曾在岁月的长河中经过反复重组。❸ 紧邻入口处，一个带有钢制压顶的立方体体块从左侧的门道中凸显出来，它的外墙贴面使用的是本地出产的小方块状的普伦石（Prun stone，一种粉白掺杂的石灰岩）。石块拼成了非重复性的图案，石块表面的肌理也在粗凿与抛光之间交替变化。我们不禁上前用手指轻抚这个带有温润感的拼石图案，然后再去触摸采用整块普伦石雕成的古代石棺以及由灰色石头底盘和普伦石镶嵌图案组成的圆形古代日晷，继而感受到饱经沧桑的石头表面为我们的指尖所带来的丰富触感。

❹ 来到博物馆内部，我们面前出现了五间纵向排列的正方形展厅。房间的墙壁很厚，在南侧通过带有哥特式窗框的巨大窗口规律地朝向花园内院敞开。深灰色的混凝土地面颇具层次感，这是因为混凝土在浇筑过程中经过了上下拍打，因此地面上便显现出了一种轻微反光

的、带有棱纹的质感，令人联想到经过抛光的托盘。混凝土地面上还嵌有光滑的白色普伦石，普伦石组成的长条图案横向贯穿于整条通道之中。地面周边也镶嵌着一圈白色普伦石，它们与白色毛面灰泥墙底边的间距为15厘米。五间展厅中的展品各具特色：从大型雕塑到建筑残片，再到小件的圆形雕饰和工艺品，一应俱全。每件展品都配以量身定制的托架或基座，被固定在精确的位置上，托架和基座的造型各不相同。雕塑作品的分布看似随意，但其实它们的位置和角度都经过了仔细的权衡，以便能够充分利用自然光源。在自然光的照射下，雕塑愈发显得生动逼真，我们的来访似乎打断了它们之间正在进行的谈话。

最后一间展厅略显特殊。只见地面上镶嵌着一块玻璃板，玻璃板四周围绕着一圈木扶手，我们一碰便微微晃动。透过玻璃，我们看到了位于建筑下方的古罗马时代的建筑遗址——它是在古堡的建造过程中偶然被发掘出来的。穿过一扇用钢条交织而成的格栅门和一扇外开的玻璃门，我们走下以相互锁扣的大块石板建成的楼梯，来到位于主建筑与桥身之间加有顶盖的室外空间。高悬在头顶上方的是刚才在入口处见到的康格兰德骑马像，它是整座博物馆在空间上的枢轴。随后，我们穿过大桥

的引桥下方的通道，找到了一座通往塔楼的楼梯。一级级新制的踏板固定在砖砌的竖板上，把我们领入位于大桥另一侧的画廊。画廊里的地板是木制的，在脚下吱吱作响，墙上涂着白色的灰泥，天花板由彩色雕花的古老木梁构成。

退出西翼的画廊，我们横穿过大桥（此刻位于城市街道的上方），通过一座天桥返回东翼。天桥采用发黑的木板（表面经过碳化处理）和黑色的钢框架建成，它跨越在博物馆与大桥之间的空隙之上，直接通往面朝花园内院的二层画廊。在这里，我们再次看到了康格兰德的骑马像——这次是在平视的高度。画廊由七个高敞的空间组成，地面采用了深红色的陶土砖。陶土砖经过抛光而显得异常光滑，砖块之间的接缝十分紧密，从而融合成了一整片泛着微光的连续表面。❺ 展室之间以厚厚的横隔墙加以分隔，墙体的南北两端分别与沿内院及沿河的围护墙脱开。沿河的一侧设有一条狭窄的普伦石通道，通道使展室之间得以彼此相连。南墙上是带有哥特式窗框的大窗，北墙上是窗洞斜出的狭长小窗。窗外，河水奔流不息，潺潺水声不绝于耳。顶上的天花板采用的是有色的抛光石膏板（一种古老的威尼斯建筑技术），上面带有木格栅制成的通风口。前六间展室中，天花板的颜

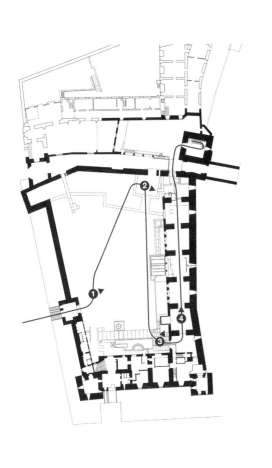

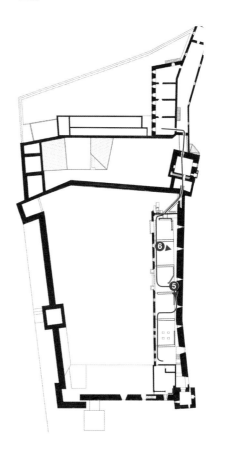

色都是略带橄榄绿色调的深灰色，而最后一间展室（位于入口门厅的上方）则采用了与众不同的亮蓝色天花板，以此突显出绘画作品的蓝色主调。❻绘画作品的陈列方式十分巧妙：有些固定在墙上，采用的是与原有的古旧画框相配的、专门设计的钢质或木质画框；另一些则陈列在极为考究的木质或铜质画架上——仿佛艺术家本人刚刚还在这里作画，在我们进来之前才放下画笔，离开了这个房间。

整座博物馆通过无数精心设计的构造细部显示出了历史多重层次的并存。由此，在我们的体验中，这座建筑便成了一系列空间与时间的交合。它既古老又现代，将自身的历史编织进了此时此刻之中。建筑与其中的艺术藏品完全融为一体，它们共同组成了一个细节充实、触感丰富的有机体，同时邀请观者的手、足、眼去探索制作过程中留下的手工痕迹、人为使用造成的磨光和图案以及缓慢叠加出来的历史时间感。正如英国建筑评论家肯尼斯·弗兰姆普敦（Kenneth Frampton，1930年—）所言，古堡博物馆"首先是一篇关于时光、关于事物看似自相矛盾的耐久性和脆弱性的专题论文"，其立论基础来自我们对建筑"能够超越时光的废墟化作用"所抱有的信念。[1]

❻

穆勒玛奇教堂

Myyrmäki Church

芬兰，万塔，穆勒玛奇

1980—1984年

尤哈·莱维斯凯

（Juha Leiviskä，1936年— ）

❶ 穆勒玛奇教堂

❷

穆勒玛奇教堂是服务于路德教派的教堂和教区活动中心，位于赫尔辛基郊外新城。在芬兰这个以广阔茂密的森林和千变万化的阳光而著称的国家，穆勒玛奇教堂恰如其分地对当地的自然条件进行了浓缩和提炼。其建筑空间全部由直线元素组成，并且在一个标准直角构成的结构中展开。尽管如此，我们对教堂的体验却完全与大自然融为一体。礼拜仪式的节律是固定不变的，但光线在一天 24 小时中的移动模式及其在一年四季中的戏剧性变化——从夏季午夜的明媚到冬季正午的昏暗——为每周参加礼拜的教徒带来了不同的空间体验。

教堂建在一块紧靠铁路干线的狭长基地上。一面长长的浅褐色砖砌墙沿着建筑的整个西立面展开，它自南向北逐级跌落，上面几乎没有任何开口，形成了一道阻隔声音与视线的屏障。建筑由一系列瘦高的空间组成，空间沿着西侧的实墙依次展开，面向东侧的桦树林。我们从南面走向教堂，首先经过建筑中最高的元素——钟楼 ❶，然后慢慢走上位于教堂和白桦林之间的砖砌坡道。教堂的墙体由一系列高耸的纵向砖砌墙墩和带有竖条的白色木板墙组成，墙面被狭窄的长条窗以不规则的模式自上而下划开。垂直的墙墩和木板墙富有节奏感地逐级向外凸出，从大地直指天空，与白桦树树干修长笔直的线条相互呼应。

低矮的水平屋顶向外出挑，它是建筑入口的标志。来到悬空的天棚下方，我们转身背对白桦林，向前行进片刻，然后再向南转，走入教堂。与进门前看到的极富垂直感的高耸外墙相反，我们现在位于低矮的前厅空间之中，天花板以小块的白色薄木板密密地叠加和交织而成。前厅的墙面由一系列跌级式的白色木墙板和薄薄的竖条状木隔板组成了变化多端的图案。地板也是木制的，有效地减弱了脚下的声响。穿过一扇由木板条做成的网格大门，我们踏上教堂的砖砌地面。低矮的木板条天花板在教堂东侧制造出了一个隐秘的入口空间。我们从这里走出门廊，在白色木长椅上稍作休息。

我们对教堂内部的第一印象是空间中铺天盖地的垂直感。由白色的木嵌板、粉墙和混凝土密密层叠而成的非重复性纵向线条布满了空间表面，每一面纵向的细长实墙也在两侧为纵向的细长光带所框限。❷ 在平面呈跌级式展开的东墙上，这种垂直感达到了高潮。东墙的高度远在低矮的入口门厅之上，乍看之下，犹如一座以玻璃和木板墙的狭长纵向线条组成的森林，呈现出光影交错的不规则图案（既有直射光，也有经过白色墙面产生的反射光；甚至投在墙上的影子也是白色的）。在这个复杂交织的空间里，一道道阳光透过细长垂直的间隙照射

进来，让我们产生了置身于白桦林之中的错觉。

虽然教堂带给我们的最初印象是它的垂直性，但其空间在剖面上其实是一个完美的正方形。就光线和形式而言，它在垂直向与水平向之间实现了不对称式的平衡。水平向光线来自东墙上的纵向长窗，作为一种对位，西墙顶部开设了一扇宽大的天窗，垂直向的光线由此倾泻而下。❸ 东西走向的混凝土深梁以规律的节奏横贯于教堂顶部。❹ 天花板分为两层：在由混凝土梁托起的较高部分，一块块厚木板以齐整的节奏划出了一道道排列有序的线条；较低的一层位于混凝土梁之间，是用宽度和长度不等的薄木板组成的密密的格架。我们可看见混凝土梁在天窗的下方与西墙相接并架设在西墙之上；而在东墙一端，横梁则消失在交错的纵向表面中，与飘浮在逐级错开的窗过梁上的木质条纹天花板融为一体。由此，垂直向的墙体和水平向的天花板相互交织并锁扣在一起。

东墙所呈现出的复杂的垂直层次感与对面西墙上较为晦涩的表达形成互补。❺ 西墙被一系列用纵向木板组成的平面分为若干层。实墙中央的表面似乎在光线的侵蚀下而溶解了，它被打散成一片片前后错落的垂直面。❻ 祭坛位于西墙中央的开口内，这是墙面上最大的凹陷部分。强烈的光线从南侧洒入凹室，在一系列逐级错开的

纵向木板上得到反射，照亮了祭坛背后的墙面。与此同时，从南侧斜向落下的光影线条把西墙"切割"成了长条状，变幻莫测的影线与祭坛背后耀眼的发光体之间形成了一种呼应。

在我们的体验中，印象最深的不仅有高度密集的线型元素及其变化多端的尺寸，也有多层表面及其造成的与外界的模糊距离所构建的深度感，还有无数看不见的缝隙引领阳光以各个方向进入空间而投下的光影线条：这一切共同编织出了一层"微微闪烁、变幻莫测的光的面纱"[1]——莱维斯凯如上形容他的作品。在这个空间中，时间的流转、季节的更迭以及生命的历程，全都在始终如一的事物和不断变化的事物中留下了痕迹。

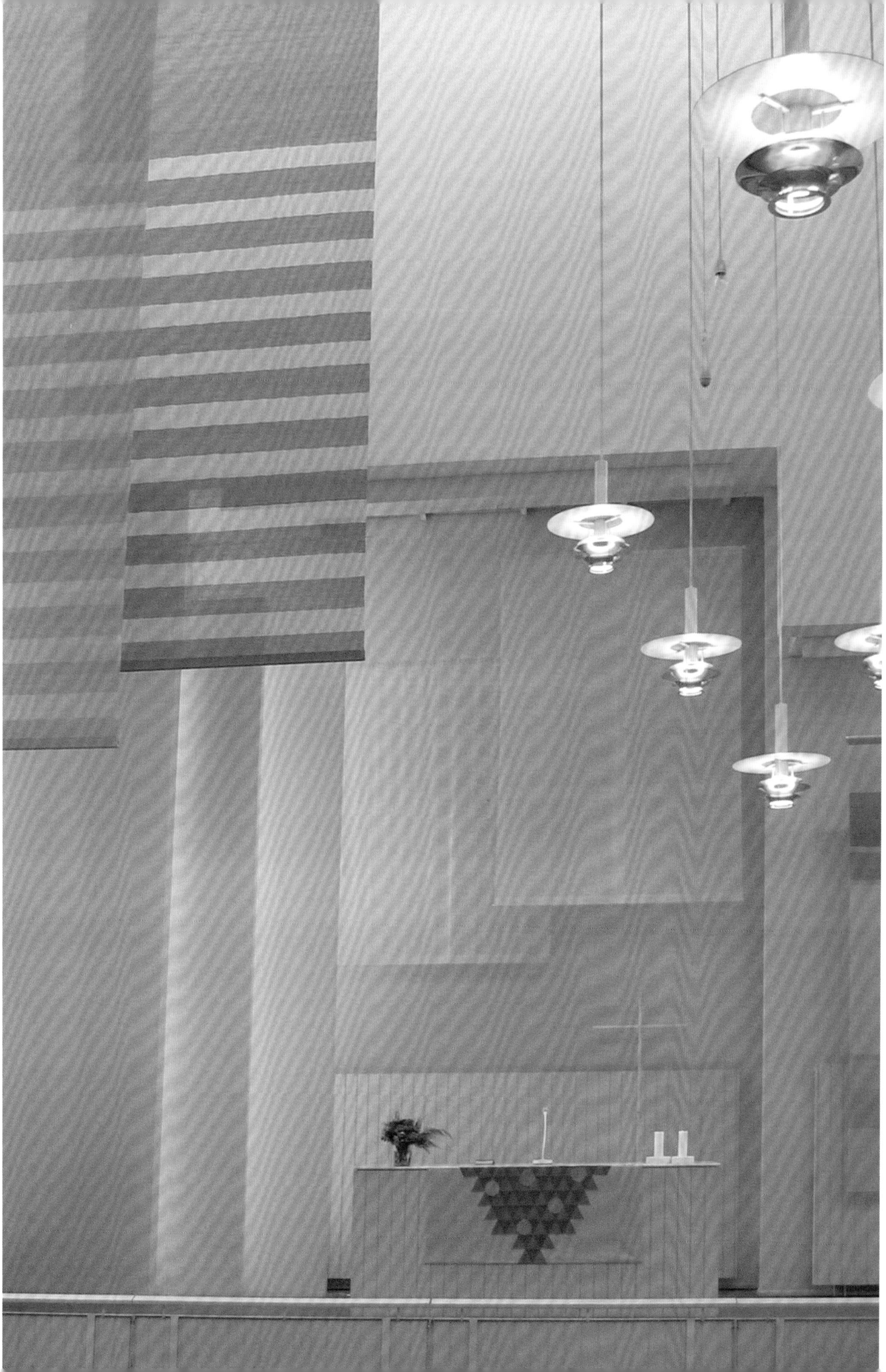

6

水之教堂

Church on the Water

日本，北海道

1985—1988年

安藤忠雄

（Tadao Ando，1941年— ）

水之教堂位于夕张山地（Yubari Mountains）的山谷中，这里以每年12月至来年4月的壮观雪景而为人称道，而水之教堂正是供该地度假村的客人使用的配套设施。这座教堂实现了建筑与地景相结合的理想化设计，它向栖居在高密度城市环境中的人们发出邀请，试图帮助他们在这里与自然世界发生精神交融并最终从纷扰的日常生活中抽离出来。本着日本庭园的建造传统，这座教堂与其包含的人工地景相互配合，共同将群山的壮阔、地平线的辽远及人类历史的绵延加以浓缩，一一呈现在观者面前。

教堂的南侧和东侧以灰白色的混凝土围墙为界，墙体上方出现了一个带有黑色钢框的玻璃体，其内部由四座混凝土十字架围合出了一个立方体状的空间。我们不禁被引向这个空间所在的方向，但是在到达那里之前，必须先沿着混凝土围墙的外侧一直往西走，直至在墙上找到一个入口门洞。❶ 穿过门洞，首先映入眼帘的是园中的水面——一座看起来似乎向左右两侧无限延展的巨大池塘。❷ 与教堂隔岸相望，我们看到了一个简洁的混凝土框架，由左右两部分构成：右侧是围合式的、幽暗的室内空间，左侧是开放式的室外空间。玻璃体就悬浮在整个框架的后上方。水平向的水面和混凝土框架的垂直向表面都显露出模糊的尺度，让人难以把握这个室外空间的大小。因此，当我们

❷

沿着围墙内侧的小径向上走去时，便不由放慢了脚步。在小径的尽端，沿着围墙向左转，我们来到教堂立方体状的体块背后。从这里经过一面圆弧形外凸的混凝土墙，我们在玻璃体的基座部位找到了一个入口。

登上一小段铺着板岩的楼梯后，转身再爬上一段楼梯，我们便来到了玻璃体所在的楼层。❸ 玻璃体在平面上呈正方形，边长为 10 米，高 5 米。外围的玻璃镶在钢框中，在水平和垂直方向都被钢框从中间一分为二。我们站在这个露天空间的中心位置，脚下是半透明的玻璃地板，地板被混凝土十字架分为四块。四周环绕着四个独立的混凝土十字架，它们的横臂在转角处几乎彼此相连，形成了一个边长为 5 米的正方形，将我们拥入怀中。空间上方没有遮蔽，反光的玻璃地面和玻璃墙仿佛组成了某种奇特的容器，捕获了洒落其间的阳光并将其聚集一处。虽然水平向的景色在局部受到了框架的干扰，通往天顶方向的视线却没有任何遮挡。整个玻璃体被灰白色的混凝土和黑色的钢框所限定。我们站在玻璃地面上，眺望远处的群山，便感觉自己从地平线上不断上升，如同飘浮在空中一般。我们停下来，悬浮在垂直的光线中，时间好像也在这一刻暂停了。

沿着两段楼梯下行，地平线渐渐从视野中消失，随后我们便来到了光线幽暗的圆弧形楼梯上。这段楼梯上也铺着板岩，它被夹在一对半圆柱形的曲面混凝土墙之间。走下楼梯，我们终于踏上了教堂的板岩地面。教堂的平面也呈正方形，边长为 15 米，高 5 米。但是由于其东北角被玻璃体基座的一角和楼梯的圆弧形墙体所吞并，它的空间便成了 L 形。教堂里配备了安藤忠雄亲自设计的木质长凳和方椅，它们纤细、修长且克制的细部与整个空间的庄严感相互呼应。教堂的北、东、南三面是混凝土实墙，墙面经过打磨而显得极其精致细腻，以致从侧面望去，它们都带着轻微的反光。❹ 第四面墙为玻璃墙，面向西侧的水池，整面玻璃墙被十字形的黑色钢框分成四等块。当玻璃墙关闭时，钢框的水平线条与下方地板和上方天花板的水平线条共同形成了一组高低不同的地平线，而真正的地平线则隐藏在群山背后。

❺ 当庞大的玻璃墙打开时（向右滑入我们刚才从外面看到的开放式混凝土框架中），教堂便实现了一种转化。大自然的声音传入这个共鸣效果卓越的房间内，通过光滑坚硬的混凝土和板岩表面得以放大。微风温柔地从中穿过，送来夏日草木的气息或冬天刺骨的寒意。此时，我们会注意到安置于水中的黑色钢制十字架的存在，因为教堂的空间似乎正在越过水面，伸向这座十字架，向它的后方

③

④

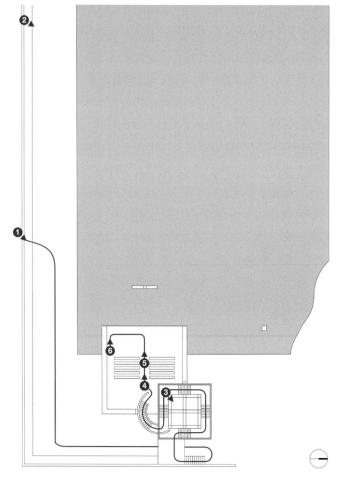

❺

无限延展。池塘中开阔而深暗的水面倒映着天光，几乎与教堂的地面齐平。因此，在我们的体验中，教堂的空间已经与水面上的空间融为了一体。教堂的黑色板岩地面设有一前一后两处落差，形成了朝着水面方向逐级跌落的三级不同标高的地面。此刻，我们发觉远处的水面也在逐级跌落：它压缩了我们与地平线之间的距离，把地球弯曲的轮廓线推送到我们面前。

❻ 在左右两侧围护墙的底部，板岩地面与墙体脱开，形成了一条阴影深重的窄缝：混凝土墙壁由此滑入槽底，消失在视线中。有悖于常规设计的是，墙体并没有与地板相接，也没有架在地板之上，因此墙面与地面的关系是模糊的。黑色板岩地板的表面呈现出细微的皱褶纹理，看起来好像要挣脱墙面漂浮而去，与泛着涟漪的水面融为一体。我们悬浮在这个漫无边际的水平面上方，地平线恍若近在眼前；两侧的群山向中间合拢，界定出我们所栖居的空间范围。反之，时间却似乎不断向外扩展，从而令我们发现了安藤忠雄所谓的"蕴含在此刻之中的永恒"。[1]

❻

空间　时间

重力　光线　寂静　居所　房间　仪式　记忆　地景　场所

物质

但是最让人忘不了的还是墙本身。这些房间里的倔强生命没有让自己被赶走。它仍然在那里：它缠在没拔下的钉子上，它站在残留的巴掌宽的木地板上，它蜷伏在墙角连接处还残存的那一点点空间内。你可以看出，它还留在油漆涂层里，年复一年，慢慢地变了模样：蓝色变成了发霉的绿色，绿色变成了灰色，黄色变成了陈旧腐烂的白色。[1]

——赖纳·马利亚·里尔克（Rainer Maria Rilke，1875—1926 年）

我把形式的美交付他人，而我自己致力于对物质材料本质之美的定义。它们还有诸多美好尚待发掘，包括所有那些凝聚在事物内部的情感空间。[2]

——加斯东·巴什拉

不是你想做什么，就能做什么，而是要看材料允许你做什么。你不能用大理石做出你本该用木头做出的东西，或者用木头做出你本该用石头做出的东西……每种材料都有它自己的生命，谁要是破坏了一样有生命的材料，用它来做一件愚蠢的毫无意义的东西，谁就该受到惩罚。换言之，我们不应迫使材料讲我们的语言，而是应该顺应材料的声音，努力让别人也能够听懂它们的语言。[3]

——康斯坦丁·布朗库西

我保存着那美好的回忆。哦，材料！美丽的石头！……哦，我们变得多么轻盈！[4]

——保罗·瓦莱里

物质、触知性与时间

半个多世纪以来，法国哲学家加斯东·巴什拉所作的关于诗意意象、想象和物质的论述一直启发着建筑学领域的思考。他为古希腊哲学思想中的四大元素——土、水、气、火——各作了一本专著，认为所有艺术类别中的诗意意象都必定会与这四种基本物质产生共鸣。[5] 建筑史上的基本材料——石、砖、木、金属——都来自土地，由此建筑才得以与土地及土地的变化过程重新联结在一起。这些材料也与时间及时间的变化过程进行着一种对话。

建筑须由不同的材料共同建造而成，不过，以单一材料为主建成的建筑与空间却具有一种特殊的感染力。很多地方都保留了石制建筑的传统，例如在佩特拉（Petra，位于约旦）和拉利贝拉（Lalibela，位于埃塞俄比亚），我们就能看到从岩床中雕凿出来的教堂。此外还有锡耶纳的全砖式城市场景以及北欧的木屋小镇等，它们都因建筑材料的单一而散发着一种统一、和谐与真诚的气息。

在对"诗意意象"的现象学调查中，巴什拉在"形式想象"与"物质想象"之间做出了引人深思的区分。他的观点是，较之被形式唤起的意象，产生于物质的意象会投射出更深层次和更为深刻的体验、回忆、联想与情感。[6] 然而，总体而言，建筑中的形式和几何关系总是比物质所能带来的心理暗示更受重视，这一点在现代建筑中体现得尤为明显。"建筑是对同置于光线中的体块进行的熟练、正确和华丽的摆弄。"[7] 勒·柯布西耶这个富有感情色彩的定义正反映了以视觉和形式为主导的设计定位。

在追求完美形式和自主表达的过程中，主流现代主义建筑尤其偏爱那些能够体现平面性、几何关系的纯粹性、非物质的抽象性和否定历史的洁白感的材料与表面。用勒·柯布西耶的话来说，白色服务于"真理之眼"，[8] 因此它可以在道德价值和客观价值之间起到调和作用。白色的这种道德暗示在他的论述中得到了夸张的表达："白色具有极高的道德性。假设有一条法令要求巴黎的所有房间都刷上一层白浆，我坚信那将会是一项对优良品性的监管和一种高度道德性的展现，是一个伟大民族的标志。"[9]

除了对洁白、光滑和抽象的偏爱，对非物质性、透明感和轻盈感的追求也成了现代审美的特征。美国哲学家马歇尔·伯曼（Marshall Berman，1940—2013年）在其所作的关于现代性体验的论著中写道："成为现代就是成为宇宙的一部分，在这个宇宙中，诚如卡尔·马克思所言，'一切固体都化为气体'。"[10]

图 1
单一材料的建筑。位于希腊圣托里尼岛（Santorini）的传统地中海式石砌建筑。

图 2
全木建筑。这座芬兰乡村教堂的木造拱顶效仿了文艺复兴式石砌拱顶的几何关系。芬兰，佩泰耶韦西的老教堂（Petäjävesi Old Church），由当地木匠亚阿科·克雷梅蒂波伊卡·雷帕嫩（Jaakko Klemetinpoika Leppänen，约1714—1805年）建造，1763—1764年。

图 3
现代建筑中的白色理想。白色不仅获得了审美上的青睐，而且被认为具有道德上的优势。勒·柯布西耶，斯坦因住宅（Villa Stein-de Monzie）北立面，法国，巴黎，1926—1928年。

企图实现非物质性的努力甚至被视为一种高尚的美德。德国哲学家瓦尔特·本雅明（Walter Benjamin，1892—1940年）曾写道："生活在玻璃房子里是一种具有革命性的卓越美德。它也是一种精神鸦片，一种我们正迫切需要的道德裸露癖的表现。"[11] 法国超现实主义作家安德烈·布勒东（André Breton，1896—1966年）曾经如下表达现代人对玻璃的非物质性和透明感的迷恋："……我继续栖居在我的玻璃房子里，在这里时时都能看见谁来探望我，每件挂在天花板和墙上的东西都像是被施了魔法般定在空中。在这里，我每晚躺在玻璃床单上，睡在玻璃床上，在这里，真实的我迟早会被刻在一颗钻石上，出现在我的面前。"[12]

现代主义建筑、绘画和雕塑所具有的一个显著特征便是，它们的表面被处理成体积的抽象化边界，由此获得作品在形式、概念和视觉等层面的本质，却唯独缺少触觉性的本质。这些表面被剥夺了话语权，因为体积本身具有绝对优先的地位；形式总是振振有词，而物质却缄默不语。对纯几何形式、还原式（reductive）审美观和极简主义表现方式的偏好，进一步弱化了物质的体验性呈现。物质的体验性缺席滋生了距离感和局外感，而强烈的物质性则唤起触觉上的快感和一种对私密感与亲近感的体验。

材料和表面拥有属于自己的语言。石，讲述着它遥远的地质成因、它的耐用性和与生俱来的永久性。砖，让人想到土、火、重力以及悠久的砖造传统——砖"想成为一个拱"，正如路易斯·康所说。[13] 铜，提醒人们去追忆它在冶炼过程中接受的高温考验和古老的铸造工艺，

以及沉淀在其光泽之中的悠长历史。木，向我们娓娓道来它的两种存在方式和生命阶段：先生为树，再生为木匠巧手之下的艺术品。所有这些传统材料都在愉快地诉说着时间的存在、历史的绵延和物质的使用。在阿道夫·路斯（Adolf Loos，1870—1933年）、密斯和斯卡帕等建筑师的作品中，精挑细选的材料经常能够体现出考究的奢华氛围和精湛的传统工艺。

当代社会中，以人造材料建成的高科技环境通常无法与时间和历史的痕迹进行调和。它不能体现扎根感和归属感，反而营造出疏远和冷漠的气氛。当代建筑主要依靠工厂批量制造的合成材料，因此我们难以辨识它的原材料及其加工过程，而这些材料也无法传达出时间的绵延与流逝。平板玻璃、喷漆或烤漆的金属面层以及塑料等典型的当代

图 4
奢华和贵重的建筑材料。路德维希·密斯·凡·德·罗，西班牙，巴塞罗那，世界博览会德国馆，1929 年。重建于 1986 年。

物质

建筑材料都缺乏历史深度和时间关联。现代建筑总是刻意追求一种永不衰老的青春气息——对永恒的当下（perpetual nowness）的体验。追求完美感和完整性的理想使建筑对象进一步与时间现实和使用痕迹拉开了距离。这些理想和迷思所造成的后果便是，现代建筑在时间的负面影响（坦白说，就是时间的报复）之下变得脆弱不堪。时间和使用不仅没有为我们的建筑提供正面的经典性和权威性，反而企图发起负面的、破坏性的攻击。

面对物质性的丧失和现代主义特有的时间维度的体验，建筑和艺术做出了回应，重新对物质的语言以及侵蚀和衰退的场景变得敏感起来。与此同时，视觉以外的其他感知模式，尤其是触觉性品质，正在作为艺术表达的渠道而为人们所认可。在"贫穷艺术"（Arte Povera）

于 20 世纪 60 年代兴起之后的几十年间，艺术的总体方向已经逐渐转向了物质的意象（或者说物质想象的诗学）——借用巴什拉的提法，就是"诗化"。[14] 建筑师开始关注材料的厚度、重量、不透明性、日久产生的光泽和老化。随着对物质性的热情日渐高涨，与材料相结合的装饰母题（而不只是加在表面上的花纹图案）也受到了越来越广泛的接受。

在过去的几十年中，大地经常作为艺术表现的主题和媒介出现在艺术创作中（从大地艺术和地景艺术到下沉式的建筑），这从另一个角度揭示出了艺术与物质意象之间日益密切的相互交结。"大地母亲"这一意象的重归视野说明，在追求自主性、抽象性和非物质性的乌托邦旅程结束之后，艺术和建筑正在回归物质性，并转向具有内在性、亲密性和归属性的原始的女性柔美意象。

曾经，现代艺术在总体上一直沉迷于那些充满力量并暗示启程、航行和旅途的阳刚意象，而如今，"归家"这一主题的相关意象正逐渐深入人心。然而，这不应仅仅被视为大地这一传统意象回归的标志，它实际上承认了我们对于扎根感和基本生存体验的真实心理需求。追求可持续性发展是我们无法摆脱的需求，这种需求让我们开始把注意力转移到材料的品质和生产过程上。在能源消耗、资源使用和污染产出等方面的最终账单上，那些具有可持续性的东西并非不证自明。与此同时，材料工程学正在引入能够自我维护的创新型材料，这些材料可以根据不同的环境状况，如温度、湿度、气流、光线和噪音等，像人类有生命的皮肤那样做出自动调节。

然而即便在现代艺术的范围内，也并非所有的设计实践都倾向于追

求光滑感。拼贴画（collage）和蒙太奇（montage）是具有现代艺术特色的表现形式，这两种图像创作模式起源于绘画和电影，之后又在包括建筑在内的所有艺术形式中得到了运用。这些艺术技法结合了物质性与叠加的时间层，对来源迥异的片断化图像加以并置，由此使得高密度的非线性叙事成为可能。

在现代主义早期，来自"另一传统"[15] 的建筑师——其中最值得注意的是瑞典建筑师埃里克·贡纳尔·阿斯普隆德（Erik Gunnar Asplund，1885—1940 年）、西古德·莱韦伦茨（Sigurd Lewerentz，1885—1975 年），以及芬兰建筑师阿尔瓦·阿尔托——开辟出了与抽象还原式的正统现代主义大相径庭的另一条道路。这意味着他们摒弃了现代建筑中以视觉为主、通过形式驱动气氛的手法，开始追求物质性

与触觉感受。总体而言，来自北欧的现代设计师一直对物质性保持着敏感，他们注重对天然材料的使用，试图以此制造出一种轻松的家庭生活氛围与传统感。同时，他们也更加在意增强内在性以及触觉亲密性的感受，相比之下，外部的视觉效果就被放在了相对次要的地位。

在这种触觉性感受强烈的建筑中，物质性和传统感不断唤起人们对自然绵延和时间连续的体验。我们不仅必须栖居在空间之中，还必须栖居在一个文化连续体中，被各种物质记忆所包围。具有纯粹主义（purist）几何关系、以视觉为主导的建筑试图让时间停下来，而具有触知性及多重感知性、以物质为主导的建筑则让我们对时间的体验具有治愈性和愉悦感。这种建筑不是在和时间对抗，而是将时间的长度和磨损的历程加以具体化，使岁月的

痕迹变得怡人且易于接受。它力求适应，胜过让人铭记；它让我们感到家庭生活的温馨舒适与亲密无间，而不是其外在的权威性与敬畏感。

对抽象与完美的追求倾向于把注意力引向观念的世界，而物质、磨损和衰败则增强了对因果规律、时间和现实的体验。在理想化的人类存在和我们真实的存在环境之间有着决定性的区别，即真实的生活是"不纯"和"杂乱"的，而深刻的建筑理应为生活中这种必不可少的"不纯性"留有一丝余地。英国艺术评论家约翰·罗斯金（John Ruskin，1819—1900 年）相信："对我们所知的关于生命的一切而言，不完美性在某种程度上是必不可少的。它是凡人身体中的生命标志，也就是说，它标志着一种发展和变化的状态。没有一样活着的东西是，或可以是，绝对完美的；它的一部分正在衰退，

图 6

全玻璃建筑和极简主义的美学还原。如今，玻璃被运用在建筑的所有元素中——墙体、地面、屋顶、楼梯，甚至像梁、柱这样的结构构件。妹岛和世和西泽立卫（SANAA 建筑事务所），托莱多艺术博物馆玻璃展厅，美国，俄亥俄州，2001—2006 年。

一部分正在重生……在所有活着的东西里，都有某些不规则性和缺陷。这些不规则性和缺陷不仅是生命的标志，还是美的来源。"[16] 与罗斯金关于不完美的重要性这一观点相呼应，阿尔瓦·阿尔托也谈到过人类错误的不可避免性及其意义："我们或许无法杜绝错误，但我们可以试着去做的是，我们都尽可能少犯错误，或者再好一点，犯一些尽可能良性的错误。"[17]

法国哲学家让-保罗·萨特（Jean-Paul Sartre，1905—1980 年）曾经指出破坏、挫败和衰退的情感力量："当工具摔坏而没法用了，当计划泡汤而心血白费了，世界似乎带着一种幼稚和可怕的无经验感出现在人们面前，没有支持，没有出路。它有一种最大的真实性，因为……挫败恢复了事物各自的现实……挫败本身变为拯救。举例来说，诗意

的语言诞生于散文的废墟。"[18]

借由不朽之美与完美意象，我们梦想获得永恒的生命，但在心理上，我们也需要那些记录和量度时间流逝的体验。侵蚀和磨损的痕迹，提醒着我们天地万物的最终命运——借用加斯东·巴什拉的说法，就是"地平线式的湮灭"，[19] 但同时它也令我们真真切切地置身于时间的长河之中。通过这些痕迹，我们得以从触觉上感知时间。物质用来表达时间，而形状，特别是几何形式，则聚焦于空间的塑造。从心理角度而言，我们无法生活在一个没有场所感的空间里；同样，我们也无法存在于一个没有时间感的情境之中。

卡纳克阿蒙神庙和孔斯神庙

Temples of Amon-Ra and Khonsu

埃及，卡纳克

公元前1529—前1156年

❶

物质

阿蒙神庙建筑群位于尼罗河畔的埃及古城卡纳克，建造时间跨越了四个世纪。它原是献给阿蒙神（太阳神和众神之王）的主神庙，但一代代法老不断在此加建献给其他神祇的庙宇，建筑群便不断扩大，由此为卡纳克赢得了"圣地收藏所"的美誉。这些全部以石头建成的结构体反映出了古埃及人在纪念式建筑领域所练就的精湛技艺——他们精于建造能够永久矗立、经得起时间摧残的建筑物，以将建造者的文化成就呈现给后世子孙。

阿蒙神庙的入口朝西，即尼罗河所在的方向。尼罗河不仅为我们提供了水路交通的便利，更重要的是，它是埃及人孕育生命的神圣水源：虽然会带来季节性的洪水，但却满足了当地人日常饮用和农业灌溉的需求。下船后，我们远远地望见第一个入口——巨大坚实的塔门（pylon）。大门位于中间，左右两侧是梯形的墙壁，墙壁以切割成正方形的石头筑成，其侧面亦呈梯形（内外两侧的墙面自下而上逐渐向内倾斜）。❶ 我们沿着一条长长的石砌甬道向塔门走去，甬道两侧整齐地排列着石雕的狮身羊面像。宏伟的中央门道的上方原本还架着一块巨石，巨石连接起塔门左右的两堵厚墙。❷ 穿过石墙投下的阴影，我们进入外庭院。这是一个80米深、100米宽的空间，左右两边由一排排带有纸莎草（papyrus）装饰柱头的粗壮圆柱划

出了界限。石柱在烈日下闪耀着金黄的色泽，投下了厚重的阴影。相反，石柱后面的墙体经过雕琢而形成了边缘锐利的表面，因此投下了细密繁复的影线。如果以塔门外无边无际的沙漠作为参照物，那么我们很难把握这座神庙的尺度。但现在，站在院子中，建筑物的非凡尺度便一目了然：它的整体长度足足有350米。

❸ 我们现在穿过第二道塔门，在塔门内部小房间的暗影里稍作停顿，然后踏入"大柱厅"（Great Hypostyle Hall）——人类建筑历史上最令人惊叹的空间之一。大厅进深为50米，宽100米，里面布满了石质巨柱。圆柱排列成整齐的方阵，环绕在我们周围。这些柱子是如此巨大，排列得如此紧密，以致我们感到曲面柱身的直径要远大于柱间的距离。中央通道两侧伫立着两排体量较大的石柱，每排10根，每根高24米，直径为3.65米，柱头呈钟形，采用盛开的纸莎草样式。在这两排圆柱的外侧，由120多根柱子组成的巨石森林向左右两边逐一展开，每根柱子高12米，基座直径为3米，柱头采用束起的纸莎草样式，间距是两排中央巨柱间距的一半。

❹ 大柱厅中沉重的石柱排列得十分密集，穿行其间，我们仿佛被包裹在巨石之中，只能透过柱身之间的空隙从某些角度看到一些后方的景象。密布的柱子把空间划分为

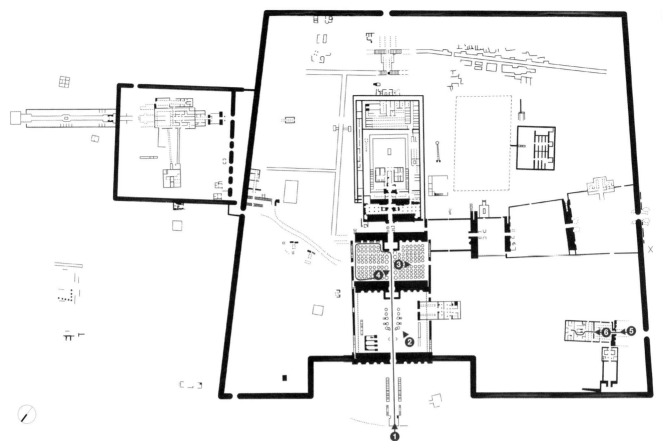

①

一个个"小房间"。每个小房间中，我们能够看出柱子的下部（位于站立的视线高度）向外鼓出，让人感到一股扑面而来的巨大压力。从巨柱之间抬头仰望，我们看见较高的两排中央列柱上方各有一道纵向开槽的石雕格栅：在遥远的古代，这就是整个大柱厅唯一的光线来源。柱子如此粗壮，间距如此紧密，占地面积如此巨大，因此我们一直处于它的阴影之中，仿佛深陷于坚硬的岩石地表之下。要想在这个稠密厚实的空间中定位，触觉比视觉更可靠，因为我们是用整个身体在感受这些巨柱沉重的体态。手指划过柱身和墙面，便能感受到石头表面浮雕的刻痕。刻痕很浅，体现了对圆柱整片式表面的完整性的尊重。石块的巨型尺寸与其表面的精细刻纹之间形成了鲜明对比，我们由此意识到神庙的建造凝聚了无数古埃及工匠的非凡手艺，他们为此花费的心思、投入的气力更是难以计量。大柱厅中，时间停下了脚步；在某一刻，我们仿佛重返神殿建造者的年代，分享着他们的骄傲。

阿蒙神庙的建造历时 400 多年，包括好几次大规模的改建。不远处，我们参观了另一座神庙——献给月神孔斯的教堂。孔斯神庙由拉美西斯三世（Ramses III）主持建造，工程开始于公元前 1193 年，结束于公元前 1156 年。这座神庙堪称完美建筑形式的典范，其正面朝南，与

卡纳克阿蒙神庙和孔斯神庙

④

物质

2000多米外的卢克索神庙（Luxor Temple）相向而立。❺
它的主塔门保存完好，顶部带有一道向外翻卷的檐口。

❻ 穿过塔门中央遮蔽在阴影中的门道，我们进入一座边长为 25 米的正方形庭院。庭院三面都是由双排纸莎草柱组成的柱廊，柱廊形成了庭院阴影深重的外缘。走上几级台阶，我们步入位于前方柱子之间的门廊，穿过双柱廊的阴影，进入"多柱厅"（Hypostyle Hall）。厅内光线幽暗，中心处伫立着四根高耸的石柱，两侧各有一对较矮的石柱。中央空间上方的墙上设有石制格栅，阳光穿过格栅，射入厅内。在多柱厅的尽端，一扇较小的塔门嵌在外墙中，其顶部也设有向外翻卷的檐口。多柱厅的天花板越过了这道檐口，消失在暗影之中。我们继续上行，来到塔门前，穿过兼具门槛功能的门道，进入一个几乎全黑的、更加低矮的空间。此刻，我们渐渐看清，一座更小的矩形圣殿伫立在中心的位置，它带有独立的门廊和向外翻卷的檐口，檐口和天花板上的横梁之间还留有一段距离。狭窄的通道围绕在圣殿四周。我们走上踏步，感觉顶上的天花板在不断下降。终于，我们走进了最后的房间。这里漆黑一片，宛如从岩石中挖凿出来的一间暗室。在这个精心组织的空间序列（一系列层层嵌套的建筑，全部用巨大厚重的石头建成）中，地平面渐次升高（每次进入下一个空

间时都必须踏上台阶），天花板的高度渐次下降，每个房间的围护墙逐渐向内收缩，室内采光水平也逐级递减，最后在供奉着孔斯神圣舟的圣殿——这座神庙中最神圣的场所——的绝对黑暗里达到祭祀的高潮。

威尼斯奇迹圣母堂

Santa Maria dei Miracoli

意大利，威尼斯

1481—1488年

彼得罗·隆巴尔多

（Pietro Lombardo，1435—1515年）

奇迹圣母堂是为了供奉一幅据传曾经多次显灵的圣母像而建造的圣物教堂。在威尼斯这座建筑密集的城市中，它成功地同时塑造出了具有正式功能的室内空间和日常生活所需的室外城市空间，被视为公共建筑的典范。这座小巧的教堂以其独一无二的装饰风格而备受青睐，内部和外部采用了花样繁多的大理石覆面，由此体现出了威尼斯建筑特有的精致优雅的纹样图案和微妙灵动的用色方式。威尼斯是一座举世闻名的水城：阳光不仅来自头顶的天空，也来自脚下水面的反射；这里的建筑、道路和广场不是建在坚实的土地之上，而是架设在水面之上。

奇迹圣母堂坐落在狭窄的步行通道和河道之间形成的极为逼仄的基地上。教堂的形制十分简单，平面呈长方形，屋顶采用半圆柱形的筒形拱，东端为较小的后殿（apse）和钟楼。教堂北侧邻河，河道对面是"新圣母广场"（Campo S. Maria Nova），从广场上可以看到教堂的后殿。教堂的入口朝西，面向一座极小的广场。❶ 进入教堂之前，我们首先需要通过一座小桥。在小桥中央，我们停下脚步，目光不禁被引向这座建筑最独特的部分：教堂的一个侧面直接落在河道上，这在威尼斯也是绝无仅有。从这个偏斜的角度看过去，只见墙面简洁而平整，被来自上方的天光和下方水面的反光同时照亮。长长的侧墙

上排列着两层浅浅的壁柱，每层 12 根，上下对齐。下层的壁柱之间是采用大理石板覆面的实墙，上层的壁柱之间则交替排列着实墙和细长的圆顶窗，窗顶的圆拱跨越在壁柱的柱头之间。玻璃窗上的波纹状表面颜色深暗，与下方河水的颜色相得益彰。在墙体底部靠近水面的地方，我们看到了一个极富特色又出人意料的细部：壁柱伫立在略微凸出的基座之上，而基座又坐落在露出水面的壁柱的柱头之上。水中映出了整个墙面的倒影，因此，教堂虽然采用石材覆面，却好像没有重量一般，轻盈地漂浮在水面上。

❷ 绕过教堂门前的半圆形台阶，沿着南侧的窄巷向里走，我们来到了教堂的另一面侧墙前。在这里，我们可以伸出手来，抚摸它光滑的大理石表面。在每一对白色的伊斯特拉石（Istrian stone）壁柱之间是一块高度两倍于宽度的双正方形镶板，每块镶板四周是灰色大理石组成的边框，中间是浅红色维罗纳普伦石做成的十字形，十字形的底面是四块带有脉纹的长方形白色大理石。通过指尖的触感，我们感受到了大理石表面在风化作用下所形成的区别：普伦石表面光滑，局部出现了裂缝和剥落，而白色的大理石摸上去则富于砂粒的粗糙感。我们还注意到，伊斯特拉石制成的壁柱在常年接受光照的部位呈现出明亮的白色，而在太阳照不到的部位则深暗得几近黑色，化为一道

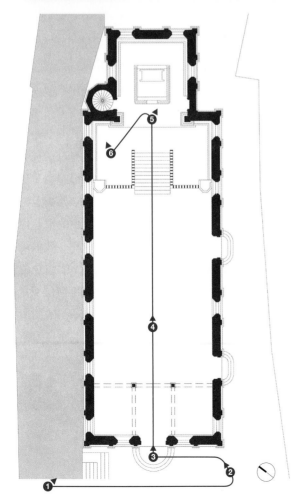

永久性的影子。大理石表皮的紧绷感与石砌壁柱在阳光下的闪光感使教堂的外墙看上去轻薄得近乎透明，我们甚至能够感到这层薄薄的表皮似乎承受着某种来自内部空间的外推力。

转身走回位于西侧的微型广场，教堂的正立面便出现在了眼前。由于距离很近，我们仿佛被人往前推着，马上就要贴到它上面。❸ 墙面上，圆盘形和矩形的深红色斑岩饰板镶嵌在门窗周围大理石镶板的中央。通常，教堂的正立面是它与城市居民的日常生活关联最为密切的建筑元素，而这座教堂所有的外立面都激发了亲密的参与感。对于经过此地的路人而言，大理石表面那无与伦比的材料品质和制作工艺都清晰地传达出了教堂供奉圣物的职能。

我们进入矩形的室内空间，需要几分钟时间才能让双眼适应里面幽暗的光线。❹ 头顶上方是排满装饰井格的木制筒拱形天花板，地面采用了与外墙覆面相同的彩色大理石（白色、灰色、粉红和深红）。大理石拼成了正方形的图案，层层嵌套，每个正方形图案的边框内还嵌有一个转了 45 度角的白色正方形。❺ 高高的圣坛上陈列着那幅具有传奇色彩的圣母像。圣坛下方的铺地更加引人注目：它用同样的彩色大理石编排出内嵌小三角形的复杂的菱形交织图案，从而使二维的表面呈现出了一个个带阴影的三

物质

维立体图像。我们脚下的石头地板历经几个世纪的踩踏之后已被磨得极为光滑，水波状起伏的图案反射出微弱的光线，营造出了河水反光的幻影。这让我们再次收获了从教堂外部得到的那个看似自相矛盾的印象——这座沉重的石头建筑仿佛正轻盈地漂浮于水面之上。

不过，与教堂外观一样，其内部最为精雕细琢的表面依然是墙面。内墙亦由大理石镶板组成，分为上下两层，与外墙的大理石镶板相对应。与中殿长椅区齐平的下层部分采用较小的矩形镶板，而在高圣坛和圣母像的高度则采用了以四块矩形镶板拼成的大型组合。 这些白底的大理石板带有丰富的黑色纹理，在拼贴中采用了"镜像对纹"（book-match）的手法，即每一对石板从同一块岩石中采割后向两边打开，就像我们打开一本书那样。因此，大理石拼缝两边的纹理图案是呈镜面对称的。位于上层的每两组对纹拼花的大理石镶板之间设有一扇窗口，我们现在从教堂内部可以清楚地看出窗玻璃的构成方式：它以一块块嵌入纤细的金属框内的凸面玻璃小圆盘横竖叠加而成。窗子在内部和外部呈现出来的颜色截然不同：在室外，它的颜色如河水般深不可测；在室内，从玻璃圆盘透过的光线令它显得分外轻柔缥缈。与大理石一样，玻璃也来自土地。正如阿德里安·斯托克斯所述，这座教堂是

用"蕴含着情感的大理石和化身为大理石的情感"建造而成的。在威尼斯，"光与影便是如此这般地被记录、提炼、强化和固化。物质在石头中得到了戏剧化的诠释。"[1]

维也纳邮政储蓄银行

Post Office Savings Bank

奥地利，维也纳

1903—1912年

奥托·瓦格纳

（Otto Wagner，1841—1918年）

❶

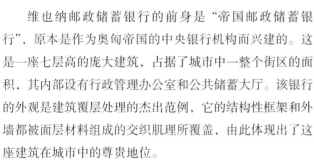

　　维也纳邮政储蓄银行的前身是"帝国邮政储蓄银行"，原本是作为奥匈帝国的中央银行机构而兴建的。这是一座七层高的庞大建筑，占据了城市中一整个街区的面积，其内部设有行政管理办公室和公共储蓄大厅。该银行的外观是建筑覆层处理的杰出范例，它的结构性框架和外墙都被面层材料组成的交织肌理所覆盖，由此体现出了这座建筑在城市中的尊贵地位。

❶ 我们首先从位于银行正面的格奥尔格·科克（Georg Coch，1842—1890年，奥地利银行家）广场向它望去。建筑基座部位的外墙坐落在钢筋混凝土的地基之上，高度为一层半，外表包覆着厚厚的、水平向的花岗石板。每块花岗石板在靠近底部的位置略呈弧形鼓出，由此在石板下方形成了后退的窄条，窄条的底边正好与下方花岗石的顶部对齐。基座之上，三至六层的墙上包覆着一块块经过抛光的白色维皮泰诺大理石（Sterzing marble）正方形石板。在立面左右两端向外凸出的部分，每块大理石板的中部稍稍向外鼓起，为立面赋予了一种棉被般的包裹感。花岗石和大理石覆层都通过铁制螺栓固定在后面的承重墙上，螺栓的外端用铅皮和铝合金螺帽加以覆盖。铝合金螺帽通过两种不同的方式固定在两种石材的表面上：在下方波状起伏的花岗石基座部位，它们嵌入了石材里面；

反之，在上方的白色大理石中，它们则凸出于石材的表面。两种细部都通过阴影效果而得到了强调。铝合金紧固件在建筑立面上形成了规则的图案，就像是建筑表皮肌理上的一种缝纫针脚，与环绕大窗的铝合金窗框以及立面顶部的铝合金檐口和女儿墙相互呼应。

❷ 银行的主入口由五扇对开的大门组成，每扇大门上方都设有一扇巨大的方形气窗。大门位于六根高大的花岗石墩柱之间，柱身在靠近柱础处呈弧线形向外扩大。每根墩柱前面另设有较小的独立基座，基座上伫立着修长的外包铝合金的铁柱，铝合金外皮的下半部分带有环状条纹。六根金属圆柱共同支承起轻巧的天棚，天棚以锻铁和玻璃制成，它向外出挑，遮住了入口的大门。入口门廊浓缩了建筑外观上不同材质之间的关系，即沉重巨大的石头与轻盈纤巧的金属和玻璃之间的互补关系。

　　踏上金属圆柱和石头墩柱之间的阶梯，拉开装有铝合金格栅的玻璃门，我们便来到了入口的门厅。❸ 这是一个巨大的正方形房间，它完全被楼梯占满了。楼梯分为三段：宽大的上行楼梯位于中间，较窄的下行楼梯位于两侧。房间的侧墙以及楼梯的侧墙和踏板均采用白色的大理石板覆面，而楼梯的栏杆则以铝合金制成。楼梯外墙的表面是带有曲线造型的抛光大理石板，石板以小件的铝合金

④

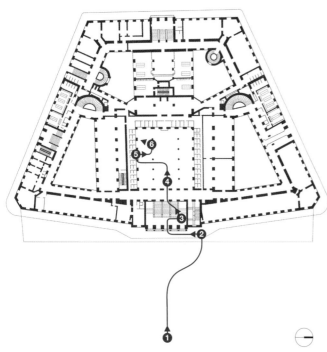

螺栓加以固定，呈跌级式相互锁扣。相反，顶上的天花板则是简洁低调的白色平面，上面刻着一个浅浅的正方形凹格图案。我们沿着坡度缓和的中央楼梯上行，在顶部看到了三扇对开的玻璃门。我们由此进入，横穿过走廊，继而推开储蓄大厅的玻璃大门。

④ 忽然之间，我们仿佛置身于另一个世界：深藏在石材覆面的巨大结构体内部的，竟然是一个全部以玻璃建成的、充满阳光的房间。储蓄大厅的平面呈正方形，顶部覆盖着玻璃天花板，天花板由镶嵌在纤细的金属网格框架中的正方形磨砂玻璃组成。**⑤** 大厅中间耸立着两排纤细挺拔的铁制立柱，柱子两侧的玻璃天花板从外缘向内缓缓起坡，在与支承柱交接的位置陡然升起，随即呈弧形弯曲，最后汇合成纵贯房间中央的微微弯曲的玻璃拱顶。玻璃拱顶闪耀着来自天上的白色光芒，让身处室内的我们感觉似乎又回到了室外。此时，我们发现整个空间都包裹在玻璃之中：位于两侧的存取窗口由大片的玻璃组成，脚下的地板则由镶嵌在混凝土框架之中的正方形玻璃组成。

在采用石材覆面的外立面上，金属材质的窗框、圆柱和螺帽构成了最轻巧的建筑元素；相反，在这个以玻璃作表皮的房间里，金属元素反而成了最牢固、最结实的组成部分。沿着房间外缘设置的存取窗口之间伫立着一个个铝

❺

❻

合金制成的圆柱形暖气送风筒，它们紧挨着后面的墩柱，墩柱采用经过抛光的白色维皮泰诺大理石覆面。**❻** 送风筒略高于我们的平均身高，在其略微扩大的底座上方带有环状条纹，与入口处的修长圆柱颇为相似。送风筒的顶部设有一组水平向的百叶送风口，百叶片之间以一对金属小圆球加以分隔，小圆球纵向排成了两列。厅内所有的铝合金元素都经过了打磨处理而极具光泽感，它们捕捉着来自玻璃天窗的光线，把光线染成银色。它们形成了一层带有光滑肌理、透着凉意的表面，让人情不自禁地想去触摸。

沿着高高的弧形中央拱顶的两侧分别排列着五根挺拔的、间距宽大的铁制立柱，每根柱子的断面从上至下逐渐收窄。柱子较宽的上半部分包裹着用螺栓固定的薄金属板，而较窄的下半部分则覆盖着以间距紧密的螺栓固定的、层层相叠的铝合金板材。柱子与地面交接处是略呈喇叭状张开的精致基座，基座的曲线表面向上凸起，完全不同于入口处花岗石墩柱的正方形基座造型。这些体态修长、断面渐变、间距宽大的柱子似乎并没有用来固定和支承玻璃拱顶，反而像是某种金属锐器，刺破了上方的玻璃，渐渐消失在天窗的白色光芒之中。我们眯起眼睛，朝着光源处望去：支承玻璃天棚的细金属框架那本就朦胧的影子在光线中变得更加模糊不清。从房间内部看去，必要

的承重结构大部分都不为我们所见——它们隐藏在空间外围发亮的玻璃肌理之中。

建筑的外立面为我们呈现出了一种以石头组成的、具有重量感、阴影重重的交织肌理，其巨大的结构承载力令人一目了然；相反，室内的房间却显现出一种由玻璃组成的、轻盈精巧的、晶莹剔透的交织肌理，在这种肌理中我们找不到任何明显的承重结构。站在玻璃房内，我们感觉自己仿佛在光线中游荡，在空中悬浮，与刚才穿过厚重的外立面时得到的感受形成鲜明对比——这恰恰证明了材料之中蕴含的千变万化的体验性特质。

巴塞罗那德国馆

Barcelona Pavilion

西班牙，巴塞罗那

1929年

路德维希·密斯·凡·德·罗

❶

❷

　　"巴塞罗那馆"本是为 1929 年巴塞罗那世界博览会建造的德国展馆，但在我们的体验中，它一直被视为一座理想化的现代住宅：在地板和天花板这两个中性的水平面之间，通过极富感观美感的材料对空间加以分隔和围合，从而形成一种相互联通的半敞开式动态空间。整座建筑由水平向或垂直向的、简洁的矩形平面根据模数网格布局而成，因此这些平面所采用的材料以及材料交接处的节点就成了我们体验的焦点。

　　我们首先望向建筑的北立面，只见展馆由三个低矮的、虚实不一的水平层次组成：一是用暖白色石灰华板材制成的基座，或称台基，它把展馆牢牢地固定在大地上；二是由深绿色大理石和遮蔽在阴影下的大玻璃建成的外墙，它们形成了一个既宽又深的层次，隐约飘浮于基座之上；三是顶上那条轻薄的冷白色屋顶线，它以掺有水泥的石膏抹灰制成，悬浮于外墙之上。亚光表面的石灰华基座平铺于整个结构体之中，只在西北角作了局部退缩，退缩处设有一组石灰华台阶。**❶** 向着台阶走去，我们看到了石灰华基座上的外墙，它由经过抛光的阿尔卑斯绿色蛇纹大理石（Alpine marble）制成。外墙上方的屋顶向外挑出，正好与石灰华基座的外缘对齐。随后，在快要走到第一级踏步时，大理石墙面也到了尽

头，取而代之的是一面通高的玻璃墙。透过玻璃，我们看到了室内悬挂的红丝绒窗帘。

　　我们来到台阶的顶部，却依然不见入口的位置。面前是开阔的石灰华基座的台面，台面上嵌着一方巨大的水池，池水反射出外界的倒影。水池后方的石灰华墙体围出了一座 U 形的户外庭院，我们在水面上看到了它的镜像。此刻，我们意识到石灰华基座构成了整座建筑的地面，它由边长为 1.1 米的正方形石板组成。不仅如此，整座展馆的水平向和垂直向的表面也都是根据这个正方形网格加以组织的：我们进来时经过的深绿色大理石墙面和位于水池对面的石灰华墙面均由 1.1 米高、2.2 米宽的石板组成，板材水平排列成上下三行，两块石板之间的纵向拼缝正好与石灰华地面上两块石板之间的拼缝对齐。**❷** 表面带有浅淡肌理的白色石膏天花板悬浮在石灰华墙体的顶部，距石灰华地面 3.3 米高。

　　此刻，我们右侧是一面深绿色的大理石墙，它遮蔽在出挑的屋顶投下的阴影中。墙体前方伫立着一根修长的独立式柱子，外层采用镜面镀铬金属板覆面。柱子的断面呈十字形，十字形两翼的宽度与其后方的绿色大理石墙的厚度完全一致。柱子从石灰华地面直抵光滑的石膏天花板，不带任何柱础或柱头收口。它在空间中形成了一道闪着亮

❸

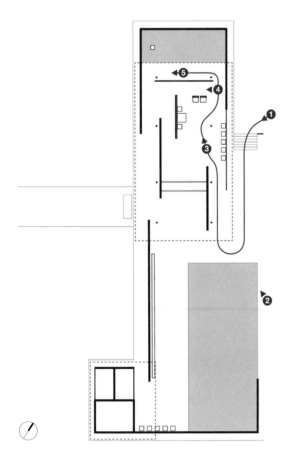

光的、竖直笔挺的线条，映照出了周围所有的色彩。再次右转，我们终于看到了入口大门。这是两扇通高的玻璃门，门框采用了与立柱同样材质的镀铬金属。大门绕着枢轴打开，宛如一块独立的玻璃平面立在那里。玻璃门和大理石墙面之间的距离与立柱和墙面之间的距离相等。

❸ 走进展馆的主厅，我们的注意力立刻被引向空间中央一面图案精美、经过抛光的红色缟玛瑙墙。与其他石材的墙面不同，这面缟玛瑙墙上下分为均匀的两行（而不是三行）并采用了"镜像对纹"的拼花手法（石材切割后向两边打开，就像翻开一本书那样），因此两行石板的纹理图案在水平向拼缝的上下两侧呈镜面对称。因为缟玛瑙墙上的水平拼缝线位于地板和天花的正中间，而墙体的高度是 3.3 米，所以这条线恰好位于我们站立时的视线高度（按人均视线高度 1.65 米来算）。它是展馆中唯一一条在我们站立和行走时都保持水平的线条，可以被视为一条室内的地平线。

❹ 这面红色缟玛瑙墙和它的水平向中心线把我们的视线进一步引向右侧。透过完全由纵向玻璃板组成的墙面，我们看见了室外的庭院以及院内的水池，水池的角落立着一座雕像。打开玻璃门，我们走入带有围墙的、被水池占据了大部分面积的露天小院。脚下狭窄的石灰华平台

❹

被屋顶所遮蔽并落入其阴影中，相反，比平台更宽的水池则朝向天空敞开。小院的三面都以阿尔卑斯绿色大理石墙为界，大理石板在横向和竖向均采用镜像对纹的拼花方式。❺ 在水池较远的角落安置着德国雕塑家格奥尔格·科尔贝（Georg Kolbe，1877—1947 年）于 1925 年创作的《黎明》（*Sunrise*）—— 一座略大于真人尺寸的女性人体雕塑。她站在特制的小小的绿色大理石基座上，双手举到眼前，似乎想要挡住明亮的阳光。池面上同时倒映出了雕塑的优雅形体和绿色大理石的粗犷图案。水池的底面和内壁均采用光滑的黑色石材制成。

穿行于展馆的各个空间之中——从室内走到室外，再从室外走回室内——我们发现整个空间都遮蔽在巨大的水平屋顶之下，而我们也时刻处于它的阴影之中。与此同时，我们也发觉周围的建筑元素在不断变化，有时是一组透明或半透明的纵向玻璃板，有时是一组色彩丰富、图案多变的抛光大理石墙面。这些独立的、具有反光特性的纵向平面从地面直通天花板，随着我们的行进时刻变换着彼此之间的位置关系。不时会有一根十字形断面的、包着镀铬金属板的细长柱子闯入视线之中，但是我们很难在柱子和大玻璃门上那些同样纤细的镀铬金属框之间加以区分——位移过程中，柱子逐渐和门框融为一体，形成一道

道闪着微光的纵向屏风隔断。空间的流动性令我们难以把握任何结构上的规则节奏，因此，在我们的体验中，屋顶就像是没有重量的巨大平面，悬浮在头顶之上。由于墙体的特殊布局方式，我们始终无法从某个固定的视点看见空间的全部。然而，这些垂直和水平表面具有强大的反射特性。通过其真实表面和反射图像的双重镜像呈现（既有反光造成的真正的镜像反射，也有大理石对纹拼缝所形成的镜像图案），我们得以在变化无穷却始终具有"视觉连贯性"[1]的多重构成中来感知这个空间。

❺

哥德堡法院扩建

Gothenburg Law Courts Extension

瑞典，哥德堡

1913—1937年

埃里克·贡纳尔·阿斯普隆德

❶

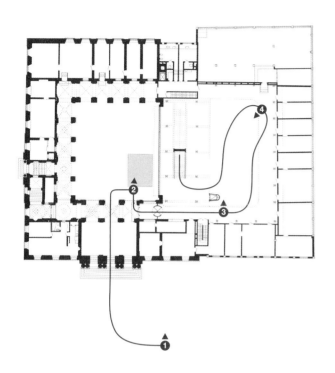

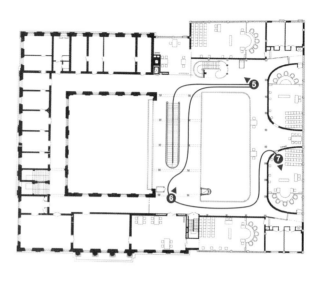

物质

哥德堡原有城市法院建于 1672 年，是典型的古典主义建筑，其加建和扩建部分完成于 20 世纪初。从阿斯普隆德赢得设计竞赛的 1913 年到最终设计得以实现的 1937 年之间，建筑师为这座建筑的改造倾注了巨大的心血，实现了古典与现代的完美融合。加建和扩建部分所使用的材料及其细部的处理手法回应了两方面的需求：一要尊重法院及周边历史性市政建筑的重要地位，做到与之相配；二要创造一个符合公共礼仪并令人心理舒适的当代场所。

我们首先来到法院所在的古斯塔夫·阿道夫（Gustav Adolf，1594—1632 年，瑞典国王）广场，广场的一侧紧邻城市的中央运河。❶ 法院大楼是一座历史悠久的古典主义建筑，其正立面呈中心对称式，以三跨的入口门廊为中轴线，高度为三层，每层设有细长的窗子。首层墙身的下方是材质粗糙的、凸出于墙面的基座，上方是两层高的壁柱。与此形成对比的是明显带有现代风格的扩建部分，它位于原建筑的右侧，立面上设有正方形的窗子和与墙面齐平的正方形结构框架。不过，扩建部分也从多个角度体现出了相对于原建筑的从属地位：水平向的楼层与老楼的楼层对齐；窗子没有设在框架中心处而是偏向老楼一侧；楼面的颜色与老楼的外墙饰面颜色相同；没有另设入口大门。

❷

哥德堡法院扩建

4

物质

我们从双柱门廊走入老楼，继而穿过拱廊，来到拱廊外面的中心庭院。❷ 庭院内阳光明媚，三面被老楼厚实的外墙所包围，墙上饰有从石砌地面直抵屋顶的垂直壁柱，壁柱之间是细长的窗口。与之形成鲜明对比的是庭院的北墙：这是一个平整、简洁、独立的平面，它略微向前凸出，伸入庭院的空间之中，不带有明显的承重结构。墙面主体由两层高的玻璃组成，玻璃嵌在细薄的木质表面的水平向窗棂里，形成了连续的表面，在两端与东、西两侧的墙体相接。在大玻璃墙水平中线的位置（比庭院地面高一层）设有一座通长的阳台，阳台向外出挑，前面带有紧密排列的纵向栏杆。阳台下方的大玻璃墙上没有设置可开启的门窗，于是我们向右转，在拱廊的尽头找到了通往扩建部分的入口。

一入门，我们的注意力就立刻被引向一座既长又宽的楼梯。楼梯穿过天花板上的洞口，缓缓降落下来——很明显，这是通向法庭的主通道。上楼之前，我们首先经过一座由纤细的钢框架和玻璃墙围合起来的电梯，来到三层高的中央大厅的中心位置进行观察。大厅的铺地采用了与庭院相同的正方形花岗岩石板，如此一来，室内和室外的空间便通过地面融为一体，中间只隔着那面带有细窗框的大玻璃墙。❸ 水平向光线从南侧的庭院流进大厅，而垂直向光线则从大厅北侧的天花板落下——通过一长排南向的采光天窗，阳光如瀑布般倾入室内。大厅外围的三面实墙以及沿墙设置的走廊栏板都采用光滑的胶合板（plywood）覆面。阳光照亮了木板，使整个大厅都沐浴在温暖的柔光之中。

❹ 有别于三面实墙，大厅的南墙——刚才在庭院中看到的玻璃墙——是完全通透的，阳光透过玻璃在天花板上扩散开来。大厅南侧，位于二层的空廊紧挨着庭院而设，空廊上的栏杆采用了顶部带有实木扶手的、紧密排列的竖直金属杆件，与室外阳台的外观相匹配。天花板、支承空廊的 10 根钢柱以及截面逐渐收窄的承重梁，这三者的表面都采用了掺有水泥的白色石膏抹灰。我们走向主楼梯，从立柱旁经过。阳光下，立柱显现出了雕塑般优美的外形与柔和的暗部，其表面经过圆角处理而带有光滑的触感。

走上台阶，我们不禁放慢了脚步，因为这座楼梯不同于通常的室内楼梯——它的踏板更宽，踢面更矮，更接近室外景观中踏步的做法。沿着这座几乎与南侧大玻璃墙等长的楼梯上行，人们能够渐渐地平复思绪，在开庭之前保持沉着稳定的心态。在楼梯顶部，这种予人慰藉的效果得到了进一步加强：眼前出现的并不是紧密围合的封闭空

❺

❻

❼

间，而是开敞明亮的空廊。空廊悬浮在庭院和大厅之间，为访者提供了一片可以自由移动的空间。脚下的橡木地板散发着温暖的气息，柱子两侧的乳白色玻璃壁灯送出了柔和的光，一组组曲木安乐椅营造出了轻松舒适的氛围，供人们在此休息等候。

❺ 中央大厅西侧设有一座极富雕塑感的之字形楼梯（供员工使用）。楼梯从二层开始盘旋上升，直到穿过顶部的天花板消失不见。楼梯上细瘦的钢梁和踏板都包覆着光滑的、采用圆角处理的白色石膏抹灰，两侧纤细的钢栏杆在其顶部略微向外弯曲，用以容纳实木扶手。在出挑的圆形大木钟之下，楼梯的休息平台以优雅的大幅度弧线朝着法庭的方向展开。

❻ 法庭均设于大厅北侧，隔着中央空间与等候区的空廊遥遥相对。法庭的墙面朝着大厅的方向戏剧性地呈曲面鼓出，反射着来自天窗的光线，与在转弯处呈弧形凹陷的走廊栏板形成对比。经过仔细观察，我们发现法庭的墙面并没有像大厅中的墙面那样贴着光滑的胶合板，而是覆以细长的、纵向排列的花旗松（Oregon pine）实木条——材料之间的差别微妙地暗示出了法庭在整座建筑中的尊贵地位。在大厅北侧的中心位置，即两个法庭之间，两根柱子标示出了法庭的公共入口。❼ 进入法庭，首先看到的

是一长排高窗，它们设在北侧的直墙上，顶部与天花板相接，为室内提供了光源。除了洁白光滑的石膏天花板，法庭内的全部表面都覆以木质饰面：墙上是纵向的松木条，地上是拼花的橡木地板；我们在木椅上坐下，面向同样木质的法官席。法官席和四周的木墙一样呈曲面，向内凹陷。我们处在一个完全以木围合的空间之中，感受着这一材质温暖的拥抱。

克利潘圣彼得教堂

Saint Petri Church

瑞典，克利潘

1962—1966年

西古德 · 莱韦伦茨

❶

❶ 克利潘的圣彼得教堂位于小镇边缘的一座公园内。远远望去，我们首先看到的是由砖墙筑成的实心体块——那是围绕在长方形教堂外部并起到保护作用的教区办公室。近距离观察，我们才发现砖墙在砌筑样式、砖块间距、砂浆嵌缝方式和转角细部等方面都呈现出了丰富的多样性。虽然砖砌建筑的外表看起来略显粗糙，但在仔细观察之后，我们却能看出每块砖都是完整的。在这座教堂的建造过程中，没有一块砖被切割过。

教堂的轮廓极其不规则，它沿着西墙跌宕起伏，形成了一个涨落不定、弯曲断裂的波浪形图案。窗洞上，简单的几片玻璃（尺寸略微大于它们所覆盖的窗洞）紧贴砖墙表面而设，仅在顶部和底部通过两组金属夹件加以固定，就像是飘浮在墙体前方的玻璃体。走向北侧的入口小院，我们看见了两座矩形的砖砌塔楼。塔楼从右侧体量较小的建筑的金属屋顶中冒出来，而左侧体量较大的建筑则被覆以一个出挑的金属屋顶。塔楼的钟声响起，在金属屋顶上激起了和谐共鸣。沿着入口小院倾斜的陶砖地面一直走，我们来到一扇大木门前。门洞很深，让我们切身感受到了这面巨大砖墙的非凡厚度。

❷ 迈过厚厚的门槛，我们来到了一个黑暗的空间

之中，发现里面的元素全部都是以砖制成的：墙面、祭坛和长凳都是砖砌的，地面是以深浅不一的砖块组成的网格图案。天花板由两道复叠的砖拱构成，低的一道位于祭坛上方，高的一道位于入口上方，二者的底边都由钢梁托起。两束细条状的光线成为房间中微弱的光源：一束是划破侧墙射进来的垂直光条，另一束是划破顶部的砖拱射下来的垂直光条。顶部的光槽向上穿透了屋顶，显得难以置信地深远，也让我们觉得自己正以某种方式被嵌入大地之中。在入口小礼拜堂的背后是一个更小的等候空间，同样全部以砖砌成。其内部光线微弱，只在低矮的砖砌拱顶之下设置了一条砖砌长椅。在这个山洞般的幽暗空间里，我们感到自己与日常世界渐行渐远。

借由入口的礼拜堂，我们穿过教堂北墙与西墙夹角之间留出的洞口，进入教堂内部。❸ 此时，我们位于巨大的正方形房间（边长为 18 米）的角落，面前的空间被右侧西墙上屈指可数的几扇窗子微微照亮，而东侧的空间则始终被淹没在深深的阴影之中。略作停步，我们试图找回平衡感，因为此刻脚下的砖地不是水平的，而是向东微微上倾，造成了室内起伏的地形。❹ 在伸手可

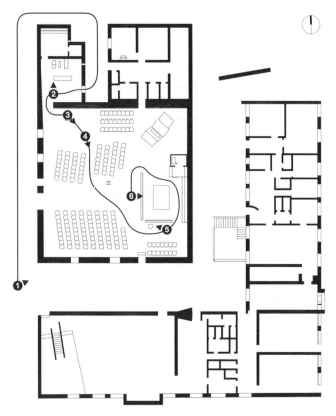

及处，我们看见了教堂的洗礼盆——一只以曲折的黑色钢架托起的巨大贝壳。水珠从紧挨贝壳上方的钢管中流出，再慢慢地滴入贝壳中。我们看到并感觉到贝壳前面的砖地向上拱起，形成了可供一名孩童站立的空间。随后，我们发现贝壳下方的地面被划开了一道长长的口子，开口较低的一侧刻着一个十字，用以标示出牧师站立的位置，开口两端的砖块像手指一样伸向开口内部。向着开口中的黑暗探望，我们无法辨明它的深度。流水的滴答声在空中轻轻回荡——这声音不是来自滴进贝壳里的水珠，而是来自从贝壳落入地底圣池的水珠。

教堂的全部结构都是用砖砌成的。❺ 我们现在可以看清头顶上方复杂地转折和弯曲的屋顶：一系列狭长的砖砌拱顶从西墙伸向祭坛所在的东墙，每两道砖拱的交接处落在钢制的次梁上。在天花板中央，两道钢制的大型双梁贯穿于南北两端，梁上伫立着若干短小的钢柱，小钢柱托着上方砖拱交接处的次梁，❻ 两道双梁则落在巨大的T形构架上。T形构架伫立在地面中心区域，由双柱和双梁组成，是下方空间中唯一可见的支承手段。

尽管砖墙的厚度十分可观，我们却并不清楚它在对

屋顶的支承中起到何种作用。西墙和南墙上开设了一些窗洞，侧沿均以砖块封实。从室内望去，我们无法看清那些飘浮在墙壁外侧的、没有窗框的玻璃。墙上还设有其他的开口，包括许许多多在西墙和南墙上切开的纵向细槽，它们位于管风琴和唱诗班坐席的对面，是为了减少回声干扰而设置的。此外，所有的墙上都设有浅浅的壁龛，由此我们可以看出砖墙都是双层的，墙体之间留有空腔，以便在冬季输送暖风。巨大的祭坛、主教的专座、牧师的长椅、布道台及其上方微微倾斜的《圣经》托架全部以砖制成，而且它们都靠着礼拜堂的东墙——唯一一面不设任何开口的墙壁。屋顶被划开了两道深深的采光槽，由此落下一面由垂直光线组成的透明轻柔的光墙（或者说光帘）。这面光墙位于祭坛空间和中殿空间的交接处，标示出了牧师从圣器室门口进入教堂的通道，也划清了后殿这一神圣空间的界限。

克利潘的圣彼得教堂是建筑材料灵活运用的典范，它成功地证明了材料能够以多种多样的方式缔造和呈现日常生活中的仪式感，使发生在这里的人类行为走到前景中，而建筑则隐退其后，成为体验的背景或框架。通过这种方式，正如瓦尔特·本雅明所言，建筑不再是视

⑤

觉注意力的聚焦对象，而是一种"非刻意的、靠习惯来
完成的触知性获取（tactile appropriation）"，[1] 即通过使
用、位移和触摸等对熟悉场所的触觉性栖居而为我们所
感知。

⑥

间间质
间间物
空时物

线静所间式忆景所
光寂居房仪记地场

重力

如果不参考失重的心理学——这种对"轻"的怀恋——就无法理解重力的心理学，后者让我们感到沉重、疲劳、缓慢、步履不稳。[1]

——加斯东·巴什拉

两种力量统治着宇宙：光和万有引力。[2]

——西蒙娜·韦伊（Simone Weil，1909—1943 年）

轻生于重，重生于轻，两者共时地、交互地发生，以创造回馈创造，它们因为有了运动，愈发地具有了生命力；又因为获得了生命力，而愈发地拥有了力量。它们同时也在相互摧毁，了结一段彼此间的宿仇。这说明，轻的创造离不开重，而重的创造也不能没有轻来相随。[3]

——莱奥纳多·达·芬奇

建筑是空间组织的艺术。它通过结构表达自身。[4]

——奥古斯特·佩雷（Auguste Perret，1874—1954 年）

力、形式与结构

　　建筑发生在物理学的法则之下，通常它对基本物理力做出刻意的表达。有意义的建筑结构不是随心所欲的形式发明或造型冲动，它产生于实体、材料、文化、功能和心理的因果关联，并且把这些无可否认的事实与条件转变为隐喻性的建筑表达。所有实体性的结构必定会承认重力的存在。承重结构是建筑最根本和最有力的表达来源。正如奥古斯特·佩雷所言："结构是建筑的母语。建筑师是通过结构进行思考和表达的诗人。"[5]他还从道德角度来看待对结构的忠实表达："一名工匠如果把建筑框架的任何部分隐藏起来，就等于是丢弃了唯一可能的同时也是最美的建筑装饰细节。谁要是把一根承重柱隐藏起来，谁就是犯错。谁要是另建一根假柱，谁就是犯罪。"[6]结构性的力是不可避免的物理学事实，所以它为现实感的强化提供了基础。由此，一种以

精确的结构刻画和结构表达为目标的建筑手法转变为一种诗意的现实主义形式。

　　在围合空间和跨越空间的过程中，我们总在寻找新的结构——整个建筑史可以理解为一部新结构的材料及理想的进化史。建筑不仅必须抗拒重力，还要抵御强风、地震和恶劣的气象条件等各种不可抗力，以及使用过程中所产生的结构荷载。无论是埃及金字塔、古希腊神庙、罗马式拱顶空间和哥特式大教堂，还是钢筋水泥与玻璃建成的现代主义结构体，抑或是今天的人造合金、塑料和复合材料建成的高科技建筑，概莫能外。

　　古希腊的梁柱、古罗马的拱顶、哥特式的尖肋拱顶，以及罗伯特·马亚尔（Robert Maillart，1872—1940年）、皮埃尔·奈尔维（Pier Luigi Nervi，1891—1979年）和理查德·富勒（Richard Buckminster Fuller，

1895—1983年）的现代工程结构体，都一目了然地刻画并诗化了具有逻辑性的结构形式以及它们与重力之间的对话。对古希腊立柱的刻画——柱础、凹槽、柱身收分、柱头和顶板，以及哥特式大教堂由拱肋和柱子形成的交叉网格，都通过结构的建筑体系和富有表现力的语言表达了对重力的汇集和传递。一座建筑物的空间结构可以约束或引发特定的活动，而它的比例和各部分的并置与对位则传递着对优雅与美的体验。

　　建造的逻辑性并不仅限于承重结构本身，因为整个建造的过程，包括各个单元的细部处理和连接方式、不同工种的排序等，都需要它们各自的合理性。以这些建造性和技术性现实以及各种建造工艺为基础的建筑表达常常被称为建筑的"建构"（tectonic）原则。建筑的建构语言能够表述出一座建筑物是如何建造的，以及不同的

优雅的少女柱承托着爱奥尼亚式（Ionian）结构体的重量，实现了柱子的承重功能。在古希腊建筑的柱子中，承重的动作被抽象化了，但是我们仍然能够通过自己的身体感觉到这个动作。伊瑞克提翁神庙（Erechtheion），希腊，雅典卫城，公元前421—前407年。

哥特式大教堂借助植物有机体的形态对结构加以刻画，表达出一种垂直方向的飞升感。本图展示了由外形交替变换的束柱所形成的节奏式序列，这些束柱依次为外贴四根八角形细柱的圆形柱子和外贴四根圆形细柱的八角形柱子。沙特尔圣母大教堂，法国，沙特尔，重建于1194年火灾后，主体结构耗时26年完成。

建筑元素和单元之间通过何种方式互相连接而最终形成了这一复杂的结构体。建构的表达必然要与重力以及实体世界中的各个因果关联发生对话。这种建构表达可以被看作是建筑的天然语言。

从历史上看，工程技术的创新与建筑的演变是平行发展的。最典型的例子便是19世纪的那些伟大的工程结构，例如约瑟夫·帕克斯顿（Joseph Paxton，1803—1865年）设计的伦敦水晶宫（1851年），以及维克多·孔塔曼（Victor Contamin，1840—1893年）和费迪南·迪泰特（Ferdinand Dutert，1845—1906年）设计的巴黎世界博览会机械展览馆（Galerie des Machines，1889年），它们对现代建筑的出现起到了巨大的推动作用。

建筑也可以对工程技术产生影响。建筑史上最具传奇性的结构壮举之一，便是布鲁内莱斯基为佛罗伦萨圣母百花大教堂（Duomo in Florence）所建的穹顶。为了解决这个空间跨度的难题，布鲁内莱斯基发明了双层穹顶这一创新性的结构体系；不仅如此，这位建筑师还设计了长途运输工具和巨型起重机械，用以把石料传送到施工现场并将巨石抬升到穹顶那令人眩晕的高度。

建筑反抗重力的斗争，与人类天性中想要摆脱物质和重力的约束、实现飞翔的渴望相呼应，这就是巴什拉的"重力心理学"[7]所表达的心理上的二元性。建筑史的发展体现了体块与重量不断消减的总体趋势，不过，出于风格上的偏好，有些建筑师也曾做过强化体块感和重量感的"反进化"的结构表达。举例来说，路易斯·康的作品把砖砌拱券和混凝土筒形拱这样的古老意象重新引入现代建筑，借此再现了一种庄重的感觉。从工程学的观点来看，与重力作斗争，

图 3
一座石砌结构体在空间中轻盈的水平向滑行。布鲁内莱斯基，意大利，佛罗伦萨育婴堂（The Foundling Hospital），1419—1445 年（布鲁内莱斯基的署名只出现在 1427 年之前的施工图上）。

图 4
水晶宫，为伦敦世界博览会设计和建造，在极短的时间内完成，堪称史上最令人惊叹的建造项目之一。约瑟夫·帕克斯顿爵士，水晶宫，英国，伦敦，1851 年。

也就意味着采用恰当的材料、几何关系和结构形状把重力通过结构传到地下。随着人们对门窗和其他开口的需求越来越大，对室内外空间相互联系及建筑透明性的渴望日益强烈，墙体的完整性和厚实感便逐渐减弱了，并由此导致了可以任意开洞的框架式结构体的诞生。

西班牙建筑师安东尼·高迪（Antoni Gaudí，1852—1926 年）运用倒置的实体模型，对重力的方向加以反转，从而设计出了他独创的有机形和流动性的结构体。在这一结构中，重力导致的受压状态被转化成悬挂状态。这个倒置的模型由帆布和金属线组成，线上吊着起到铅坠作用的小袋子。高迪首先为模型拍摄了照片，然后以倒转后的照片上的结构线条与形式为参考，制定出了这些带拱顶的石造形式。高迪设计的建筑结构以一种令人难以察觉而又不证自明的方式与

重力进行着抗衡，就像生物体的形式与结构一样，其中的重量感和体块感似乎消失了。

我们通过一种无意识的身体性模拟和投射来体验建筑结构体。结构性特征、张力、动势和荷载通过我们的骨骼和肌肉系统加以重演并为我们所感知。建筑的结构、体量和表面在我们的体验中处于虚拟的运动之中：一座哥特式大教堂的运动是不断加速的垂直向上飞升；一个巴洛克式空间的墙体似乎在膨胀和隆起，从而对空间加以挤压、拉伸和重塑；现代主义建筑和当代建筑带给人们的感受往往是在水平向轻盈滑翔的飞行感。我们还会把触感投射到视觉观察中，而后便能感觉出材料的肌理、温度和重量。阿德里安·斯托克斯曾经就"光滑"和"粗糙"之间的基本建筑对话展开论述。当我们需要在真实和不真实的结构之间、在对结构的真实刻画和对

建造元素的纯装饰性美化之间做出判断时,我们的身体是相当敏感的。

芬兰建筑师和理论家古斯塔夫·斯特伦格尔(Gustaf Strengell,1878—1937年)曾经对古希腊建筑体验中的这种身体性模拟做出如下生动的描绘:"一座希腊神庙里的每一根线条都像刀刃一样运作着,即使只是看着它,人们也能通过心理暗示以触觉的方式感受到它的锐利。它的美掩藏在一种被假想为有限且不可变的塑性形式中。因此,我才可以在此谈论这个对象的真实性。"在另一段文字中,他进一步阐述道:"在古希腊的多立克式立柱中……我们发现这种支承形式极为肯定地把静态的承重功能变成了一种可以通过身体体验到的表达。当我们看见这种柱子时,便立即感觉到它具有支承作用,倘若这种支承既是稳健可靠的,又是不受约束的,它便在我们内心唤起一种和

谐的感觉……"[8]另一位芬兰建筑历史学家——柯思蒂·阿兰德(Kyösti Ålander,1917—1975年)也描述过这种拟态的物理作用力所产生的效果:"整座神庙,就这样休憩在它的地基之上,注视着众生,将它的故事娓娓道来,却又完美地与世无争。甚至它的各个部分都处于一种绝对的平衡状态之中:柱子轻松自如地托举着横梁,看上去似乎心无旁骛。建筑的垂直部分和水平部分处于完美的和谐之中。人们凝视的目光,带着同样的安详,跟随着建筑的线条在这两个方向上移动,却始终保持在建筑的边界之内。没有任何一个组成部分得到过分的强调,因此人们的注意力也不会发生偏移。"[9]

自从关于结构的数学化理论发展起来之后,结构的构思便可以通过计算来完成。然而,对受力的直觉式理解和对结构的深入剖析仍然是结构

图 6

混凝土桥如野兽一般矫健地跃过深谷。罗伯特·马亚尔，萨尔基纳山谷桥，瑞士，1929—1930 年。

图 7

巨大的钢结构会议空间，跨度为 216 米，高度为 33 米，预计能够容纳 5 万人。密斯·凡·德·罗，芝加哥大会堂（Chicago Convention Hall）方案，美国，1953—1954 年。图为立面模型上的悬挑式角落之一。

工程中独创性的核心。想要通过结构对力做出塑性的表达，建筑师就必须拥有一双雕塑家的眼睛。举例来说，法国兰斯大教堂（Reims Cathedral，1254 年后）和罗伯特·马亚尔设计的萨尔基纳山谷桥（Salginatobel Bridge，1929—1930 年）中所显示的力的动态流动，便体现了这一点。计算机的发展使复杂结构的概念、建模、数学化和测试成为可能，同时也为生产和组装过程提供了便利。然而，即使在这个虚拟现实的时代，建筑化的建造物和结构体仍然必须通过五官感受和身体性体验与我们发生对话。

卡拉卡拉浴场

Baths of Caracalla

意大利，罗马

206—217年

❷

卡拉卡拉浴场曾是古罗马第二大皇家浴场，也曾是供普通公民日常使用的若干公共浴场之一。浴场由皇帝亲自主持建造，规模巨大，占据了城中的显著位置。这体现出了古罗马人对基础设施的重视，也说明了发生在建筑空间内部的公共生活对于古罗马人的重要性。此外，这座浴场还反映出了古罗马工匠在巨型砖石和混凝土建造方面的高超技艺：在为人类栖居而打造的宏伟空间中，他们巧妙地利用了结构自身的特性，解决了重力传递的难题。

❶卡拉卡拉浴场位于一座带围墙的大型花园之中，花园总长 360 米、宽 340 米，占地面积达 12 万平方米。花园外围的墙体内设有会议室、图书馆和竞技场看台，看台下方是浴场的蓄水池。巨大的浴场主建筑长 220 米、宽110 米。此刻，我们漫步在它的废墟之上，只能在脑海中想象曾经那些形式精确的空间（正方形、长方形、圆柱形和半圆形）及其上方一组组十字拱顶和穹顶组成的壮观景象。穿行于这些墙壁厚实的房间中，首先打动我们的是上方拱顶的高度——天花板的高度是房间宽度的 1.5 倍。在古罗马人看来，天花板的形状和高度能够清晰地传达出这个房间作为公共空间的重要性。

头顶上方空间的高敞宽裕一直延续到服务于主空间的附属房间，比如我们本应最先经过的"大更衣室"

（apodyteria）。❷男、女更衣室一左一右地设在浴场的东北立面，从这两个双层高的空间两侧可以通往成对的较小的更衣间，那里设有宽大的楼梯，直接通往屋顶的日光浴平台。走出大更衣室，我们进入一个带有十字拱顶的空间，然后穿过空间边缘的列柱，来到一座巨大的"游泳池"（natatio）前。游泳池长 55 米、宽 30 米，上方没有遮蔽，四周以 30 米高的围墙为界。游泳池两端巨大的半圆形凹室内设有连续的圆弧形座椅，可供洗浴者坐在水中，享受头顶上方半穹顶遮蔽下的阴凉。

从大更衣室的另一个方向走出，我们转身进入"角力场"（palaestra）。这是一座带拱廊的露天庭院，供洗浴者在进入浴池之前进行一些热身运动。角力场的地面铺满了几何形的马赛克图案，而在沿着空间内侧设置的大型"半圆形座椅区"（exedra，此处原本由一扇半圆形的高侧窗提供顶部采光），地面上的马赛克图案则呈现了运动员和角斗士的形象。

穿过半圆形座椅区，我们沿着建筑从东南至西北方向的主轴线向前走。这条轴线把位于两端的角力场和位于中央的"冷水浴大厅"（frigidarium）连接起来。❸冷水浴大厅位于建筑群的两条主要位移轴线的交叉点，是整座建筑中最大的室内空间，长 55 米、宽 25 米，原本带有三

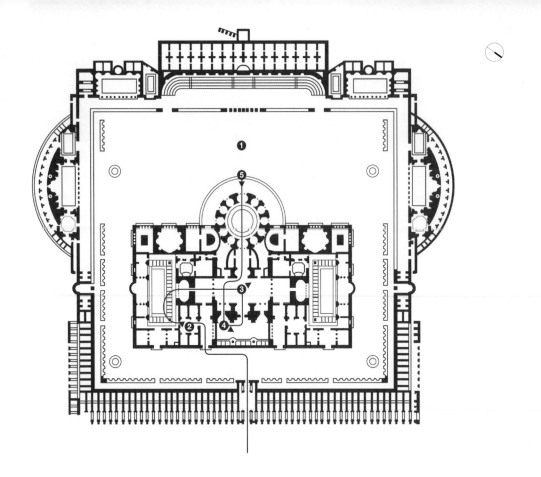

个宏伟的十字交叉拱顶，高达 38 米。拱顶上部原本设有八扇大型半圆形高侧窗，它们为室内提供了光源。冷水浴大厅是这座巨大的浴场综合体中的主空间，是真正的十字路口。大厅的四个角落伫立着双柱，柱子后面嵌有进深较浅、空间较高的冷水浴池，浴池背后的墙体在平面上略呈弧形弯曲。在冷水浴大厅的中心，我们可以选择两条行进路线：往东北方向走，来到与之相连的"大游泳池"❹；往西南方向走，进入"温水浴大厅"（tepidarium）——一个边长为 15 米、层高为 22 米的正方形房间，左右两侧设有圆拱形开口，里面是进深较浅的温水浴池。

穿过设在温水浴大厅西南墙上窄小低矮的通道，我们进入"热水浴大厅"（caldarium）。这个空间原本是一座直径为 35 米的圆形大厅，顶部是距地 52.5 米高的半球形穹顶，周围是 7 米厚的围护墙。墙身上嵌有七间带拱券的凹室，凹室内曾经设有热水浴池。热水浴室的后墙呈弧形外凸，后墙顶部曾设有一扇半圆形的高侧窗。在热水浴室入口的上方，即圆厅内穹顶下方的圆柱形墙壁上，也都曾设有一扇巨大的圆拱窗。沐浴时，午后的温暖阳光便会透过这些窗子照射进来。与浴场中其他空间不同的是，热水浴大厅的铺地不是马赛克，而是白色和多彩的大理石，由此显示出了热水浴大厅的主导性地位。圆形的热水浴大厅有

❺

略小于一半的面积嵌在浴场主体建筑的长方体体块中，另一多半则凸出在外，其庞大的圆筒形体量正位于浴场建筑所在的、带有围墙的正方形大庭院的中心。❺ 今天，热水浴大厅已成废墟，只留下了那道弧形的后墙。然而我们依然能够通过弧形表面反射出来的回声来想象它曾经的恢宏气势：浴池中的流水声反射在原本像地面一样饰有大理石的弧形墙面上；偌大的空间中，余音缭绕，不绝于耳。

　　站在镶嵌成花纹图案的马赛克地面上，身处巨大的砖墙之间，卡拉卡拉浴场为我们带来了奇妙的体验：它让我们置身于一个山洞般的内部世界，一个经过节奏性编排的室内空间序列；来自上方的光线使其建立起了属于它自己的时间感、重力和视野。漫步在高大厚重的残垣断壁之中，观察着每个房间的地面上保留的不同的马赛克残片，仰望着从头顶上方交错而过的巨大的拱券和拱顶的遗迹，我们切身感受到了古代工匠将结构与空间整合为一体的方式：把结构和空间当成同一个对象来构思，换言之，把它们从耸立在大地上的实心体块中雕琢出来。看到减重拱那富有节奏感的弧形线条嵌在墙中，将重量向下传递，我们便能进一步理解这座庞大的砖石和混凝土建筑如何利用它自身墙体的高度、拱券与拱顶的跨跃所产生的上升感来平衡重力的下拉作用。巨大的砖砌表面塑造着我们所在的空间的形状，多少世纪以来一直在抵抗着地心引力的牵拉。它生动地印证了古代砖匠的经典格言："重量从来不打盹。"

圣弗龙大教堂

Cathedral of Saint Front

法国，佩里格

1120—1160年

❶ 圣弗龙大教堂位于佩里格，是法国阿基坦（Aquitaine）地区在中世纪时期全部用石头建造的系列教堂之一。这些教堂被称为"罗马式"（Romanesque）建筑，因为它们从古罗马帝国遗留在欧洲各地的建筑形式中汲取了灵感。圣弗龙大教堂最为独特的地方在于其平面的严密性与几何精确性。它的另一个特点是其内部的朴素：不同于同时期的其他宗教建筑，圣弗龙大教堂没有在内部采用细腻奢华的面层材料，而是将巨大的石体结构裸露在外。

虽然圣弗龙大教堂的外观在 19 世纪经过了翻新和改造，但室内的大部分仍然保存完好，几乎和它最初建成时一模一样。❷ 从室外的明亮阳光下进入教堂的阴暗之中，我们的眼睛需要一段时间才能适应其内部微弱的光线，而后才开始逐渐意识到其空间内部的形式。面前展开的是一系列巨大的墩柱、拱券和半球形穹顶。它们的体格是如此厚重，以致时间仿佛也为了配合它们庄重的节奏而放慢了脚步。

教堂的平面呈完美的十字形，长度和宽度均为 60 米，十字形的四翼均为正方形，并在中心交叉处形成了第五个正方形 ❸。五个正方形平面的中心都是直径为 12 米、高度为 30 米的半球形穹顶。穹顶架设在帆拱（pendentive）之上，帆拱坐落在 6 米宽的拱券之上。通过帆拱，穹顶带有檐口线的底边与下方拱券的顶部连为一体。帆拱的尺寸在四个拱券的顶部为最浅，而在相邻拱券交接的四个角落为最深。拱券跨越在同样尺寸（边长为 6 米）的正方形大墩柱上。在接近地面的位置，每根大墩柱的中心部分都被挖空，演变为四根边长为 2 米的正方形柱子。四根方柱的中间形成了又高又窄的十字形空间，纵横两臂各宽 2 米。这个空间向着四个方向敞开，顶部设有一个带拱券的十字交叉拱顶。

教堂的室内结构令人叹为观止：它全部采用阿基坦地区当地出产的石灰岩建成，石灰岩被切割成巨大的矩形石块，表面处理得平整光滑，以致石造部分似乎在各个表面之间流动起来，把墩柱和拱券、拱券和帆拱、帆拱和穹顶都连接在一起。主空间中凸出于表面的元素仅有三样：一是位于每束方柱底部、高度仅为 10 厘米左右的小基座；二是位于拱券的起拱点、标志着每束方柱顶部尽端的窄小的石造檐口；三是位于帆拱顶部、标志着球形穹顶的起拱点的类似的小檐口。穹顶的底边设在支撑它的帆拱的上沿之外，从而使穹顶落入深深的阴影里。相比于弧形帆拱，穹顶从位于教堂围护墙顶部的窗口获得的光照要少得多，因此看上去好像远远地隐退到了后方。在每个穹顶底部的

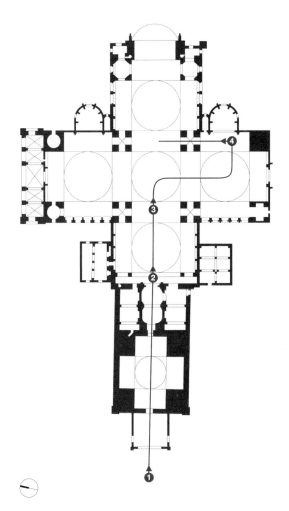

④

阴影中设有四扇小小的圆拱窗，窗口的位置正对着下方四根墩柱的直角，如此便和教堂的位移轴线形成了对角关系。明亮的小光点像星星一样，闪耀在穹顶空间的黑暗之中。

❹ 每根墩柱有四个立面，每个立面的顶部都设有一对和穹顶上的窗子尺寸相同的小圆拱窗——这是教堂上半部分空间中唯一能够显示人的尺度的地方。穿行于墩柱内部又高又窄的十字形空间中，我们在四根方柱之间和十字拱顶的下方看见了一段段细小的檐口，檐口向外出挑，伸向空间内部，标志着位于其上方的拱券和十字交叉拱顶的起拱点。在墩柱的外立面上，檐口被齐齐截断，向教堂的主空间显露出它们的断面轮廓线。站在其中一个小空间内仔细观察，我们得到了更加深入的理解：这些从墩柱中挖出来的十字形小空间，从形状和尺度上来看，俨然就是这座教堂总体空间结构的缩影。同样也是在这里，在这些10米高的狭窄空间内（伸手即可触到空间的两侧，感受石头方柱那冰冷而坚硬的质感），我们最为深切地体会到了来自石砌表面的压力：它从脚下的石砌地面一直延伸到悬浮在头顶上方无限黑暗中的石砌穹顶。

回到教堂的主空间，我们此刻便能更好地理解墩柱、拱券、帆拱和穹顶上这些连续、厚重而光滑的石头表面

如何将自身结构的巨大重量清晰地向下传递到地面（石面上仅有极简的细部和极小的洞口）。然而，在最为关键的交接处——穹顶悬浮于帆拱之上却落入阴影中的方式，以及墩柱下方紧贴地面的单薄的小基座——这些如织物般交互锁扣、庞大而沉重的石头表面好像也在挑战着地心引力。它们踮起脚尖站在地上，从头顶上方的空间中优雅地跃过。

玻璃屋

Maison de Verre

法国，巴黎

1927—1932年

皮埃尔·夏洛

（Pierre Chareau，1883—1950年）

❶ 玻璃屋

通常被称为"玻璃屋"的达尔萨斯住宅（The Dalsace Residence）建于巴黎圣日耳曼（Saint-Germain）街区的一座老宅内，是达尔萨斯夫妇的私宅及其名下的妇科诊所。正如它的名字所示，这座住宅的外立面几乎全部以玻璃制成。通过对材料的巧妙运用，建筑师打造出了一个与众不同的内部空间，让我们体验到了意料之外的重量和地心引力以及意料之中的充裕光线。

我们从外部街道转入一条低矮狭窄的通道，随后便来到了玻璃屋所在的院子。院子采用石板铺地，四面围着白色粗面灰泥墙。❶ 正前方，一个镶嵌在精致网格中的全玻璃体块向前凸出，伸入院子的空间中，在左侧转角处形成了一小段转折。立面的正方形网格由每块 20 厘米见方、外表面带有粗糙肌理的玻璃砖组成。这面两层高的巨大玻璃砖墙高悬在上空，其下方是底层的退缩式入口门廊和带有透明玻璃墙的门厅。

我们离开院子的石板地，踏上入口门廊以橡胶地板砖铺成的地面，看到地板砖上凸起的小圆点形成了规律的网格。穿过通高的钢框玻璃门，我们进入门厅，在右侧找到了一条通向诊所的过道。❷ 在过道的尽端，我们转身看见通往住宅的主楼梯。主楼梯外设有一扇可转动的弧形玻璃门和一架可折叠的镂空金属网屏风，它们在白天的接

重力

玻璃屋

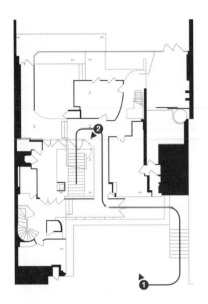

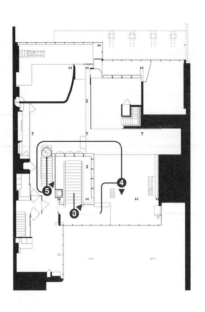

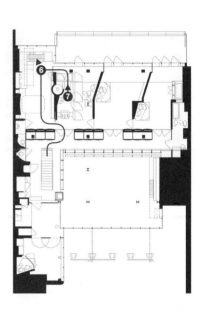

④

诊时间便闭合起来，在楼梯前形成一道隔断。踏上铺着橡胶地板砖的起步平台，我们看见楼梯的踏板落在两根斜置的钢梁上，而楼梯的踢面是漏空的，因此阳光可以穿过楼梯，从面向院子的玻璃砖墙一直照射到室内。迎着明亮高大的玻璃砖墙，我们走上这座凭空而起、像小桥一样悬浮着的楼梯，得到了一种全身性的体验。楼梯与两侧的墙体远远脱开，扶手很低，根本无法抓握。因此，为了保持平衡，我们每走一步都要重新调整自身重量与地心引力之间的关系。

❸ 到达楼梯顶部的平台，我们转身回望两层高的客厅。❹ 房间中最强有力的存在是位于右侧的遍体透亮的厚墙，它全部以玻璃砖制成，从地板直通天花板，与整个房间等宽。从室内望去，玻璃砖之间的砂浆接缝和纵横向的纤细钢架便形成了衬托在强烈光线之下的黑色网格。细细观察，我们发现玻璃砖的内表面都是凹陷的，这些手感光滑的圆形内凹面在外墙上创造出了一个新的图案层。整面墙上没有全透明的开口。在玻璃砖墙那半透明的模糊厚度和富有层次感的、方形套着圆形的图案中，阳光得到了压缩与凝聚。

光滑的白色石膏天花板在靠近玻璃砖墙的位置微微上翻，显得格外明亮。主客厅层的楼板比楼梯平台高出两级，上面铺着橡胶砖，边缘包裹着薄薄的铝合金板，因此我们感觉不到楼板的混凝土体块。三根直通天花板的钢柱由通过结构铆钉固定在一起的钢板和 L 形角钢组成，形成了 H 形的断面。钢柱的内槽漆成了鲜艳的红色，两个外表面则贴上了涂有黑色硝基漆的石板，以增加耐火等级。❺ 离玻璃砖围护墙较近的钢柱以 H 形断面的开槽处面向玻璃，而较远的钢柱则转了 90 度，以 H 形断面的平板处面向玻璃。

沿着客厅的侧墙设有一排通高的、带有滚动式钢爬梯的黑色钢制书架。在主楼梯四周楼板留洞的边缘和楼上卧室层走廊的边缘，我们看到了黑色的钢扶手和钢制书架，以及由白蜡木贴面的胶合板柜门和夹丝玻璃侧板组成的橱柜。它们都悬挂在钢架上，底部与地面脱离，在与地面之间的空隙处设有弧形弯折的、镂空的黑色金属网隔断。一道表面装有穿孔铝合金板的推拉式隔音墙在客厅和石板铺地的书房之间形成隔断，书房里设有一座悬挂式的金属质小楼梯，由此可以通往底层诊所的候诊室。从主客厅层通往楼上卧室层的楼梯并不比刚刚上楼时走过的悬浮式主楼梯更加轻巧。相反，它是一个敦实的体块，周身贴满了采用薄砂浆黏结的小块桃花心木拼花地板条。这种饰面与楼梯连接起来的两个空间中的地板铺面所采用的材料一致。楼

⑤

⑥

❼

梯两端分别是在客厅斜对面的餐厅和可以俯视客厅的楼上走廊。

　　沿着楼上走廊的墙面设有一排从走廊和卧室都可以打开的柜子，柜子上带有漆成黑色的金属柜门，柜门呈曲面外凸。白粉墙卧室里铺着橡胶地板砖，窗前的地面被架高。通过透明的玻璃窗，我们可以俯瞰后院的花园。玻璃窗的做法类似火车车厢里的车窗，窗扇可以向下滑落，藏入窗台的缝隙。独立式的卫生间和卧室之间仅以一架外开的穿孔铝合金屏风加以分隔，卫生间的墙面饰有灰色的玻璃马赛克。在采用石板铺地的主卧室中设有可伸缩的楼梯，它通往楼下的家庭房。❻ 楼梯的洞口位于一张可滑动的沙发床之下。❼ 主卧的卫生间中，几乎每件设施——包括穿孔铝合金板门、玻璃屏风、浴巾杆甚至坐浴盆——都可以绕着枢轴或铰链转动，从而使空间得以重新配置。

　　在对各种扶手、把手、曲柄和其他可活动元素的操纵设备的抓握中，我们体验到了一种连续的触觉性交结。玻璃屋中，几乎所有的组成部分都可以转动、翻折、悬空、平开或推拉。这包括意料之中的一些物件，例如屏风、柜子、门窗和通风扇，也包括意料之外的某些元素，例如墙体、楼梯、床、上下水设施甚至钢柱。每件物体都可以活动，像没有重量一般在空间中移动。因此，我们的体验还涉及了对重量和重力的心理期待的倒转，这种意外尤其体现在各种材料的相互作用中：钢柱看似沉重，柱身却被挖空，露出了两条红色的凹槽；金属表面经过了特殊处理——亚光变成反光，钢变成铝合金，实板变成穿孔板，从而大大消解了其中的重量感；柜子沉重的木纹面板本应落地，却悬浮在轻巧的镂空金属网上；还有玻璃砖带给我们的看似自相矛盾的感受——它在白天和夜晚都散发出轻盈的光芒，实际却比支承它的钢和混凝土结构要沉重和巨大得多。

埃克塞特学院图书馆

Exeter Academy Library

美国，新罕布什尔州，埃克塞特

1965—1972年

路易斯·康

❶

菲利普·埃克塞特学院（私立高级中学）图书馆完美地呈现了建筑材料在刻画建筑内部的不同功能和空间品质中所起到的作用。在这座建筑的设计中，路易斯·康从砖和钢筋混凝土等沉重厚实的材料中汲取灵感，成功地展示出了建筑材料如何在重力的影响下利用光与影对空间加以塑造。在这些空间里，重量自上而下的传递路径在我们的体验中变得一目了然。

❶ 从校园的草地上远远望去，图书馆形同一座巨大的砖砌立方体。它的外部由四面厚厚的砖墙组成，砖墙的比例接近正方形，只是高度略小于宽度，四面砖墙之间以阴影深重的凹入式转角断开。这四个砖砌结构体略微向前凸出，仿佛是四个独立的体块，正对着四个基本方向。砖墙由纵向的砖砌窗间墙和横向的砖砌平拱（flat arch）组成。随着建筑升高，砖砌窗间墙的宽度逐渐收窄，窗洞的宽度逐渐加大，砖砌平拱的高度也逐层增加。这些加宽和收窄的尺寸变化——准确来说就是每层增加或减少一块砖的宽度——是通过平拱上的砖块向外倾斜的砌法而实现的。建筑外观的整体形式是对承重砖墙的一种静态的等级性表达：在荷载最大的底部，窗间墙较宽，而在荷载最小的顶部，窗间墙较窄。它让我们清楚地看出了纵向窗间墙下行的动势，切实地感受到了重量自上而下的传递。

❷

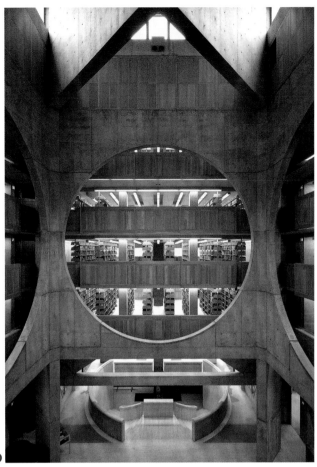

❸

重力

图书馆的底层是一圈低矮的回廊，它藏在深深的阴影之中。顶层则做成开敞式的空架，透过空架我们能够看见上方的天空，从而获得了一种上明下暗的视觉效果。在底层和顶层之间三个高高的楼层上均设有玻璃窗，窗洞上方的玻璃深陷于墙体之中，下方的柚木封板则与墙体的外表面平齐。在地面层，砖墙伫立在一圈黑色的石板条上，形成了沉重的开放式回廊，将整座建筑牢牢固定在大地之上。我们走进采用深色砖块铺地的低矮回廊，绕过转角，来到位于北侧的两层高的入口门厅。门厅以玻璃墙围合而成，采用石灰华铺地，两座对称的弧形楼梯在空间中央围出了一个圆柱形的空间。❷ 楼梯的混凝土结构只暴露在内栏板的外侧，而我们在爬楼时接触到的全部表面——栏板内侧、楼梯的踏面与踢面、楼梯扶手——都采用了石灰华板材覆面。

在楼梯的顶部，我们走进巨大的入口大堂。这是一个采用石灰华铺地和混凝土框架的正方形空间，贯通了建筑的整个高度。外立面上的砖砌表面，连同它那较小的洞口和较厚的墙体，都已经完全消失不见，取而代之的是一个混凝土筑造的空间。❸ 大堂四个内立面的正方形混凝土墙上被切割出了四个巨大的圆洞，透过圆洞，我们看到一排排带有木背板的阅读台，阅读台位于其后方金属架书库

的边缘位置。❹ 整个混凝土结构体坐落于四根位于角部的墩柱上，墩柱呈45度斜向设置，从脚下直通天花板，在顶部和两根呈X形交叉的深梁相接。深梁的底部在上方明亮光线的衬托之下显得格外深暗，其侧面则被四周高侧窗引入的光线所照亮。在夹层上，即紧挨着我们所在的主楼层的上方，混凝土桁架梁（与夹层楼板等长）承受着两对柱子的重量，柱子支撑着上方的书库。桁架梁左右两端的斜撑把这一荷载传递到了位于转角处的两道混凝土实墙之上。

此刻，我们来到了建筑中最重要的空间。在这里可以看见所有的藏书，然而通往上方书库的路径却并非显而易见。向着大堂四周张望，我们看见两束细细的光线穿过了两根墩柱后面的黑暗角落，进入室内。于是我们绕到其中一根墩柱的背后，找到了包围在混凝土墙之中的楼梯井，看到楼梯井靠室外的角落设有窄窄的窗子。我们踏上黑色的石板踏步，握住不锈钢的扶手，便能感受到这座楼梯与入口处那座石灰华覆面的大楼梯之间的差异。走出这座光线幽暗、位于角落的楼梯，我们沿着铺设地毯的通道继续前行。这条通道位于书库靠近大堂一侧的边缘，读者可以从这里俯视建筑中央的空间。通道上设有低矮的橡木书柜，书柜的内倾式顶面刚好可以放置一本打开的书。我们

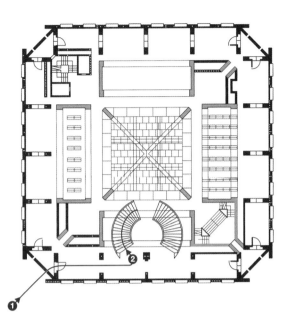
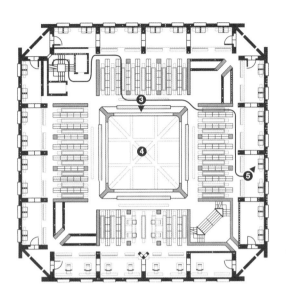

转身走进排列着金属书架的书库，看到空间内的墙体、地面和柱子均由混凝土制成。选好书之后，我们现在需要找个地方来阅读。在这座采用人工照明的书库中，最明亮的自然光不是来自中央的大堂，而是来自建筑的外墙。于是我们被自然光吸引着"把书带到光明之中"——这正是路易斯·康的设计初衷。[1]

在图书馆的外缘，我们找到了两层高的阅读室。阅读室以成对的高高的砖砌墩柱作为隔断，每对墩柱垂直于砖砌外墙排列，总宽3米，每两对墩柱之间的距离为6米。砖砌外墙上设有开口，开口较大的上半部分由一块固定在木窗框中的玻璃组成，它与砖墙的内表面齐平，阳光由此从上方涌进阅览室。❺ 每扇大玻璃窗的下方是一组双人学习卡座，它嵌入厚厚的墙体之中，其宽度与砖砌墩柱完全一致。坐在造型优雅的橡木卡座中，我们感到它就像一个大房间中的小房间：每个卡座都带有一张L形的书桌，L形的一条边嵌在砖墙内，另一条边则从墙上凸出来，下方设有书架。卡座靠走廊的内缘以三角形的木板封起以保护隐私，而外缘（建筑的外表面）则开设了一扇小窗，窗子上装着一块推拉式木板。有了这块木板，读者就可以依个人需要打开或关上窗子，从而对光线和视野加以调节。坐在这间小小的"木房"内，嵌在巨大厚实、两层高的砖

墙内，看着面前摊开的书被日光照亮，正如路易斯·康本人所言，我们会感到自己是"在这座建筑的皱褶中，……在贴近建筑表面的地方，在一个充满自然光的回廊式的空间内，阅读。"[2]

❺

梅尼尔收藏博物馆

The Menil Collection Exhibition Building

美国，得克萨斯州，休斯敦

1982—1986年

伦佐·皮亚诺

（Renzo Piano，1937年—）

❶

重力

❷

梅尼尔收藏博物馆是梅尼尔家族的私人艺术藏品展馆，它坐落于住宅区内，构成了校园美术馆组群的一部分。我们对这座建筑印象最深的体验来自其顶部自然光线的卓越品质。多层次的天花板既为空间内部提供了光源，也形成了建筑肌理结构中表达最为清晰的元素。博物馆采用轻质和纤细的建筑材料建成，但在参观过程中，我们却意外地体验到了光线的体块感和稳固感。

❶ 第一眼见到博物馆，我们便立刻为其顶棚的设计所打动。顶棚不仅覆盖了整座建筑，还向外延展，形成了一圈环绕在建筑四周的连廊，连廊在后方的墙面上投下了波纹状的影子。无须进入博物馆内部，我们从建筑的外观便可以清晰地看出它的结构与空间组织：屋顶支承在钢梁上，钢梁的一头连着屋顶外缘前方的修长精致的白色钢柱，位于连廊内侧的另一头连着嵌在画廊外墙内的钢柱。画廊外墙采用水平向的灰色木质企口板覆面，以白色的 H 形结构钢柱和钢梁作为框架。梁和柱的外缘与企口板的表面齐平，同时也把企口板覆层分割成了大块的正方形。脚下，连廊的混凝土地面与博物馆的混凝土地基相接，地基上设有一个个凹口，凹口正好可以容纳白色钢柱的底部。沿着地基的顶部设有一根狭窄的钢梁，这一设计为整座建筑赋予了轻微的悬浮感。

❷ 沿着连廊向前走，我们进入入口的院子，穿过玻璃大门，来到前厅。一路上，我们时刻都能感受到屋顶的存在，它比这座建筑中的其他任何元素都交织得更为紧密，层次也复杂得多。屋顶由三个层次组成：最上方是一系列双缓坡玻璃天窗；天窗下方是连续的空间桁架，桁架的每根杆件以三角形模式相互连接，在断面上采用圆角处理；最下方是屋顶上体量最大的元素——悬挂于桁架底部、距地 5.5 米高、断面呈不对称弧形的反光板。❸ 反光板全部沿东西向设置，其特有的海豚曲线使得温暖明亮的金色南向阳光能够从它的背部弹起，打到后面反光板的底部，然后再反射到下方的空间，同时也让带着凉意的蓝色北向天光能够直接落入其下方的空间。每一块波浪形的反光板都在两端与画廊白粉墙的光滑表面脱开，留出了大约 10 厘米左右的缝隙。从下方仰望，我们看到反光板光滑连续的弧线构成了一组重复叠加的图案，遮挡着上方的承重结构，恍若悬浮在头顶上一般。

这个可以反射光线、以钢筋水泥制成的拱形天花板，其复杂的曲线形状是通过计算机设计生成的。此外，采用球墨铸铁（ductile iron）工艺铸造而成的空间桁架（用于悬挂反光板）、每块反光板内部的结构钢筋以及用于浇筑反光板的钢模板等，这些元素全部都是在机械加工车间预

③

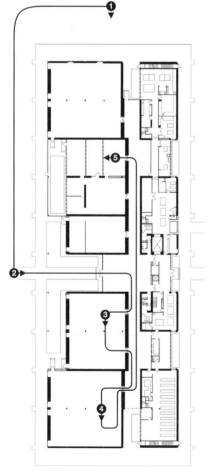

制而成的。不过，我们所能看到的弧形反光板最下方的层面却是通过在这些白色的精制水泥板上施以手工打磨才达到了如此光滑的程度。与外立面上的木质墙板和暴露在外的结构钢材一样，屋顶的反光板结合了机械制造与手工制造的元素和程序。因此，即便是在天花板那曲度复杂、近乎完美的优雅形式中，我们也依然能够看出匠人的手工技艺。与头顶天花板的精确性相呼应的，是脚下木地板轻声的嘎吱作响和微微带着点弹性的踩踏感。此刻，我们才发觉地板下方是架空的，因为我们感受到了自下而上涌出的气流。气流来自以固定间隔横贯房间的送风槽，送风槽的顶面排着细木条。

❹ 在画廊里穿行，我们为自然光线所经历的转化而感叹不已：它从室外那种明亮的亚热带阳光变成了室内这种平衡而均匀的漫射光。漫射光中混合了带着凉意的、蓝色的北向天光和带着暖意的、金色的南向阳光，从而衬托出了陈列在画廊中的艺术作品中的天然色彩。虽然身处室内，几乎看不见外面的景色，但是我们仍然能够意识到时间的流逝，因为它被记录在太阳的移动轨迹之中，促成了画廊中光线的颜色和强度的不断变化，也造成了墙面上斑驳的光影图案的交替更迭。天边飘过一片云影，即刻就在光线的渐暗与渐亮之中得以体现。艺术作品在变化的光线

❹

❺ 重力

中获得了生命，让我们看到了静态人工照明之下难以觉察的微妙差别与特征。这使得观者在一天中的不同时间或一年中的不同季节能够得到截然不同的观展体验。

　　站在建筑内部的展厅中，脚下是轻质的架空木地板，头上是与墙壁脱离的巨大弧形混凝土天花板。在前者带来的悬浮感和后者规则的序列节奏之中，重力似乎在一瞬间消失不见，甚至可以说是被倒转了。❺ 与我们在室外看到的结构类似，室内为数不多的纵向结构构件仿佛都纤弱得无法支承起顶上的天花板。不带任何纵向结构标记的光滑墙面也孤零零地立在那里，与地板和天花板相脱离。由此，我们获得了一种奇特的视觉效果：墙上的艺术作品好像和观者一起飘荡在房间之中，悬浮于地板和天花板之间。然而这深暗的、水平向的地板并不是其下方的大地本身，那明亮的、引入光线的天花板也不是其上方的天空本身。房间中溢满了从厚密的白色天花板的波浪形层次中透出来的光芒，屋顶俨然成了一件由光线雕琢而成的艺术品。亦重亦轻，这个表面呈锯齿状的多层光线体块，即悬浮在头顶上方的天花板，为我们带来了一个有悖于常识的印象：在这个空间里，万有引力似乎并不来自地心，而是来自头顶上方的浩瀚宇宙。

瓦尔斯温泉浴场

Thermal Baths Vals

瑞士，格劳宾登州，瓦尔斯

1992—1996年

彼得·卒姆托

（Peter Zumthor，1943年— ）

瓦尔斯温泉浴场建于瑞士格劳宾登州唯一的地热温泉之上，坐落在阿尔卑斯山的一座偏僻的山谷中。它既忠实于自身所处的地域与时代，又与源自古罗马时期的古老的净身仪式密切相关，可以称得上是一座兼具传统与现代特征的代表性建筑。通过水与石这两种材料，它与我们所有的感官产生交结，将我们与脚下的大地和头上的天空合为一体。

无论是从山谷对面审视，还是从高处的宾馆客房俯瞰，温泉浴场带给人们的第一印象都绝非是一座普通意义上的建筑。它更接近于地景工程：一部分类似农用的梯田，一部分形同高速公路的隧道，还有一部分像是水坝。❶ 我们看见一个带有石砌外墙的巨大的矩形体块，一半埋在陡峭的朝东的山坡中，屋顶上覆盖着草皮并以细细的线条加以分隔。走上前去，我们发现这些线条其实是由玻璃制成的。

浴场的外立面上没有入口，我们只能通过一个从山坡上切割出来的小洞口向地下走去，方才得以进入。从一条狭长的走廊走进石板铺地的门厅，我们透过建筑之间的窄缝匆匆地瞥见浴池，湿热的空气顿时扑面而来。继续向里走，只见一系列黄铜材质的水管从右侧的混凝土墙中冒了出来。铜管中淌出涓涓细流，泉水在后墙上留下了深色的

水渍，让人感觉此时仿佛已经位于深深的地下，泉水源头近在咫尺。更衣后，我们把重重的皮革门帘推向一旁，从更衣室的木地板踏入浴场内部那温热潮湿的石板地面。

从这里向下望去，我们看到了一个巨大的、光线微弱如洞穴般的空间，其中散布着一些房间大小的矩形体块。这些体块采用石材覆面，墙壁从地面直通天花板。在体块后方，我们隐约看见阳光从另一端墙上的几个洞口照射进来。脚下的地面也由石板交织而成，其排列方式与矩形体块的墙面相匹配。在地面中央，我们看见了一座巨大的水池，池面上闪着微光。抬头仰望，我们看到了室内最令人惊叹的建筑元素——头顶上方的天花板。天花板上连续的混凝土水平面被切割出狭长的缝隙，穿过深深的窄缝，一束束细薄而明亮的光线从上方洒落下来，漫过石墙凹凸不平的表面，在石板上留下了一条条光带的痕迹。❷ 沿着平缓的大台阶（每级石砌踏步的长和宽都相等）向下走，我们的路径被众多光带中的某一条所点亮。

瓦尔斯温泉浴场带给我们犹如迷宫一般的体验。浴场的所有墙体都包裹着水平向的、层次分明的片麻岩（gneiss stone）。这是一种当地出产的深蓝色的石英石，它被切割成厚度和长度不等的板条，叠砌起来作为后面现浇混凝土墙的模板——这种建造方法起源于古罗马建筑。走

在中央空间的外围，只见石板地上留下了一行行湿漉漉的脚印，我们的脚底不仅能够感受到石头的肌理，还能感觉到地面正缓缓地朝向宽大的排水槽倾斜。地面上深暗的排水槽组成的图案和横贯天花板的明亮纤细的光线组成的图案形成了鲜明对比，二者共同将一系列复杂的空间编织在一起。

浴场的中心是一座巨大的正方形温水池，温水池四面各有一个石材覆面的矩形体块。我们从体块之间的一组石砌台阶通过，走入水池。仰面浮在水池中，我们看见上方的混凝土天花板被光的线条割开，与四面墙壁相分离，悬浮于水池之上。❸ 正方形的天花板上开设了 16 个正方形小孔，浅蓝色的光线透过小孔照射下来，小孔的倒影在水面上翩翩起舞。❹ 浴池东缘排列着一组巨大的、石材覆面的房间。我们在这里的躺椅上稍作休息，阳光透过通高的玻璃墙洒入室内，令人觉得分外温暖。在深埋于山坡中的浴池西缘，我们沿着一条狭窄的通道向里走（通道里的照明来自天花板上的一条采光槽），经过一组温泉的喷水口，来到一排蒸汽室前。这些光线极暗、蒸汽弥漫的闷热的小房间里均设有一对经过加热的抛光石板。躺在石板上，我们感觉到了它紧贴着皮肤所产生的热量与蒸汽。在浴池南侧，我们向下走入一座狭长的水池，游过转角，进

❸

❹

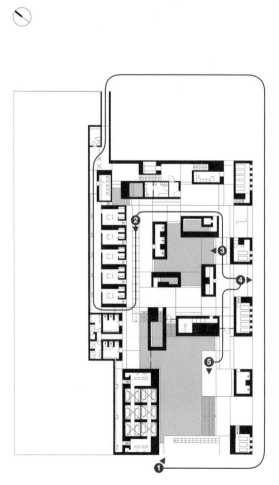

❺

入巨大的室外温水池。❺ 温水池向着天空敞开，周围是日光浴的区域，三个巨大的喷水口为它源源不断地输送着温水。仰面浮在水池里，透过外侧墙面上的巨大开口，我们远远望见点缀在对面山坡上的一座座农舍。农舍的墙壁和屋顶采用的材料和我们所在的浴场一样，都是蓝色的石头。

我们回到浴场内部，继续探索室内的巨型石面矩形房间（全部通过低矮而狭窄的通道进入），每间浴室内的泉水都为我们带来了一种独特的体验。在一间正方形的浴室内，我们看见墙面上边缘粗糙的石板之间留有宽大的缝隙，略带苦味的泉水从中流出，落入室内的石头水盆，供人们品尝。在另一间长方形的浴室内，水池两端设有浸在水中的座椅，水面上漂浮着鲜花，整个房间花香四溢。我们还参观了一间深埋地下的洞室，进入其内部之前，必须先游过一条低矮狭窄的通道。这是一个高高的正方形房间，室内光滑的石墙放大并拖长了人们讲话的声音。最大的房间是一间长方形的热水浴室，在它红色的四壁之内可以容纳十几人。热水浴室对面就是最小的浴室———一座仅供单人纵身跳入的冷水池，其墙面呈冰蓝色。所有这些石材覆面的浴室和浴池中都有新鲜的泉水不断注入，身处其中，我们能够听见池水从围护墙边宽大的排水槽泄出时发出的低沉的轰鸣声。

每逢夜晚，浴场陷入一片漆黑之中，我们无法依赖视觉前行，只有通过身体才能找到要去的地方。这种深陷于地层之中的感觉通过触感而变得极为真切：当手指划过石头表面，我们感受到了它的各种肌理和不同砌法；当身体漂浮在温热的泉水中，我们感受到了它在肌肤上柔和的按压。这一切都让我们敏锐地意识到自身在触觉和动觉上与重力取得的平衡。

间间质力

空时物重

静所间式忆景所

寂居房仪记地场

光线

我们生于光。我们通过光感受四季。我们只能根据世界被光所勾画出的样子来认识这个世界，由此我产生了这样的想法——物质就是被消耗掉的光（material is spent light）。对于我而言，自然光是唯一的光，因为它带有情绪——它为人提供一个具有共识的场地——它让我们接触到永恒。自然光是唯一使建筑成为建筑的光。[1]

——路易斯·康

仅仅凭着它的灯光，房子变成了人。它像人一般地张望。它是一只凝视着夜的眼睛。[2]

——加斯东·巴什拉

对光的崇拜贯穿于整个人类存在的历史之中……时至今日，我们仍然常常无意识地受到它的支配。白日的光线把我们从睡眠的半死亡状态中唤醒，使我们活过来："见到光""见到太阳的光亮""在阳光下"，这些短语意味着生命；"见到光"意味着出生，"离开了光"意味着死去……[3]

——赫尔曼·乌泽纳
（Hermann Usener，1834—1905 年）

光与影，为建筑的真实、宁静与力量加上了扬声器。除此以外没有什么可以再加到建筑上去了。[4]

——勒·柯布西耶

空间与光是不可分离的，因为所有对建筑的空间体验都要有光。即使在完全的黑暗中，仅凭听、摸或闻所掌握的具体的空间体验，其实也参照了通过视觉和光线建立的对空间的理解。丹麦建筑师斯腾·艾勒·拉斯穆森（Steen Eiler Rasmussen，1898—1990年）曾如下回忆维也纳地下隧道为人们所带来的听觉震撼——这些隧道在奥逊·威尔斯（Orson Welles，1915—1985年）主演的电影《第三个人》（*The Third Man*，1949年）中构成了重要场景："你的耳朵同时接收到隧道的长度与其圆筒状的形式所带来的冲击。"[5]

真正的建筑体验都具有身体性和多重感知性。每个引人注目的空间和场所势必都有它独具特色的光，而光通常也是最能直接调节情绪的空间特性。光甚至可以用来定义整个地理区域的特征，例如赤道地区炽烈的垂直光线、北极地区忧郁的水平光线、月夜带有凉意的光线、日出和日落时分温暖到令人感动的彩色光线……它们之间存在着戏剧性的差别。北方夏天白夜的光线充满了魔力，而北极冬天漫长黑夜中的惨淡光线似乎来自脚下的积雪，因为它反射着来自苍穹的最微弱的光线，变得不可思议地清晰可见。光控制着生物体的生命进程，甚至人类的某些激素活动也依赖于光。光影响着我们的情绪、活跃性和体能水平。在北欧地区冬季最黑暗的几个月中，人们偶尔会在家里或咖啡店里使用一些亮度极高的灯光照明，以补偿日光的不足。

光与影为建筑的体量、空间和表面赋予性格和表现力，因为它们能够显示出材料的形状、重量、硬度、肌理、湿度、光滑度与温度。它们也把建筑空间与动态的实体世界和自然世界连接起来，与四季的交替更迭和每日的时间流逝连接起来。保罗·瓦莱里曾自问："比清晰更加神秘的是什么？……还有什么比光与影在不同的时间和不同的人身上的分布方式更加变幻莫测？"[6]自然光为建筑注入了生命力并将物质世界融入宇宙维度之中。

光亦有属于自己的氛围和表情，它一定是最细腻和最富感情色彩的建筑表达方式。没有任何其他建筑媒介（空间配置、几何关系、比例、色彩或细部）能达到同样深沉和微妙的感情广度：从忧郁到欢愉，从悲痛到狂喜，从感伤到极乐。北面天空的冷光和南面天空的暖光在同一空间中的混合，会令人产生一种欣喜若狂的幸福体验。

光与影把空间刻画为若干子空间（sub-spaces）和场所，为空间赋予节奏、尺度感和亲密性。光引导人的行进和注意力，点明空间的重点和焦点。伦勃朗（Rembrandt，1606—

图1

光，这珍贵的礼物。来自卡累利阿（Karelia）的一座传统芬兰木屋中的主房。佩提诺查之家（The Pertinotsa House），建于1884年，现存于芬兰，赫尔辛基，伴侣岛（Seurasaari）露天博物馆。

图2
画家笔下具有聚焦性的光。乔治·德·拉图尔，《木匠圣约瑟》（Saint Joseph the Carpenter），1642年，布面油彩，137cm×102cm，法国，巴黎，卢浮宫。

1669年）和卡拉瓦乔（Caravaggio，1571—1610年）的绘画均展示出光在建立等级关系和创造视觉焦点的过程中所彰显的力量。在他们的作品中，人物和静物被包裹在光影之中，柔和的光线为观者带来慰藉与安抚。在乔治·德·拉图尔（Georges de La Tour，1593—1652年）和路易·勒南（Louis Le Nain，约1593—1648年）的绘画中，一盏烛光就足以创造出一个私密的围合式空间，让观者感觉到一个强有力的视觉焦点。

光只有被包含在空间中，或通过它所照亮的表面而得以具化时，它才能使人在体验中和感情上感受到它的存在。"太阳从来不知道自己有多伟大，直到它打亮一座建筑物的侧面或照进一个房间。"[7]通过雾、汽、烟、雨、雪、霜等介质，光转变为一种虚拟的照明物质。当光被感知为一种物质时，这种情感冲击力会得到进一步增强。威廉·透纳（J. M. W. Turner，1775—1851年）和克劳德·莫奈（Claude Monet，1840—1926年）的绘画就是描绘光的典范，画面呈现了大气中四处弥漫的光线，这种光线通过空气的湿度而得以触知。建筑中也有类似的实践。阿尔瓦·阿尔托在对日光的组织中，通常运用弧形的白色表面来反射光线，这些圆形转角的表面所创造出的明暗对比（chiaroscuro）为光赋予了一种体验上的物质性和造型感，也增强了光的在场感。这是经过铸造的光，它具有了物质的体征。此外，还有提供人造光线的趣味装置，比如保尔·汉宁森（Poul Henningsen，1894—1967年）和阿尔托设计的灯具，也能够对光进行刻画和铸造。它们仿佛放慢了光的速度，使光在照明设施的弧形表面和边缘之间顽皮地跳跃反射。安藤忠雄和卒姆托在屋顶上设计的狭缝，是为了把光挤压成具有方向性的薄片，使它变成触不到的一层薄纱或一片刀刃，从而切断空间中的黑暗。在路易斯·巴拉干（Luis Barragán，1902—1988年）设计的建筑中，例如位于墨西哥城的嘉布遣会小礼拜堂，光时常被塑造为一种温暖的彩色液体，甚至具有某种听觉性的品质，能够唤起人们想象中的哼鸣声。建筑师本人曾将其描述为"来自寂静的内在的温和细语"。[8]

光还可以对重量感或失重感加以调和。在挪威建筑师谢尔·伦（Kjell Lund，1927—2013年）设计的奥斯陆圣哈尔瓦德教堂（St Hallvard Church）中，位于悬空式混凝土球面屋顶之下的空间里的黑暗和重量，因为寡淡的光源而得到了增强。相反，伦佐·皮亚诺设计的休斯敦梅尼尔收藏博物馆则沐浴在一片方向不定的光线中，令人捉摸不透的光源看似已把重力完全消除。

图3
一座位于巴伐利亚的洛可可风格的教堂中，结构、装饰和光共同创造出了一个森林般的模糊空间。约翰·米夏埃尔·菲舍尔（Johann Michael Fischer，1692—1766 年），奥托博伊伦修道院教堂（Abbey Church of Ottobeuren），德国，巴伐利亚。图为面向祭坛方向的室内空间。

图4
空间被笼罩在一种天赐的液体般的彩色光线中。路易斯·巴拉干，嘉布遣会小礼拜堂和女修道院，墨西哥，联邦区，特拉尔潘，1955 年。

光线

在当今的建筑实践中，很遗憾的一点是，光经常仅被当作一个量化的现象来处理。设计法规和建筑标准标明了需要满足的最小照明等级和开窗尺寸，却没有对最大亮度等级做出限定，也没有对适宜的光线品质加以定义，例如光线的方位、温度、颜色和反射性等。我们总是习惯引入过多的光线并让它均匀分布，从而减弱了建筑的场所感和私密性。一个照明均匀、没有阴影的空间会令人反胃并制造一种疏远的距离感。在斯坦利·库布里克（Stanley Kubrick，1928—1999 年）的电影《2001 太空漫游》（2001: A Space Odyssey，1968 年）的最后一幕中，有一个房间采用了简化的洛可可装饰风格，被透过玻璃地板的光线自下而上地照亮。这种对光线固有方向的反转实在让人感到不适。

视力在暮光中会被激活而变得更加敏锐。正如光线艺术家詹姆斯·特瑞尔（James Turrell，1943 年—）所指出的，进化过程对人的眼睛做出了微调，使之更加适应曙光或暮光，而不是明亮的日光。现在的通常照明等级太高了，以致瞳孔长期处于自动收缩的状态，因此视觉机能无法得到充分发挥。我们的文化尊崇视觉和可见性，但同时我们的视觉机能又因为过度的光线而被削弱了，这实在是一个令人惋惜的悖论。

造成这种现象的原因来自现代社会中的一种普遍认知——把明亮洁白与健康活力混为一谈，以及由此引发的对充足光线的渴望。这种渴求的一个必然结果就是，从 19 世纪中期开始，许多现代主义建筑师沉迷于大面积的玻璃表面，追求超高等级的灯光照明。无怪乎现代建筑的炼金术师路易斯·巴拉干会一针见血地指出，大多数现代建筑物的开窗面积要是能减少一半，会令人舒适得多。"对大型平板玻璃窗的使用，剥夺了当今建筑中的私密感、阴影效果和特殊气氛。全世界的建筑师都把他们分配到大型平板玻璃窗或面向外部的空间上的比例弄错了……我们失去了生活的私密感，被迫过着一种公共的生活，从本质上离开了家。"[9]

与占主导地位的现代感官追求相反，在阿尔瓦·阿尔托设计的珊纳特赛罗镇中心的议事厅和西古德·莱韦伦茨设计的教会建筑中，两位建筑师都营造出了一种抚慰人心的黑暗，以增强了人们精神专注和宗教冥想的体验。在这两个案例中，黑暗通过深色的粗糙砖块得以强调，这些砖块似乎能够吸收所有的反射光。在莱韦伦茨设计的克利潘圣彼得教堂中，砖砌地面上那道深深的裂缝，伴着从巨大的白色贝壳中缓缓滴落的水珠，呼应着空间中的黑暗并使这种黑暗得到了强调。

在与阴影和黑暗发生关系的过程中，光的价值和情感力量都获得了提升。在芬兰农夫居住的漆黑一团的原生木屋里，从小窗透进的光亮让人感觉像是一件上天赐予栖居者的美好礼物，在黯淡背景的衬托下，幻化成了一颗璀璨夺目的钻石。

黑暗与阴影具有不可替代的价值，这是谷崎润一郎（Jun'ichirō Tanizaki，1886—1965 年）的著作《阴翳礼赞》为我们带来的启示。作者在漫谈中提到，就连日本的美食都有赖于阴影的衬托，与阴影密不可分："当羊羹（Yokan，一种以琼脂和红豆沙做成的果冻状糕点。——译注）被盛放在漆盘中端上来时，它的颜色沉陷在盘底的黑色凹纹里几乎无法辨识，这种感觉就像是，整个房间的黑暗经由食物融化于你的舌尖之上。"[10]

深影与黑暗是不可或缺的，因为它们减弱了视觉的敏锐度，让深度和距离变得模糊，并激发出无意识的余光视野和触觉幻想。正如赖特所言："阴影本身是属于光明的。"[11] 我们通常不会意识到视知觉中强大的触觉性和身体性成分，但曙光或暮光却能够触发这些被遗忘的感知力。同样，我们也没有意识到人的皮肤还保留着感觉和识别光线与颜色的能力，但在视力丧失或变弱的情况下，这些通常处于抑制状态的感知能力似乎也会被激活。

因此，虽然光通常被理解为一种纯视觉现象，但它其实还与触觉感知联系在一起。詹姆斯·特瑞尔就此讨论过"光的物性（thingness）"。他指出："基本上，我创造出的空间是为了捕捉光线并留住它，以便让你用身体来感受……这是……一种对'眼睛会触摸'和'眼睛会感受'的理解和实现。当你睁开眼睛并允许这种感觉发生时，触觉就从眼睛里跑出来，就像用手去摸一样。"[12] 特瑞尔的光线艺术作品完全是以光的体验性品质以及我们知觉机制的特点为基础，但同样也会引发空间性的体验。这些体验对我们关于形与面、近与远、地平线与重力的判断重新进行定位。这些作品是知觉的奇迹，它们把空间变成表面，把深度变成平板，把光变成材料与形式，把色彩变成物质。这些想象中的知觉对象似乎具有独特的触觉性品质以及物质性、压力感和重量感。

亨利·马蒂斯（Henri Matisse，1869—1954 年）曾为法国旺斯（Vence）的罗塞尔礼拜堂（Rosaire Chapel）设计了一组彩色玻璃窗。像特瑞尔的大多数作品一样，马蒂斯的彩窗也把光变成了彩色的空气，从而唤起了人们对于皮肤触感、温度和光线颤动的细腻感受。置身于此，我们仿佛浸没在一种透明的彩色物质之

图 7
可触知的彩色光线，看上去像是一种彩色的物质。詹姆斯·特瑞尔，《瑞玛》（Raemar），1969 年，荧光装置艺术。图片摄于 1980 年在纽约惠特尼美国艺术博物馆的展览。作品现为艺术家本人收藏。

中。在斯蒂文·霍尔（Steven Holl，1947 年—）的建筑作品中，如位于纽约的德劭集团办公楼（D. E. Shaw & Co Offices，1991 年）和位于西雅图的圣依纳爵教堂（Chapel of St Ignatius，1994—1997 年），建筑师巧妙地运用反射的光与色，创造出了光线与色彩极具节奏感的混合，从而为人们带来强烈的感官感受。这种混合同时制造出了两种看似矛盾的效果：既增强了光的非物质性，又增强了光的具体性。这是一种会呼吸的、充满关怀与抚慰的光，它让我们感受到日光不断变化的特性，将我们引入宇宙浩瀚无边的和谐氛围之中。

另一位光线艺术家詹姆斯·卡彭特（James Carpenter，1948 年—）也曾强调过光的触知性："某个非物质的东西具有触知性，这让我感到很不平常。当我们看见光，我们纯粹是在处理一种经过视网膜传入大脑的电磁波的波长，然而它却是可以被触知的。但光的这种触知性从根本上不同于那些你可以抓起或握住的东西……你的眼睛试图对光加以解读并为它赋予某种物质感，而实际上这种物质并不在那里。"[13]

我们同时栖居于两个世界之中：一是由物质和感官体验组成的实体世界，二是由文化、观念和意向组成的心理世界。这两个世界构成了一个连续体——一个存在性的奇点（singularity）。除了它的实用目的以外，建筑更深层次的职责是"让人看见世界是如何触摸我们的"[14]——正如梅洛 – 庞蒂对保罗·塞尚（Paul Cézanne，1839—1906 年）的绘画所做出的评论。世界触摸我们，我们也触摸世界，这种互动主要通过光这一媒介得以实现。"通过视觉，我们摸到了星星和太阳。"[15]

圣索菲亚大教堂

Hagia Sophia

土耳其，伊斯坦布尔

532—537年

特拉勒斯的安提莫斯

（Anthemius of Tralles，约474—558年）

米利都的伊西多尔

（Isidorus of Miletus，约442—537年）

❶

光线

圣索菲亚大教堂由查士丁尼大帝（Emperor Justinian，约 482—565 年）在拜占庭帝国的基督教首都君士坦丁堡主持建造（Hagia Sophia，意为"耶稣的智慧"），是拜占庭式建筑的杰出典范。这座建筑原本是早期基督教教徒进行礼拜活动的场所，但在君士坦丁堡于 1453 年沦陷继而更名为伊斯坦布尔之后，它没有经过任何建筑上的改动就转而容纳伊斯兰教的礼拜活动，从此成为当地建造清真寺所仿照的主要蓝本。尽管曾遭受过一系列的结构破坏（通常由地震引起，如 562 年主穹顶在地震中坍塌，之后进行了重建），时至今日，圣索菲亚大教堂仍然保持着令人瞩目的、相对完好的状态，自公元 6 世纪建成之后一直作为宗教崇拜的场所为人们使用。

圣索菲亚大教堂的墙体和穹顶以砖为主要材料（用于结构性的拱券和拱顶）。建筑的表面内外不同，在室内饰以大理石护墙板和马赛克镶嵌画，在室外则采用掺有水泥的石膏抹灰饰面。教堂的外观经历过相当规模的改动，已经不复旧貌，其中最大的变化是为了抵抗穹顶和拱顶产生的巨大侧推力而加建的扶壁（buttress）。如今，它的外围还耸立着四座瘦高的宣礼塔（minaret）。教堂以其巨大的尺寸占据了城市的制高点，从周围的建筑中脱颖而出。它厚厚的外墙逐级向上退缩，烘托出中心的主穹顶，形成了

低缓的金字塔形。❶ 圣索菲亚大教堂外部体块的处理方式更偏重水平向而不是垂直向，采用的形制更多的是实墙而不是骨骼状的框架，朴素的外墙像面具一样遮盖了内部的华丽空间。

❷ 我们通过两间沿着教堂西侧并排设立的狭长的前厅向里走去。在靠内的前厅中间，我们看到了设在教堂中轴线上的三扇大门——中间是尺寸巨大的"帝国大门"，两侧是较小的两扇门。走进教堂，❸ 我们立刻置身于一个层次复杂的空间之中，仿佛看不到尽头。它的每一个立面都设有开口，整个室内弥漫着从四面八方投来的超凡脱俗的圣光。

教堂的平面是集中式与长条式平面的组合。围护墙长 77 米、宽 70 米，内设一个正方形体块。正方形体块的中心位置是直径为 30 米的穹顶，❹ 它高悬在头顶上方，底部设有一长串密密排列的窗口，顶部高度为 56 米。四根巨大的墩柱承受着穹顶的重量，它们是这座建筑中唯一用石头建造的部分，分布在中厅的外围，不太容易被站在空间内部的人们所感知。❺ 主穹顶的东、西两侧各有一个直径同样为 30 米的、面向主穹顶的半穹顶，半穹顶圆弧的顶部正好与主穹顶的底部相接。接下来，每个半穹顶都带有三个围绕在其半圆形边缘的较小的半穹顶，这三个半

圣索菲亚大教堂

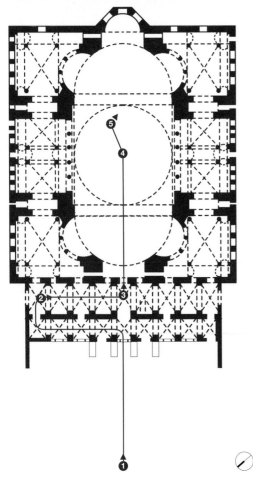

穹顶圆弧的顶部又正好与较大的半穹顶的底部相接。主穹顶的南、北两侧是几乎被挖空的墙体，墙上布满了窗口和拱廊。中厅的纵深通过半穹顶的设置而得到了增强，中厅四周是一系列分布在多个楼层上的侧廊和柱廊、分隔墙和窗子以及结构性的扶壁和拱券。建筑的所有表面上——从外到内——设有数百个开口。白天，无数明亮的光线从"天上"洒落"人间"：无论我们站在空间中的哪个位置，都会有阳光将周围的阴影驱散。

无论是建筑的平面和剖面，还是窗子、圆柱和墩柱的节奏与间距，或是铺地图案……整座教堂的肌理组织都被一种古老的几何形式主导着。如果我们足够细心的话，进入主空间之前就应该能够看出这些无处不在的几何关系了。在前厅的马赛克铺地上，我们看见一个正方形精准地套着一个切圆；内切圆上又交叠着四个半圆，半圆的起点和终点正好落在正方形的四个角上；半圆上又交叠着四个四分之一圆，四分之一圆的起点和终点分别落在正方形每条边的中点上。将这个正方形图案重复排列，便得到了九个相互锁扣的圆形（上、下、左、右共四个，两条对角线上共五个）。这种锁扣关系再现了整座建筑的平面结构，即通过在正方形的内部对直径为 30 米的圆形拱顶加以重复、叠加和锁扣而形成的几何形式。[1]

　　隐含在建筑中的这种几何秩序在设计中得到了巧妙的运用，构建出了一系列复杂层叠的表面，形成了一个带有双层墙壁的结构体（一座套在大建筑里的小建筑）。薄墙上布满了孔洞，使教堂内部获得了充足的光源。建筑的所有结构性表面——圆柱的柱头、横梁、墙体、拱券、帆拱和穹顶——似乎都在光的作用下溶解了。这些建筑元素的表面都饰有精致的浮雕或反光的大理石和马赛克，从而使得光的存在感进一步得到了增强。唯一看似不受光线影响的表面，是由大块铺地石组成的地面。它颜色暗淡且不反光，对墙面和天顶上的光亮起到了反衬作用。建筑组织的结构承载力似乎也在光线中被销蚀，再加上穹顶复杂交织的结构和墩柱默默无闻的存在，我们几乎难以察觉上方穹顶的重量是如何传递到地面上的。教堂内弥漫着来自天堂的光，空间的边界仿佛消失了，我们感觉自己正在步入神的领域。这座建筑巨大的肌理组织——它的砖墙和穹顶——悬浮在神秘的光线之中，奇迹般地失去了重量感。在对这个空间的体验中，无处不在的光线及其营造出的失重感令我们深深地为之感到震撼。

沙特尔圣母大教堂
Cathedral of Notre-Dame

法国，沙特尔

1194—1250年

❷ 沙特尔圣母大教堂

沙特尔（又译"夏特尔"。——编注）圣母大教堂是为了存放圣母玛利亚在诞下耶稣时所穿的圣衣而建造的主教座堂。它集中体现了中世纪工匠的建筑渴望：一座"去物质化"（dematerialized）的教堂，将建筑结构溶解于圣光之中。沙特尔大教堂体现了特定时期的宗教文化，在其雕塑和彩窗所描绘的《圣经》故事中，我们看到了与教堂建造年代的社会风貌一致的场景设定。这些艺术品是刻在石头上的训诫，它们与圣礼中的祷告和咏唱相互呼应，使朝拜者得以从文字、音乐和形式三个方面来领受上帝的旨意。

沙特尔大教堂占据着城市的制高点。在中世纪，其西立面前方的广场曾是沙特尔城市生活的中心场所。远远望去，这些被称为"飞扶壁"（flying buttress）的复杂的斜撑结构为建筑赋予了一种多层交织式的外观。走向教堂，我们看到三个巨大坚实、饰有繁复雕刻的立面：❶ 主入口位于西立面，两个次入口位于南、北立面，三个立面上均设有大型玫瑰彩窗。入口大门周围是一系列精心安排的雕塑作品，讲述了耶稣出生、受难和复活的故事。从雕塑下方穿过，我们进入教堂。

❷ 走进教堂的中殿，我们仿佛来到了另一个世界。西侧正立面在外部呈现出的浑厚的坚实感荡然无存，其宽

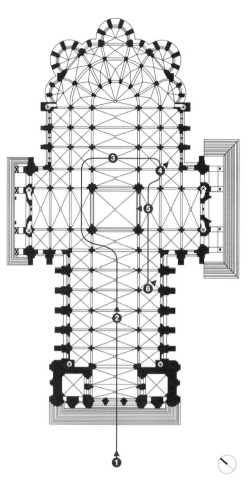

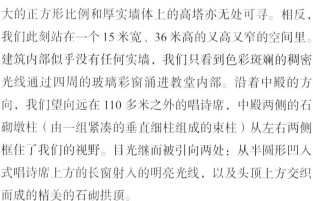

光线

大的正方形比例和厚实墙体上的高塔亦无处可寻。相反，我们此刻站在一个 15 米宽、36 米高的又高又窄的空间里。建筑内部似乎没有任何实墙，我们只看到色彩斑斓的稠密光线通过四周的玻璃彩窗涌进教堂内部。沿着中殿的方向，我们望向远在 110 多米之外的唱诗席，中殿两侧的石砌墩柱（由一组紧凑的垂直细柱组成的束柱）从左右两侧框住了我们的视野。目光继而被引向两处：从半圆形凹入式唱诗席上方的长窗射入的明亮光线，以及头顶上方交织而成的精美的石砌拱顶。

❸ 这是一个轻柔缥缈、被光湮没的空间，成束的石造线条在空间中编织出了细密的肌理。这些线条从地面上敏捷地一跃而起，升至一定高度后开始分叉，向外张开，在空间的顶部呈弧形延展，形成了一个由交缠的拱肋组成的、轻薄的顶架，从而托起了上方的石造天花板。站在下方的地面上，我们可以清晰地看见拱顶石块之间的接缝。中殿两侧的主墩柱间距为 7.5 米，它们通过跨越在墩柱之间的尖券形成了连拱廊。❹ 连拱廊后方的侧廊浸没在阴影中，进一步衬托出了玻璃彩窗斑斓炫目的梦幻光芒。连拱廊上方是一排小列柱，列柱后方是一个低矮的、进深极浅的空间，它被称作"盲层"（triforium，又译"三联拱廊"）。盲层上方设有连续的大面积的高侧窗，每组高

侧窗由一扇大玫瑰窗和两扇彩色玻璃长窗构成：垂直式长窗在下，玫瑰彩窗在上（紧挨着天花板）。高侧窗几乎占满了上层墙面，其间只隔着由下方墩柱分叉而形成的细束柱。连拱廊上方没有贯通的走廊（gallery），巨大的高侧窗均位于同一高度（15 米）——与中殿的宽度相等。

仔细观察连拱廊上的墩柱，我们发现墩柱底部是由四根较细的柱子组成的束柱（cluster，亦称"集柱"），这四根细柱依附在一根较粗的中心柱上，分别面向教堂的内侧和外侧以及相邻的两根中心柱。在其上方的中殿围护墙上，每根墩柱从柱头上又分出了五根更细的柱子，细柱升至高侧窗二分之一高度的位置后开始分叉：其中三根变成三条拱肋，与对面的三条拱肋合成了一个交叉拱顶；另外两根则沿着墙面向上，变成了弧形伸展的拱肋，进而框限住两侧的玫瑰窗。

❺ 沿着中殿前行，我们走向祭坛和唱诗席，在十字交叉部暂作停留。站在这里，向左右两侧望去，我们看见了位于耳堂南北两端的大型玫瑰窗。耳堂总长 65 米、宽 12 米，高度是宽度的三倍。不同于中殿的墩柱，支承十字交叉部拱顶（教堂中最大的拱顶）的四根巨人墩柱没有采用下半部分相对粗大的形式，而是一束紧密捆绑在一起的纤细圆柱，从石砌地面直通上方的拱顶，中间没有

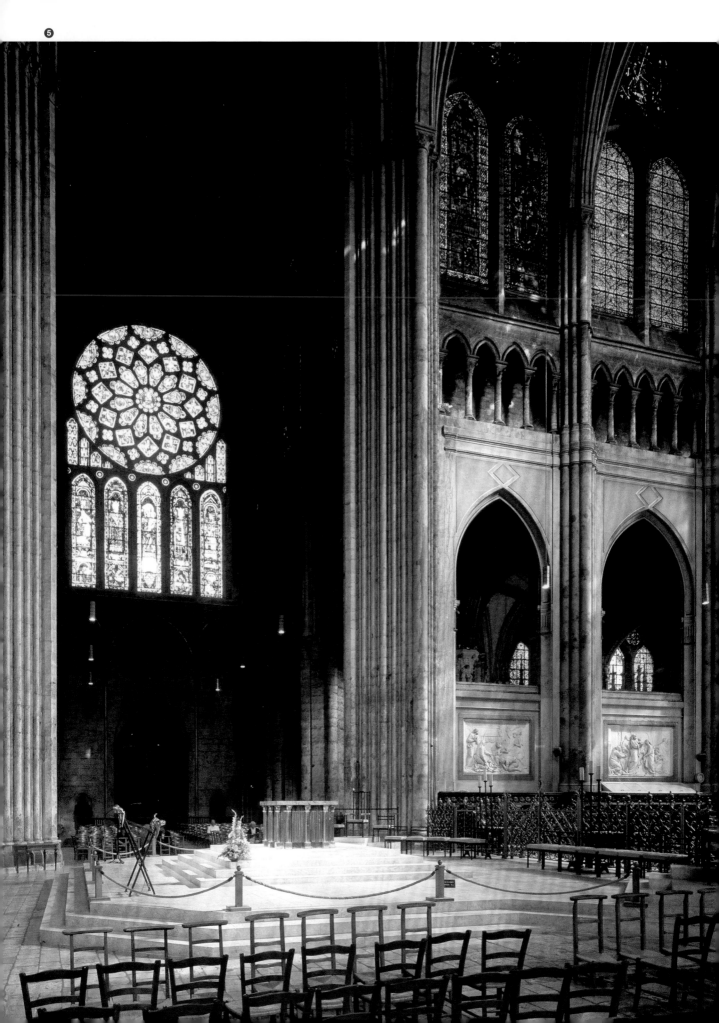

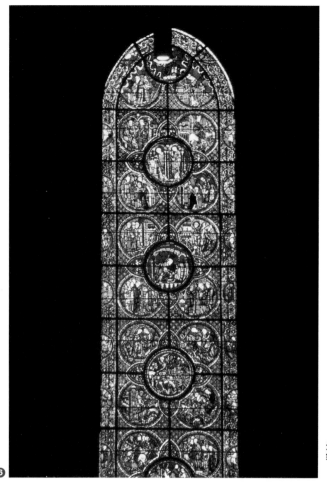

❻

任何停顿或转换。唱诗席的墩柱与十字交叉部的墩柱类似，也是看起来比中殿的墩柱更为柔弱的细圆柱，每一束都从地面直通天花板。这种对建筑物石造结构的条纹化和细瘦化处理，在唱诗席后方的半圆形回廊中得以延续。在回廊外围的每两根支柱之间，墙体呈弧形向外鼓出，墙面几乎完全被彩色玻璃窗占满，从而使教堂的后殿融化在了绚烂夺目的光线之中。

令人称奇的是，教堂内部并没有因为一束束石造结构的细长线条而发生分裂，反而从中得到了统一，继而交织为一个光线四溢的整体空间。建筑中，我们看到了中世纪工匠对光线的无尽渴望以及他们在石造结构中留下的精湛工艺，这二者之间形成了一种完美的对位关系。每一根细长的石造线条都见证了筑造者为平衡重力所做出的巨大努力，也为这一目标的实现提供了行之有效的形式。在教堂内部，我们无法看见其外部设置的一系列石砌拱券和扶壁——它们为室内的墩柱提供侧向支撑以抵消拱顶结构产生的侧推力。我们能够在室内看见的，是高高在上的石砌拱顶。它支撑在交叉式拱肋组成的细网之上，而拱肋的重量又转移到了下方的石质束柱上。这一切都让我们感受到了重力向地面的传递。

❻ 沙特尔大教堂犹如石造的网状物，其空隙中布满了巨大的彩色玻璃窗。每一扇彩窗都由几千块玻璃组成，玻璃镶嵌在金属丝交织而成的网格之中。阳光透过彩窗涌入室内，披上了多彩的外衣，其中以蓝色和红色的光线最为浓烈。彩色光线侵蚀、融化、消解着墙体上细密的石造线条，甚至在脚下坚实的石板地面上也留下了光的图案。在我们的体验中，这神圣的光照亮了我们栖居的空间，也讲述着耶稣的故事，最终把教堂转化成了一个完美地平衡于天堂与尘世之间的所在。

四喷泉圣卡罗教堂

San Carlo alle Quattro Fontane

意大利，罗马

1634—1640年

1665—1682年

弗朗切斯科·博罗米尼

（Francesco Borromini，1599—1667年）

❶

四喷泉圣卡罗教堂是为天主教跣足圣三一会（Discalced Trinitarians）的西班牙修士建造的礼拜场所，用以纪念圣卡罗·博罗梅奥（Carlo Borromeo，1538—1584年）。这座教堂无论在尺寸上还是造价上都相当节制，它集中体现了博罗米尼这位巴洛克建筑师的理想：用光塑造空间，把光当成建筑材料加以利用。小小的教堂里，光线与空间在我们的体验中融为一体，建筑师通过巧妙的设计将建筑与栖居者的身体大小和视点位置精准地交结在一起。

❶ 圣卡罗教堂紧邻十字路口，也正因为路口四个街角各有一座喷泉而得名"四喷泉圣卡罗教堂"。我们首先从一个极为偏斜的角度看到它的正立面：它凸出在外，伸入狭窄的街道空间内，挡住了旁边修道院平坦的墙面，迎着十字路口的方向（我们走过去的方向）略微向外倾斜。立面由两组巨大的圆柱组成，每组四根，分为上下两层排列，每层圆柱的柱顶都托着厚厚的柱顶楣（entablature，由檐口、横饰带和楣梁三部分组成。——译注）。❷ 整个立面呈波浪形起伏，中部向外鼓出，两侧向内凹进，然后在两端再次隆起，仿佛室内空间正隔着这层表面向前压迫而来。底层的柱顶楣是一条连续的曲线，经历了凹入、凸起、再凹入三次转折。二层的柱顶

楣则由三段以尖角相接的、内凹的波浪形曲线构成，中间断裂处嵌入了一块大型的椭圆形镶板。在每一层的下半部分，两组成对的小圆柱——高度和宽度均为大圆柱的一半——在大圆柱之间框限出了两个凹龛，分列于立面左右两侧。立面中间是入口大门，大门上方是正在祈祷的圣卡罗的雕像，站在两侧的天使张开翅膀，为他遮挡阳光。登上三级向外弯曲的弧形台阶，我们推门进入教堂。

3 教堂内部空间很小，但却极具造型的活力，如波浪般的墙面仿佛是在某个起伏的瞬间被定格了。教堂长17米、宽10米，穹顶中心的灯笼式天窗（lantern）**4**底部的洞口距地20米高。教堂的平面呈椭圆形，四周设有四间向外鼓出的侧部小礼拜堂。由于建筑的平面几何关系极为复杂，我们很难在体验中理清头绪，只感觉空间的表面不断波动，以一种和外立面类似的方式凹进、鼓出。室内共有16根圆柱，其中8根成对地伫立在进深较浅的小礼拜堂内，另外8根则成对地伫立在小礼拜堂与中央空间墙体交接处的转角上。圆柱的柱身有一半嵌在墙上的弧形凹龛里，柱间的墙面看上去好像在往前推进。圆柱共同托起了一圈环绕在教堂顶部的厚重的柱顶楣。在小礼拜堂上方，柱顶楣呈弧形向外鼓出，每两段

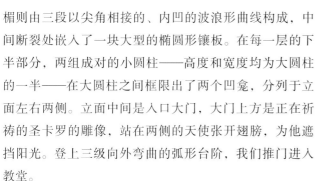

这样的弧形柱顶楣之间以一段短小笔直的部分相连。圆柱的柱头并没有清晰地表明空间的几何形状和等级，而是以柱顶楣的转折点为中心进行旋转，呈对称式排列。因此，柱头的方向既没有与限定中央空间的直线型柱顶楣对齐，也没有与限定侧部小礼拜堂空间的弧线型柱顶楣对齐。**5** 每间侧部小礼拜堂的上方都设有巨大的拱券，拱券内部含有一个饰有正方形凹格的半穹顶，拱券顶部托起了一圈椭圆形的檐口，檐口上是椭圆形的穹顶。穹顶内布满了由三种互相锁扣的几何形——八边形、十字形和拉长的六边形——组成的形式复杂的凹格，这些形状随着穹顶的升高而逐渐缩小，使穹顶看似比实际情况离我们更远。教堂中唯一的自然光源来自穹顶内部：穹顶底部设有几扇八角形的窗子，顶部则设有一扇椭圆形的灯笼式天窗，后者在我们的体验中增强了穹顶的中心地位。

教堂内部的所有建筑元素都由坚硬而光滑的石膏制成，光洁的白色表面把造型丰富的形式统一起来，使之与其所塑造的空间融为一体。栖居于这个空间中，我们不禁感叹，原来白色可以如此美丽而多变。阳光反射在形式复杂的白色表面上，衍生出无数的白色调子——从最明亮的正白色，到带着黄色光晕的暖白色，再到偏灰

⑤

的冷白暗影。教堂的高度是宽度的两倍，且所有的光线都来自上方，因此我们的目光被不断地引向带有凹格装饰的穹顶。三种形状的凹格复杂锁扣，没有制造出清晰的结构性线条。随着高度增加，凹格的密度也不断增加，从而强化了穹顶的存在感。尽管如此，我们却感到穹顶并没有支承在其下方的椭圆形檐口上，而是如它所象征的天堂一样飘浮在光线之中。

阳光照在穹顶底部四个承托椭圆形檐口的拱券上，让我们清楚地看到拱券正在戏剧性地扭动和旋转。拱券的底部面向中央空间，因此可以被完全照亮；随着高度的增加，它们慢慢地向内扭转，于是明部渐渐成为暗部；最后向下转动，直到在拱券的顶部微微转向背后的墙面，至此全部没入阴影之中。为了增强这种扭动效果，每个拱券的底面沿着拱券的整个长度在中间部位轻微翻转，从而产生了两个任由光与影嬉戏的不同表面。拱券的这种扭转所隐含的运动是流畅且连续的，正如渐变的光影图案所示，我们感受到了光的物质性。在这个白色的空间中，通过被光所照亮的弯曲扭转的表面，光得到了浓缩和具体化，变成了可触摸的存在。我们在观察外立面和初入教堂时感觉到的那种充满活力的流动感，现在真正地变成了可观、可感的存在。光不仅照亮了这些形式，

而且与它们融为一体，为它们带来生命。光为这个小小的空间赋予了一种强有力的、充满塑性的气场，引导我们用眼睛乃至整个身体去感受它的生命力。

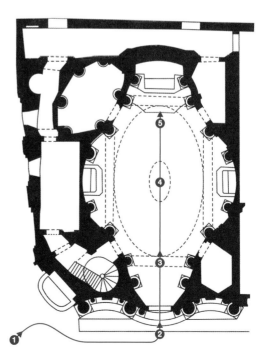

内勒斯海姆本笃会修道院教堂

Benedictine Abbey Church

德国，内勒斯海姆

1748—1792年

巴尔塔扎尔·诺伊曼

内勒斯海姆的本笃会修道院教堂属于巴洛克晚期建筑。这一时期，德国南部及波希米亚地区的许多教堂都试图采用自然光来塑造生动的内部空间，以求为栖居者带来更加深刻的体验。在这座教堂中，建筑师借助光线雕琢出了一个富有节奏感的空间，使栖居者在空间中的动线编排达到了一种具有伟大的情感力量的动态平衡，进而缔造了一个用来举行精神颂扬仪式的理想场所。

❶ 朝着位于山顶的教堂走去，我们首先看见建筑的正立面。它由暗灰色的石头砌成，显得庄重肃穆，其右后方是一座石砌的钟楼。立面分为上下两层，每层仁立着六根高高的浅壁柱，每对壁柱之间设有一扇大型圆拱窗。立面的中间部分托起了顶部的人字墙，包括人字墙在内的整个中间部分向外凸起，仿佛承受着来自内部空间的压力。下层的中心位置是圆拱形的内凹式门道，门道两侧设有两根高大的圆柱，底部设有入口大门，大门上方是半球形的阳台。阳台向外出挑，遮蔽着下方的入口大门。

走进教堂内部，我们立刻为眼前的反差而感到震惊：教堂外部灰暗且克制，而内部却极其明亮。❷ 面前展开的空间长 67 米，一直延伸到位于尽端的祭坛。主殿两侧密密排列着高大的墩柱和圆柱，它们都沐浴在从后方侧墙洒入空间的光线之中。墩柱和圆柱与窑外入口处的柱子一

样，仁立在 4 米高的基座上，通高 15 米。然而不同的是，室内的柱子表面都覆盖着光洁的白色石膏。沿着中殿向里走去，我们看到每一根墩柱都是独立的，与其后方的教堂围护墙完全脱离。围护墙上设有高大的透明玻璃窗，窗口的位置对应着每对墩柱之间的空当。光线从窗洞洒入空间，在窗洞的边框、窗子两边的墙面以及壁柱的背面和侧面得到反射。光照之下，每个白色的表面都变得更加明亮和耀眼。

❸ 墩柱和圆柱托起了五个线性排列的、造型极富动感的穹顶：其中两个是位于头顶上方的椭圆形小穹顶，一个是位于平面中心的椭圆形大穹顶（它的两侧各有一个扁圆形的小穹顶，小穹顶下方形成了进深较浅的耳堂），还有两个是位于中殿尽头唱诗席和祭坛上方的圆形小穹顶。但是，这远远不足以形容发生在头顶之上、天花板之下的种种复杂的交织、扭转和弯曲。站在两根左右相对的墩柱间向上仰望，我们看见从每根墩柱顶部升起的两根拱形梁并没有笔直地横跨空间并落在对面的墩柱上，而是在每一跨交替向外和向内弯曲，形成了两个戏剧性地扭动着的扭拱（torsion arch）。相邻的两个向外弯曲的扭拱形成并支承起天花板上的椭圆形穹顶。穹顶被设在帆拱上的大型圆拱窗照亮，圆拱窗正对着下方围护墙上的高窗。相邻的两

个向内弯曲的扭拱形成了带曲度的 V 形交叉拱（此处正是相邻的两个穹顶的交接处），交叉拱也被位于这一跨度中心的大型圆拱窗照亮。由此，虽然空间两侧墩柱的间距十分规则，以致每对墩柱之间形成了同样大小的跨度，但天花板上的扭拱却为空间赋予了一种由穹顶和交叉拱的交替排列所形成的切分音（syncopation）节奏：两根相互分开的梁形成一个穹顶，两根相互靠拢的梁形成一个交叉拱，如此不断交替。墩柱也被卷入了切分音的节奏之中：它的一面转向穹顶，另一面转向交叉拱。每一跨墩柱之间的墙面和柱面全都呈曲面外凸，像杯子一样相继围拢着穹顶和交叉拱下方的空间。这些距地 23 米高的穹顶与交叉拱拥有极为复杂的曲线形式，从而完全掩饰了它们坚硬的石膏质地，像是以一层薄膜或织物做成的船帆，乘风而起，悬在空中。

　　然而，涌入教堂的白色光线才是这个跳动的切分音节奏的催化剂。随着扭拱持续变换的曲线造型，光线强度和阴影深度也在不断变化，进而突显出了扭拱的戏剧性弯曲。教堂的整个外缘——从石砌地板到带有湿壁画的穹顶和交叉拱——仿佛都被光销蚀了；光化身为雕刻师，塑造出了墩柱、墙面与拱券弯曲和扭动的形态。❹ 当我们来到教堂中央的十字交叉部，这一点便得到了进一步的证

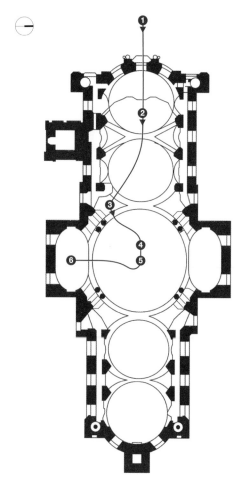

❹

❺

实。在这里，一个 19.5 米长、30 米高的巨大的椭圆形穹
顶在上方展开，其左右两侧是两个位于耳堂上方的扁圆形
穹顶。光以它锐利的雕刻刀，把支撑结构及其柱顶楣从围
护墙上完整地切割出来。四对 15 米高的双柱独立于斜向
的四角而设，柱顶的楣构同样没有任何倚靠。四个弯曲的
扭拱架设在楣构之上，支承起巨大的穹顶。❺ 中心穹顶
看似轻到没有重量，像是被风鼓起的船帆，仅凭四个角固
定在四对双柱上。穹顶下方的中央空间溢满了光，因为两
侧浅浅的、扁圆形耳堂穹顶 ❻ 上一共设有十扇大窗。位
于耳堂穹顶下方的柱顶楣和檐口都在两端向后弯曲，形成
了尖利的锐角。在耳堂穹顶和中心穹顶的分界处，檐口的
转角部仿佛开裂一般。在这个切分音式的、相互渗透的空
间中穿行，我们时刻感受着光的在场，因为围护墙上下两
层开设了大量的窗口，从而使得光线源源不断地流入室
内。在我们的体验中，殿堂中充满动感和塑性的空间形式
格外引人注目，似乎是由光线一手雕琢而成的。

❻

三十字教堂

（伏克塞涅斯卡教堂）

Church of the Three Crosses

芬兰，伊马特拉，伏克塞涅斯卡

1956—1959年

阿尔瓦·阿尔托

❷

三十字教堂建于芬兰东南部城镇伊马特拉（Imatra）附近的伏克塞涅斯卡，是这个小社区的宗教和社交中心。教堂的外观形式极具造型感，说明它的内部空间为了凝聚光线和集中声音经过了高度的塑造，最终形成了一个与众不同的宗教仪式场所：它既为我们提供了精神世界的庇护，也引领我们走入周围广袤的森林之中。

向教堂走去，我们首先看到低矮的单坡顶主教宿舍，其后方及东北侧是一座呈三瓣状的主教堂，整个建筑群三面都被森林所围绕。❶ 宿舍和教堂之间形成了一座以墙围合的小院，院内耸立着教堂的钟楼。从外观上看，教堂的混凝土壳体外面包裹着一层白色灰泥抹面的砖墙，顶部覆盖着铜皮屋顶。教堂主建筑由三个波浪形起伏的体块构成，最高最窄的体块位于北侧（我们的左侧），最低最宽的体块位于南侧。三个体块都始于西侧的直墙，逐一向东展开。紧靠西侧的直墙设有三间形状各异的门厅，厅内是通向三个空间的入口。

从天棚下穿过，步入低矮的门厅，我们从西侧走进教堂。首先映入眼帘的是对面波浪般起伏的白粉墙——这座教堂中最具造型表现力的元素。教堂的内部空间根据三段波浪形墙面而被分为三部分，❷ 依次向右前方铺开，形式极富动感。从这个绝佳的位置望去，这三个

部分仿佛形成了一组音乐中的渐强音：位于北侧的、具有垂直感的主教堂是乐句的高潮，两间从北向南逐级降低的次厅就像是前者在水平方向激起的回声。三段波浪形的围护墙都伸进了天花板的三个拱顶里，二者通过圆滑的曲面融合在一起。东侧的墙体和天花板之间形成了流畅的过渡，作为互补，西侧的直墙与平整的红缸砖地面之间以直角相接。支承空间的主体结构是一个混凝土的壳体，它所有的内表面——墙面、柱子、横梁和天花板——都采用明亮的白色石膏饰面。三瓣式的空间形状具有声学上的优化作用：当纵向排列的三个空间同时打开时，来自祭坛、管风琴和唱诗席的声音可以一直传到听众席的最后一排。教堂内波浪起伏的空间可以被形容为一条"声学曲线"，[1] 它源自对地景的仿效，是为了与周围地貌和自然场景产生共鸣而对室内空间形状所进行的塑造。

主承重梁位于弧形体块的交接处，横贯于空间之中。支承主梁的是两对边缘做成圆角的扁柱，这些扁柱是空间中唯一可见的纵向结构构件。在两根主梁内及其下方的地板上设有推拉式大隔音墙的滑轨。举行小型礼拜活动时，隔音墙可以把空间分隔为三个独立的部分。在主梁和柱子的交接点（位于空间横向跨度的三分之二处），

主梁一分为四，呈扇形展开，搭到嵌有承重柱的东墙上。❸ 在呈扇形展开的横梁与东墙相接的位置设有供暖和通风的洞口，洞口位于扇形骨架的空当之中。洞口处由扁木条组成的细密格栅同样呈扇形排列，可以视为对建筑呼吸系统的一种贴切形象的表达。事实上，"有机"可能是用来形容这座教堂总体空间形式最恰当的词汇。我们不禁想起了美国作家赫尔曼·梅尔维尔（Herman Melville，1819—1891年）的小说《白鲸》（Moby Dick），书中有一段教堂礼拜仪式的描写，这场礼拜仪式就发生在一具被太阳晒得发白的鲸鱼骨架之中。

教堂中的自然光呈现出了令人惊异的多样性，对我们的体验产生了戏剧性的影响，格外引人注目。空间中处处充满了自然光，既有反射光，也有直射光，它们投射出边缘或锐利或柔和的阴影。来自四面八方的光线让栖居于空间中的我们切身体会到了"沐浴"在阳光之中的温暖和明亮。❹ 在天花板的最高点设有洞口很深的天窗，天窗一分为三，把强烈的南向阳光引向祭坛，阳光照亮了位于布道台后方的向外张开的吸音墙。圣坛区的架高地面由细条状的浅灰色大理石组成，石台上的祭坛和布道台仿佛是被上方的光源所吸引而离开了地面。祭坛右侧是一组高高的、垂直的、鱼鳍般向外斜向张开的

片状墙，墙外设有朝东的狭长高窗，用以为圣坛区导入自然光。❺ 平直的西墙上也设有一排长长的高窗，阳光从窗口射入，照亮了管风琴富于雕塑感的外形。这架管风琴位于东墙进深较浅的阁楼上。

　　室内空间中含有众多极具戏剧性的元素：东墙上的高侧窗；外墙玻璃之间形成的一系列三角形空间（玻璃垂直排列在空间围护墙的外表面）；❻ 内层的玻璃窗——它们向内倾斜，形成了内壁与弧形天花板之间的过渡。此外，还有夹在室内与室外之间的、带有两层"皮肤"的空间，它同时呈现出反射光、直射光和外面的森林景色，营造出了如梦似幻的视觉效果。上午举行礼拜仪式的时候，晨光从教堂东缘照射进来。这条边缘通过室内平面和剖面上一系列交叉和复叠的弧线与波浪形而增加了层次感，为我们带来了丰富细腻的双重感受：教堂既是大自然的一部分——高窗之外就是森林，又是一个遗世独立的场所——它摆脱了尘世的喧嚣，在光线中得到了升华。在这里，北方贫乏的阳光得到了充分利用，它极大地丰富了我们在教堂中获得的体验。

　　栖居于教堂之中，我们的各种感官体验从来都不是孤立的，而是整合的。在此仅以教堂东侧带有双层"皮肤"的窗子为例，它制造的多重效果包括：日照效果——内部空间看似比室外还要明亮；声学效果——内倾式的玻璃板把声音更加均匀地反射回下方的空间里；环境效果——双层玻璃以及其间带暖气的小空间驱散了冬季的寒冷；心理效果——它为栖居者建造了一个角度柔和的曲面保护性内壳，以及现象学上的效果——它为我们展现了森林的景色，而那里正是我们在这世界上赖以生存的空间。

金贝尔美术馆

Kimbell Art Museum

美国，得克萨斯州，沃思堡

1966—1972年

路易斯·康

金贝尔美术馆被许多人视为20世纪最伟大的美术馆建筑，很大程度上是因为其内部空间中非凡的自然光品质。建筑内部栖居空间的成型主要来自两方面因素：一是屋顶富有冲击力的造型，二是光线透过天花板进入下方空间的独特方式。在这座美术馆的设计中，建筑师巧妙地结合了"把空间造出来"的东西（建筑结构）与"让空间活起来"的东西（自然光），以最高的水准处理了二者之间的关系。

❶ 走向美术馆的南面，我们首先看到的是建筑侧面的实墙，它由一系列连续跨越于柱子之间的曲面屋顶末端的拱券组成。在混凝土拱顶和下方的石灰华填充墙之间设有圆弧形的玻璃槽，透过玻璃槽，人们能够隐约看见来自室内天窗的明亮光线。登上几级台阶，我们踏入门廊。门廊由一个完整的内凹混凝土拱顶组成，拱顶的四面是敞开式的，以体现出美术馆的建筑结构和空间单元。拱顶优雅地跨越在门廊两端的两对方柱上，拱顶的曲面对其下方的各种声响加以反射并起到扩音效果。❷ 门廊面向公园的一侧紧邻一座水池，池中水面平滑如镜，流水如瀑布般落入较低的池子里，淙淙水声与访者的足音融汇在一起。在门廊的尽端，我们再次回到室外，走进一片茂密的代茶冬青（yaupon holly）树林。走入前院，踏在松散的碎石上，

❶

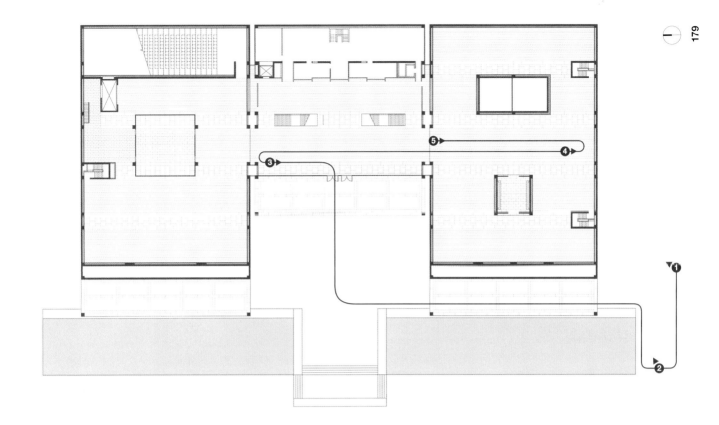

光线

金贝尔美术馆

❸

只听得脚下窸窣作响的碾压声和周围墙面反射出来的回声。迈上一组宽大的石灰华台阶，我们来到入口门廊的拱顶之下，看到它的断面同样是一条完整的摆线（cycloid）。此刻，我们面前是一面通高的玻璃墙，左右两侧是画廊的石灰华端墙。进入画廊之前，我们看到顽皮的阳光穿过两个拱顶尽端之间的空间，落在墙面和入口门廊的地面上，点明并刻画出这座美术馆中每个带有拱顶的房间所具有的独立的自承结构。

❸ 穿过玻璃门，我们来到画廊内部——这一定是人类建造的最美的空间之一。所有参观者无一例外地都会先抬头望向上方的天花板。虽然天花板的曲线外形与室外门廊别无二致，但在其他属性上却大不相同：门廊拱顶是连续的弧线，而室内拱顶却被一条纵向贯通的天窗沿着中心线一分为二，❹ 天窗下方悬挂着铝合金反光板；门廊拱顶在明亮天空的背景下呈现出暗淡的色调，而室内拱顶却散发着一层轻柔缥缈的银色光晕，不禁令人称奇。这层银色光晕来自铝合金反光板的反射：阳光打在上面，继而被弹回，照亮了室内拱顶的弧形混凝土表面，成为美术馆内部空间的光线来源。拱顶断面采用的曲线被称为"摆线"。不同于半圆形，这是一条曲率持续变化的曲线。随着混凝土表面的弧形转折，来自中央反光槽的光线呈现出独特

的分布方式：拱顶外缘的表面与光线方向垂直，因此具有更强的反射性，而拱顶中央的表面几乎与光线方向平行，因此具有较弱的反射性。这一巧妙的设计使得阳光得以均匀分布，使拱顶较低的外缘和较高的中心部分达到了同等的亮度。金贝尔美术馆正是因此而为人们所称道。

铝合金反光板的半透明表面闪着微光，形成了一条与拱顶的凹曲线相反的凸曲线，把我们的目光引向拱顶的尽头。尽头处，承重拱顶的混凝土底面与非承重石灰华墙面之间被划开了一条宽度渐变的弧形光槽，光槽中的光是美术馆中最明亮的光线。现在，我们可以清楚地看出摆线形断面的拱顶的支承方式：它既没有支承在两端的墙体上，也没有支承在两条长边上，而是从位于其一端的一对柱子横跨到另一端的柱子上，形成了断面似贝壳状弯曲的大梁。在空间上而言，我们把这个形状体验为30米长、6米高的拱顶，它以从弧形最高点进入的阳光所形成的直线为中轴对称，从上方把我们包围起来。在结构上而言，这个形状其实是跨度为30米的、断面如海鸥翅膀状的大梁，它以位于弧形最低点之下的、3米宽的设备管道为中轴对称，两边分别出挑3米。通过这种方法，建筑师为美术馆创造出了令人耳目一新的空间与结构的双重特征，一方面在地面上形成了一个个开放式的流动空间，另一方面又通

过头顶上的摆线拱顶形成了一个个边界清晰、形式精确的房间。

美术馆的建筑材料及其色彩涉及了广泛的感官体验，并且具有互补的特性，令人眼前一亮。这一切都通过混凝土拱顶反射下来的自然光的不断变幻而被赋予了鲜活的生命。我们脚下的铺地便由多种材料构成：位于摆线拱顶下方的部分是温暖的木纹细密的金色橡木地板，而位于柱子之间的设备管道下方的部分则采用了带细孔的米白色石灰华板材。设备管道底部的天花板、断面呈螺旋形弯曲的楼梯扶手、门框和门把手、半球形的饮水台均以不锈钢制成，其表面经过研磨处理（在喷砂器中加入花生壳）而形成了一种浅灰色的亚光肌理，摸上去手感光滑且带有些许凉意。顶部的银色反光板同样富于质感，它以穿孔铝合金板制成，将我们的目光不时引向这些几乎难以形容的、曲面光滑的、仿佛飘浮在空中的巨大的银灰色混凝土拱顶。

穿行于美术馆中，我们的体验主要受到两方面因素的影响：一是摆线拱顶为空间所赋予的节奏感，二是我们在木地板与石灰华地板之间来回走动时所感受到的光线亮度的渐变。虽然光线充裕，美术馆却呈现出了十分内向的性格：画廊四周均以石砌的实墙为界，墙上唯一的开口是拱顶底边和墙体之间的水平向光槽，细细的光带不露声色地

交代出建筑的外缘。 **5** 然而，在美术馆内部的任何地方，我们都能感受到一天当中时间的流逝和一年当中季节的更迭，因为拱顶上的银色光线无时不随着阳光最微妙的变化做出反应。在万里无云的晴天，拱顶被染上一层偏暖的灰色光晕；当一朵云经过，它立刻就转化为偏冷的银白色，尽管亮度有所降低。在金贝尔美术馆，正如路易斯·康所言："结构是光的给予者。"[1]

空间　时间　物质　重力　光线

居所　房间　仪式　记忆　地景　场所

寂静

没有什么比寂静的丧失更能改变人的本性。[1]

——马克斯·皮卡德（Max Picard，1888—1965 年）

世界目前的状态和整个人类的生活都已染病。假如我是一名医生，并且有人来求诊，我给的建议会是：创造寂静！请大家安静下来吧。在如今这个喧闹的世界里，人们已经无法听到上帝之道了。诚然它可以声嘶力竭地大声吆喝，盖过所有其他的噪音，但那样的话，它也已经不再是上帝之道了。所以，请创造些寂静吧。[2]

——索伦·克尔凯郭尔（Søren Kierkegaard，1813—1855 年）

诗来自寂静，也向往着寂静。[3]

——马克斯·皮卡德

属于静谧的不是黑暗，而是光明。这从来没有像在夏日的正午时分所显示的那么清晰——那是静谧被完全转化为光明的时分。[4]

——马克斯·皮卡德

建筑的寂静之声

一切伟大的艺术都会唤起对寂静的体验。艺术的寂静不是指声响的完全缺失，而是一种对本体论式的独立状态的坚持，是一种具有观察力、倾听力和自动意识的寂静，一种能够唤醒心理和感官意识的寂静。同样，伟大的建筑也可以创造寂静，将我们融入宇宙包罗万象的静谧祥和之中。正如研究寂静的哲学家马克斯·皮卡德所述："希腊神庙的柱廊就像是设在寂静周围的边界线。倚靠在寂静之上，它们变得前所未有地笔直和洁白。"[5]

对一个有意义的场所的体验，不应只是在它的空间里四处走动，观察它的形式和材料，触摸它的表面，还应该从听觉上感受它，聆听空间中独具特色的寂静。这种体验方式也并不仅限于建筑：在幽暗山洞的寂静中，我们能够通过水珠从潮湿的岩石上滴落时所产生的回声来感知山洞的大小和形状；在夜晚古镇的寂静中，倾听着从静默的石墙上传来的脚步的回声，我们便能够更加充分地体会到在石板街上散步的乐趣。

建筑是储藏时间与寂静的宝库和博物馆，是其建造时代的证据和延续：在埃及神庙面前，我们会去试图理解法老时代的寂静。每一座建筑物都具有其可识别的寂静感，而越是伟大的建筑物，它的寂静就愈发深沉，也更富有意义。"大教堂就像是镶嵌在石头中的寂静。"[6] 建筑化的寂静能够唤起联想，激发想象。进入一座哥特式大教堂的空间之中，我们可以把它那古老悠远、包容一切的寂静体验为一种触觉感受，这种感受能够唤起关于过去的宗教仪式和生活形式的意象，我们甚至可以想象出格里高利圣咏在肋骨拱顶上反射出的回声。这是一种带有记忆的寂静，它并不仅限于前现代（pre-modern）的建筑结构：当我们进入亨利·拉布鲁斯特（Henri Labrouste，1801—1875年）的法国国家图书馆、密斯的芝加哥伊利诺伊理工学院克朗楼（Crown Hall）、路易斯·康的金贝尔美术馆或卒姆托的瓦尔斯温泉浴场，会被这些空间中所蕴藏的高贵的平静与安宁深深地打动。我们的耳朵会与眼睛和身体协调起来，一同欣赏其中的美感。

深刻的艺术和建筑体验能够剔除外部的喧闹，将我们的意识向内反转，指向我们自身。一件震撼的艺术作品或一个强大的建筑空间可以使人们的喧闹声和脚步声的音量降至为零。当我进入一个伟大的建筑空间时，只听得见自己的心跳。之所以能够获得这种体验中的寂静，是因为它把我们的注意力转向了我们自身的存在：你会发现自己正在聆听自己内心的声音。

图 1
宇宙的原初性寂静——从几万亿公里的距离之外看我们的太阳系。太阳在本图中位于中心，在模糊的群星背景之中愈显明亮。

法国文学家维克多·雨果（Victor Hugo，1802—1885 年）在《巴黎圣母院》第八版中增加了一个令人费解的著名章节："这个将会杀死那个"。文中，作者宣判了建筑的死刑："人类的思想发现了一种使它自己长存的方法，这种方法采用了比建筑更为持久和耐用的形式，也更加简单和便捷。建筑已被废黜。俄耳甫斯（Orpheus）的石刻字母已被谷登堡（Gutenberg，1398—1468 年）的印刷铅字替代。"[7]雨果在小说中进一步探讨了这一观点，借圣母院副主教之口表达出来："但在这个思想的背后……预示着人类思想在改变它的形式的过程中，也将改变它的表达方式；预示着每一代人最杰出的想法不会再以同样的方式被写在同样的材料上；预示着如此坚固而耐久的石头书将会让位于纸质书，而后者会更加坚固和耐久……预示着印刷术将会杀死建筑。"[8]虽然

雨果的预言被无数次地引用，它对建筑历史进程的意义却常常被人们曲解了。他所说的——建筑将会失去它作为最重要的文化传播媒介的地位，让位给新的传播媒介——无疑已成现实。但是新的传播媒介并非像雨果预言的那样，以其更强大的力量与更持久的耐用性将建筑赶下了台，而是出于一个恰恰相反的原因：它们是快速的、瞬时的、不必要且聒噪的。

建筑，就其本质而言，是一种为人类行为和生活事件创造场景的背景现象。然而，在当下所有的传播和艺术表达领域中，我们的消费主义文化都偏爱快速、强劲、喧闹和过度煽情的体验。为了刺激消费者的购买欲，商业利益驱动下所追求的图像效果已然演变为一种图像冲击，在争夺消费者的战役中大行其道。由此带来的后果便是，在今天的"奇观社会"中，建筑逐渐成了感官主义的产

物。为了与其他传播媒介竞争，它沦为了一个吸引眼球的视觉意象乃至一种大众娱乐形式，引发了人们追求独特性和新奇性的执念。然而，这是对建筑角色的误解，它的根本职能应该是为人们的感知、理解和生活事件提供发生的场景。建筑的力量存在于它在我们日常生活中静默却持久的在场（presence）中。这种持续的在场，为我们整个存在性的体验创造出了鲜为人们察觉的"预理解"（pre-understanding）的框架。

马克斯·皮卡德指出："寂静不再作为一个'世界'而存在，而仅仅作为世界的残骸存在于若干碎片之中。由于人总是对残骸感到恐惧，所以他对寂静的残骸也感到恐惧。"[9]在我们这个注重速度感、新奇性和即时影响力的文明中，建筑本该寂静的内涵早已被抛之脑后。在"娱乐性"噪音的狂轰滥炸之下，消费世界的公民

图 4
建筑中宽厚仁慈的宁静。天主教西多会的多宏内修道院，法国，普罗旺斯，瓦尔省，1160—1190 年。图为从中殿向东望去的景象。这座修道院曾为勒·柯布西耶带来了莫大的启发。

图 5
"寂静的温和细语"——巴拉干。路易斯·巴拉干，红墙（El muro rojo），墨西哥，联邦区，拉斯阿普勒达斯（Las Arboledas），1958 年。

图 6
空间中包容一切并令人平静的安宁。彼得·卒姆托，瓦尔斯温泉浴场，瑞士，瓦尔斯，设计于 1986—1996 年，建造于 1992—1996 年。

如今已经对自然的寂静感到恐惧。

深刻的建筑不会通过命令或强迫来引发明确的行为、反应和情感，它必是温和委婉且宽厚大度的。存在主义哲学家萨特指出，这种宽厚大度是文学艺术中的必要元素："作家不应试图去'征服'，不然他就违背了自己的本意。如果他想要'提出要求'，他必须仅就需要完成的任务做出提议。如此，艺术作品才具有纯粹表现的性格，这种性格对它来说是必不可少的。读者应该能够做出某种审美上的抽离……让·热内（Jean Genet，1910—1986 年）恰当地称之为作者对读者的礼貌。"[10] 建筑肯定也同样需要这种"审美上的抽离""礼貌"与寂静。建筑体验永远是相互关联且辩证的。最终，深刻的建筑把我们的注意力从它本身移开，转向这个世界和我们自己的生活。

尽管当代文化的总体趋势是与体验性的深度和意义渐行渐远，但任何时候总还是会有逆流而上的"反趋势"出现。艺术批评家唐纳德·库斯比特（Donald Kuspit，1935 年—）在论述 20 世纪 80 年代艺术中的主流价值观时，表达了和皮卡德相似的担忧。不过他仍然抱有希望，因为他看到了一种积极的转变正在发生：

"一种新的内在需求，一种新的魄力，或许正在诞生的过程之中：这种艺术对直接的交流传播不感兴趣，对任何想要带来立竿见影的意义的企图都不感兴趣。如果说歌剧的时代正在衰落，那么室内乐的时代可能正在兴起。歌剧加以外化（externalize）的部分，室内乐对其加以内化（internalize）。前者对群体产生吸引力，而后者对个人产生吸引力，它只提供一种体验——一种成为真实自我的感受。"[11]

在我们这个充满速度与喧嚣的文化中，建筑的伦理职责就是保存对寂静世界的记忆，并且保护这种根本性的宝贵状态的既存碎片。建筑需要创造、维持和捍卫寂静。伟大的建筑物代表了被转化成物质的寂静，因为建筑艺术就是将寂静凝固在石块中的艺术。随着建筑工地上的机械轰鸣声逐渐退去，工人的劳动号子也停歇下来，一座伟大的建筑就变成了一座为寂静树立的永恒丰碑，静候着未知时代的来临。

吉萨金字塔群

The Pyramids at Giza

埃及，吉萨

公元前2550—前2460年

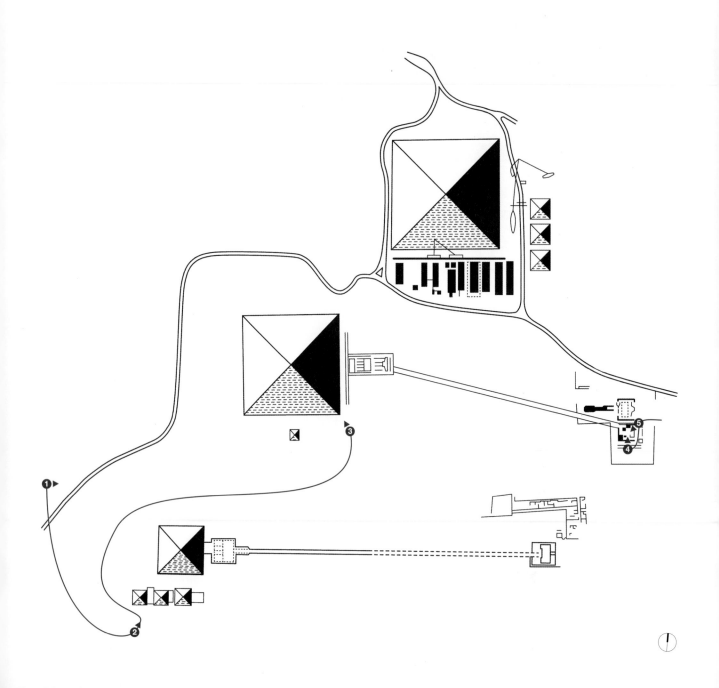

❶

吉萨金字塔群原本只是为埃及第四王朝诸法老建造的墓葬地，传至今日，已被视为人类历史上登峰造极的建筑成就之一。尽管我们与它的建造者时隔近五千年，但却依然能够在这些金字塔中感受到光的凝练与时间的浓缩，因为它们完美的形式远远超越了历史的局限。庞大的石体历经数千年风雨的洗礼，蕴含了深刻的静谧。它能够在瞬间感染我们，唤醒我们心底最深沉的情感，提醒我们自身与世界之间的根本关系。

❶ 初见金字塔，它几乎如幻影一般远在天边，矗立在闪着微光的沙漠尽头。它的边角极其锐利，在地面上投射出完美的阴影，让人顿时明白这并非大自然的造化。金字塔的塔尖直指天空，塔身在阳光下熠熠生辉，像是悬浮在地平线之上而并不属于脚下的大地。众所周知，金字塔是人类有史以来建成的体量最大的建筑物。当我们远远地看见这些巨大的"人造山峰"，便会产生一种错觉：这些完美、单纯的形式仿佛来自天上，而非凡物；在光线中，它们似乎被赋予了生命。这一切都让我们对它的理解与建造者的意图更加贴近。

❷ 当我们慢慢靠近这些金字塔，它们庞大的尺度、人类在其建造中倾注的巨大心血以及穿越时光来到我们面前的深刻的静谧，这三者共同形成了一股强大的物理撞击力，

以压顶之势向我们袭来。三座金字塔斜向排成一列，因为塔身上没有任何关于人体尺度的标记，所以我们难以把握它们的尺寸，无法立刻察觉出它们在体量上的差异。每座金字塔的四个面都精确地正对着四个基本方向，因此，无论太阳的位置如何，它们的阴影总是呈现出相同的形状。金字塔的四个三角形侧面从完美的正方形底座上升起，会合于中心的顶点，与地平线之间形成陡峭的52度夹角，斜度大约是典型楼梯坡度的两倍。

在这三座位于吉萨的金字塔中，最古老的齐奥普斯金字塔（Pyramid of Cheops，现称"胡夫金字塔"）是人类手工建成的最大的石砌建筑。金字塔群中，它的位置最靠东，因此也离尼罗河最近。它的底面是边长为230米的正方形，占地面积超过13英亩。金字塔原高146.6米，不过现今它的高度略有减少，因为它原本带有一层高度磨光的、能反射阳光的图拉（Tura）石灰岩外壳，现已全部剥落。我们今天看到的外表面由阶梯状排列的巨大石灰石组成，每块石头重达200吨，其内部实体也以相同规格的石块建成。最靠西的麦凯林努斯金字塔（Pyramid of Mycerinus，现称"孟卡拉金字塔"）底面边长为104米，高度为66米，占地面积不到3英亩，是金字塔群中规模最小的一座。然而要想觉察到这一点却并非易事，因为在难以用肉眼丈量的

❷

浩瀚沙漠中，人对距离和尺寸的感觉变得极为迟钝。位于中间的齐夫林金字塔（Pyramid of Chephren，现称"卡夫拉金字塔"）原来的底面边长为 215 米，占地面积为 11.5 英亩，高达 143.5 米。**❸** 在它的尖顶上还完好地保留着很大一部分光滑的图拉石灰岩外壳。虽然这块残留的外壳片段如今已经失去了光泽，却足以让我们感受到原来的巨大石头表面所拥有的不可思议的特性——光滑流畅且没有可见的接缝，其庞大的尺度在古代一定也远远超越了人类测量的能力。想象着这些光洁的三角形石面在阳光下光芒四射的景象，我们便进一步感受到了金字塔的无穷力量。

在尼罗河和金字塔群之间，古埃及人为每座金字塔各自建造了两座神庙。其中一座是靠近金字塔底部的祭祀神庙，它位于金字塔中心墓室通道的入口处；另一座是建于尼罗河岸边的河谷神庙。我们进入卡夫拉金字塔的河谷神庙，首先穿过长方形门厅厚厚的单体围护墙，随后右转进入另一间大厅，由此再经过另一个门道来到"多柱厅"（Hypostyle Hall）。多柱厅采用雪花石（alabaster）铺地，顶部原本覆盖着花岗岩巨石板。时至今日，它仍然具有打动人心的情感力度。**❹** 沿着 T 形空间的中轴线往里走，我们愈发觉得这个空间像是从实心岩石中开凿而成的。两侧是独立的巨型正方形墩柱，墩柱排成整齐的队列，向左右两

❸

寂静

侧延伸。正前方是两排间距宽大的墩柱，其顶部带有和柱身同样巨大的过梁。所有的墩柱、过梁、墙身和屋顶全部采用花岗石（最坚固的石头之一）建成，石面朴实无华，不带任何雕饰。其中，正方形墩柱足有一米之厚。巨大的石块上没有任何经过刻画的节点、细部或装饰，它们的表面光滑平整，矩形形式精确，造型简洁纯粹。❺ 阳光在空间中恣意地流淌，在地面和墙壁上编排出富有节奏感的光影图案。虽然原有的屋顶业已缺失，我们仍然被边沿锐利的巨石包围着，仿佛被困在岩石内部的洞穴内，深埋于大地的骨骼中，与声音割断了一切联系，停滞在一片永恒的静谧之中。

金字塔为我们带来了无比震撼的体验。无须建造者多言，我们就可以感受到他们的意图：将地面上坚硬的磐石与宇宙中金色的阳光这两种看似对立的物质融为一体，建立起来世今生的因果联系。尽管建造者已然作古，金字塔却岿然不动，成为不朽的存在和流传千古的人类杰作。在我们的体验中，它们的完美形式在光与影中变幻不息，为建筑注入了源源不断的生命力。金字塔是为纪念非物质遗产而建造的物质性丰碑，它象征着每天在日夜交替过程之中进行的无休止的生命轮回。金字塔单纯而完美的几何关系将太阳的光芒加以捕捉、浓缩和反射：它们屹立在大地

之上，闪耀着天堂之光；它们是"光的运载器"，[1] 将天与地融合在一起，将无尽的静谧与永恒的光明合二为一。

帕埃斯图姆神庙群

Temples at Paestum

意大利，帕埃斯图姆

公元前550—前450年

　　帕埃斯图姆神庙群由三座建筑组成，它们保存完好，至今仍然屹立在意大利萨莱诺海湾的南端。这里最初被称为"波塞冬尼亚"（Poseidonia），是由希腊移民建立的独立城镇，后来被罗马人更名为"帕埃斯图姆"。三座神庙共同界定出了帕埃斯图姆城市生活空间的范围，定义了它的功能，并将该城与周围的地景——东方的山峦和西方的大海——联系起来。通过在体块、比例和艺术表达上各具特色的处理方式，三座神庙体现出了它们各自用来举行不同仪式的功能，也展示出了各自所在基地的地形特征。

　　这座古镇采用棋盘状的网格布局，一条石砌的宽阔主街贯通南北，城市中心是一座巨大的"阿哥拉"（agora，露天市集）。雅典娜（Athena）神庙位于主街北端——该地区的制高点。我们远远从海上就可以望见雅典娜神庙，因为它矗立在高高的山顶上，在我们对小镇的第一印象中占据了主导地位。❶ 这座神庙长 33 米、宽 14.5 米，正立面上有 6 根圆柱，侧立面上有 13 根圆柱，是帕埃斯图姆三座神庙中最小的一座。然而，它也是垂直感最强的一座，与地景之上的天空融为一体。站在神庙前，我们看见每根巨大的石砌圆柱都自下而上微妙地向内均匀收缩，上方顶着扁平的倒锥形柱头。6 根圆柱微

向中间倾斜，协力托起了柱头上方高度惊人的柱顶楣和人字墙。人字墙的三角形底边没有设置额枋，位于顶部的檐口向外出挑，檐口底面上饰有一排正方形凹格。这座神庙的石造形式具有一种不同凡响的动势，摆出了一副随时准备从山顶一跃而起的姿态，"仿佛正要飞起来"。[1]

　　❷ 主街南端是两座献给天后赫拉（Hera）的神庙，二者之间形成了一种精确的平行关系。不同于雅典娜神庙，这两座神庙位于小镇地势的最低点，它们巨大的框架深深扎根于地景之中。雅典娜神庙强调建筑比例的垂直感，它位于地景之上，不仅与天空相交结，也与远处的场地产生关联；而这两座强调水平向比例的赫拉神庙则顺从于地平线和局部的地形，它们将周围的自然风光汇集起来，同时也将自身的体块与下方大地的庞大身躯合为一体。与雅典娜神庙相比，虽然这两座神庙相似度较高（建造时间相隔仅 100 年，地点相距仅 36 米），但它们之间的差别以及由此引发的二者之间的对话才是造成帕埃斯图姆寂静之声的主要原因，也是我们获得深刻体验的来源所在。

　　❸ 较早建成的"第一赫拉神庙"——亦称"巴西利卡"（Basilica）——是一座宽矮的建筑，长 54.5 米、宽

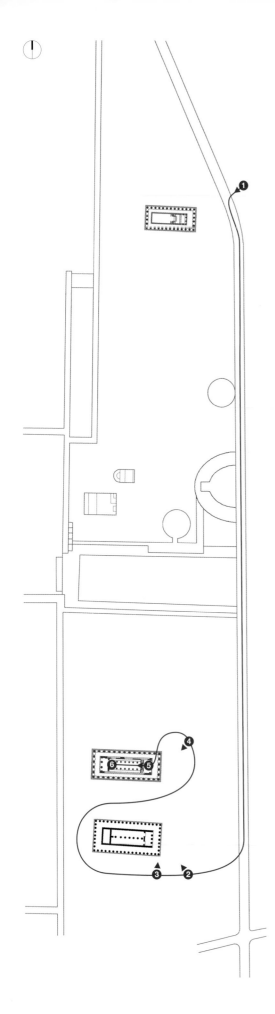

24.5 米，东西两端的立面上各有 9 根圆柱，南北两侧各有 18 根圆柱。首先吸引我们的是主导整座建筑的水平感以及它敞开怀抱、将周围的地景聚拢和包围起来的姿态，随后我们的注意力便转向了它的圆柱。圆柱由直径约为 1.5 米的鼓状柱段（drum）组成，排列得十分紧密，柱间的空隙自下而上逐渐加大，顶部的柱间距略微大于柱身的宽度。柱身的体块与柱间的空隙之间形成了一股强烈的张力，仿佛柱廊是从实心的石墙中开凿出来的。柱子本身是完全独立的，它们虽然列位于柱廊之中，在形式上却并未与柱廊形成一个整体。鼓状柱段带有夸张的收分线，它们向外鼓出，产生了重压之下的膨胀感，然后又在柱头下方呈弧形向内收缩。柱身上的凹槽很浅，仿佛承受着来自柱子内部的外推力。巨大的柱头也戏剧性地向外鼓出，而在鼓状柱段与柱头交接处的环状节点则做了凹陷式处理，形同被它支承的巨大重量所压出的一道凹痕。我们切身感受着柱子伫立和承重的方式，继而在神庙的空间所蕴含的静谧之中揣摩这座石头建筑的建造方式：工匠努力将一块块石头从地面上抬起，而重力却不停地想要把它们拉回地面。

❹ "第二赫拉神庙" 又被称为 "波塞冬（Poseidon）神庙"，它的建造年代略晚一些。两座赫拉神庙离得很

近，之间的距离比它们自身的宽度大不了多少。第二赫拉神庙长 60 米、宽 24.3 米，两个正立面上各有 6 根圆柱，两侧各有 14 根圆柱。其中央的内殿（cella）由两排双层高的柱廊构成，每层设有 7 根圆柱。这座神庙的组成十分均衡，每个部分不是作为独立的元素各自分开，而是联合为一个力量强大、气势恢宏的整体形式。❺ 柱子采用的材料和宽度都与第一赫拉神庙的柱子相同，但是间距更大，姿态也出现了微妙的变化：它们略微向中间倾斜，把建筑的体块统一起来。柱身仅带有细微的收分曲线，形式上更接近圆锥体（自下而上逐渐收缩），柱头是两侧轮廓线平直的倒锥形。鼓状柱段的外凸曲线富于粗重感，而柱身凹槽的内凹曲线则具有细密的节奏感，二者之间形成了一种对位关系。❻ 在内殿，柱廊上层的小圆柱精确地延续着底层大圆柱的锥形收缩式的轮廓线，两排柱子好像是从同一块岩石中开凿出来的整体，在这座偏重水平感的巨大神庙的中心营造出了一种令人惊喜的轻盈感。不同于第一神庙，第二赫拉神庙的柱子并未显现出任何受压的迹象，柱子的形式与它们支承的柱顶楣和人字墙的形式联合为一个整体，使整座神庙看上去秩序井然、比例协调，显得格外静谧安详。

　　站在这两座神庙之间，我们感受到了第一神庙中石造元素的张力、动态和独立性，它充满了示意性的力量，在我们身上引起了一种移情式的反应。我们也感受到了第二神庙的构成与建造的完整、均衡和统一，它的比例经由我们五官感受的精确校准而与整个结构产生了共鸣。今天，这些神庙伫立在寂静之中，它们作为人类存在于世界上的地标，为曾在这里举行的古老的宗教仪式保留了永久的记忆。

乌斯马尔

Uxmal

墨西哥，尤卡坦州

800—900年

❶

❷

　　玛雅文明在尤卡坦半岛留下的具有普克（Puuc）建筑风格的城市遗址中，乌斯马尔是公认的最美丽的一座古城。它所处的地势相对平坦，城中的主要建筑是一系列巨大的阶梯状土台。土台上，由宫殿建筑围合而成的石砌庭院和广场形成了这座丛林城市的生活空间。西班牙殖民者是最早发现这些城市景观的非原住民，他们为建筑和土台所取的名字沿用至今。今日的乌斯马尔繁荣不再，城中万籁俱寂，我们在其中体验到了一种脱胎于土地的城市建筑，它深深扎根于它所处的地域之中。

　　在丛林中穿行，我们看到的乌斯马尔城并不是由若干建筑组成的群落，而是一系列阶梯状的土台。土台的平面呈矩形，立面依照精确的角度倾斜，立面之间形成了巨大的广场。土台从地面开始逐级缓缓上升，在顶部形成一座大平台，平台上伫立着低矮的水平向石造结构体。如今的土台已被青草所覆盖，不过我们依然可以看出，土台的表面本来也铺满了石头。立面上设有宏伟的石砌台阶，台阶将我们从一座平台引向另一座平台。

　　最高的两座类似金字塔形的结构体直接坐落在丛林地面上（下方没有土台），其中较高的一座被称为"魔法师金字塔"（Pyramid of the Magician）。❶ 魔法师金字塔的平面在南北两侧呈圆弧形——这是该城唯一一座采

用曲面形式的巨型建筑。在东西两侧，我们看到两段坡度极陡的大台阶，台阶通往顶部的大平台，平台上耸立着一座神庙，神庙分为上下两层。我们慢慢地向上爬去。很明显，金字塔的台阶不同于下方土台的台阶，它不是为了日常使用而修建的：台阶的坡度极陡，我们必须手足并用才能完成攀登，大块石灰石的触感长时间在指间存留。当我们到达距离丛林地面35米高的大平台时，才能再次看见神庙——一座小小的石头房子，高度仅有7米，为它所在的庞大基座的高度的五分之一。❷ 站在开阔的平台上，从这个居高临下的有利位置望去，我们看见一座座长方形的石头建筑从乌斯马尔四周的丛林中拔地而起。

　　之后，我们来到城中心的"球场"（Ball Court），从宽阔平坦的大草地出发，爬上一组破败的大台阶，进入一条带有玛雅式叠涩拱顶（corbel-vault）的通道。通道内，由块状石灰石砌筑的墙体笔直地伫立在两侧，在顶部托起了一道向外凸出的、边角方正的檐口，两者之间不设任何细部。檐口之上，两面石墙向内倾斜（倾斜度与金字塔大台阶的坡度一致），在顶部交汇于一小段水平的天花板。❸ 从通道的另一头出来，我们便来到了"四方修道院"（Nunnery Quadrangle）。这是一个长78米、

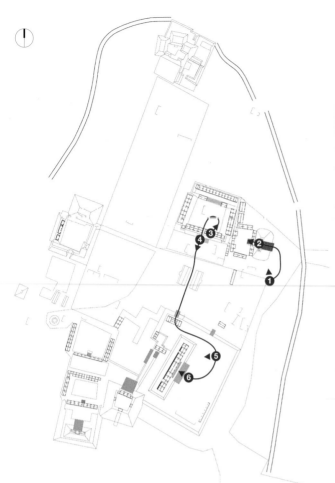

宽 65 米的长方形空间，由四座长长的矩形宫殿建筑围合而成。我们刚才穿过的是位于庭院南侧的宫殿，宫殿所在的地面与庭院的地面位于同一高度。东西两座宫殿分别位于更高的平台上，通往平台的大台阶与整座平台等宽。北侧的宫殿位于庭院中最高的平台之上，平台立面中央设有一组宽阔的台阶，通向宫殿的入口。

四座宫殿均为低矮的水平向体块。在底部，我们看到由一组组圆柱形石块和方形石块交替排列而成的短小的墙基，墙基上方是用光滑的石头砌成的厚实低矮的墙身，墙身上被切出了一个个间距宽大、阴影深重的正方形门洞。门洞上方是一座更高的墙体，墙面被图案极为繁复的几何形石雕装饰带所覆盖。在位于上方的装饰带上，石灰石方块中嵌有风格化的人形雕刻，而石块本身则组成了斜向设置的网格图案，在人形雕刻的后面构成衬底。如此一来，虽然石灰石的体块感较为明显，立面却具有一种布料般的编织感，投下纹理细密的复杂阴影。庭院向天空敞开，只在四周围绕着四面肌理丰富的石质墙壁。墙体悬浮在低矮的门洞之上，门洞处在深深的阴影之中。我们在这里体验到了强烈的、深陷于大地之中的包容感与围合感。

❹ 转过身来，透过四方修道院的叠涩拱顶通道，我们的视线越过球场，望向远处的"总督府"（Governor's Palace）——乌斯马尔地势最高的宫殿。走向总督府的西侧，我们沿着宽大的台阶依次爬上了四层高度不同的平台。第一层广阔的平台仅 1 米高，它的作用是让我们脱离丛林的地面，微妙地划出这块特殊区域的界线；第二层大平台高 6 米；第三层平台较小，高 6.5 米；最后是一段短短的台阶，通往距离下方球场 15 米高的总督府。❺ 总督府是一座 92 米长的矩形石体，深度只有 11 米，高度仅为 9 米。它由三个体块水平排列而成，中间的较长，两侧的较短。在这三个体块之间，两个高高的、带有三角形叠涩拱的洞口将我们引入建筑物中的穿行通道。叠涩拱与墙面等高（从靠近地面的墙基直达墙顶的檐口），位于内壁的两面斜墙略呈弧形向内鼓出，让人感受到了这些悬在半空的石头所具有的巨大重量。❻ 总督府的立面和四方修道院内的宫殿类似：纹样繁复、阴影深重的装饰带悬浮在带有深陷式门洞的实墙之上。整个水平向的体块仅通过矮小的墙基与平台相接，墙基由圆柱形石块密集排列而成。

脚下的平台和土台凝结了无数建筑工匠的巨大心血——它们所需要的材料和人力远远超出了那些相对较小的石头结构体的建造需要。不过，通过平台上较小的

建筑物，我们也感受到了精细复杂的石灰石雕刻所蕴含
的独一无二的技术与巧夺天工的手艺。在这一场所的栖
居体验中，在它于我们内心引发的深沉静谧的感受中，
乌斯马尔城中两个共同取自大地的元素——浩大的堆土
工程和精雕细琢的建筑——之间达到了一种平衡状态。

罗马和平圣母教堂回廊

Cloister of Santa Maria della Pace

意大利，罗马

1500—1504年

多纳托·布拉曼特

（Donato Bramante，1444—1514年）

❶

罗马和平圣母教堂的修道院回廊和庭院是文艺复兴时期的建筑代表作，它以形式上的完美、几何关系上的动态平衡和空间上的从容安详而广受赞誉。回廊和庭院是修道院用来举行修行仪式的场所，其完美的空间比例与严谨的秩序表达成功地为那些以侍奉上帝为终生信仰的修道士提供了适宜的背景环境。今天，当我们栖居于这一空间中，仍然可以感受到来自理想化世界的那种澄澈且仁慈的静谧。

和平圣母教堂位于罗马最古老的街区，这里的中世纪街道迂回曲折、狭窄局促，无法被纳入城市的网格状规划之中。我们可以直接从位于教堂左侧的街道进入修道院的回廊。在这里，我们穿过一个形式简单的门洞，在前厅稍作停留，然后走进回廊和庭院。❶ 此刻，我们位于一个完美的正方形空间的一角。这是一座两层高的内院，顶部没有遮蔽，四面围绕着带有列柱的双层走廊。庭院很小，边长仅为14米，然而却兼具亲切与庄严之感。❷ 庭院的地面铺着黑色的小石块，四周以一圈白色的铺地石封边，对角线上也设有两条白色的铺地石。在对角线的交叉点，即庭院的中心，设有一个圆形的石制排水口。回廊的墙面采用黄褐色的灰泥抹面，壁柱与圆柱、柱头与柱础及其支承的柱顶楣则以白色的石材建成。

❷

寂静

我们对庭院的第一印象来自整体框架中由各个结构部件所营造出的平衡感：回廊的四壁伫立在略微加高的白色石制基座上，每个立面分为四跨，由垂直向的壁柱和圆柱与水平向的柱顶楣和檐口交织而成。随即我们注意到，立面靠下三分之二的部分显得较为坚实和厚重，四个立面通过拱券的规律节奏联结在一起，而靠上三分之一的部分则几乎是全敞开的，它清晰地标示出二楼修士私人区域的边界。立面每一跨的高度均为宽度的三倍：主壁柱的间距为3.5米，此为宽度；底层立面上拱券起拱点的离地高度是3.5米；从底层起拱点到二层圆柱和壁柱的基座的顶部，距离也是3.5米；而这也是从二层立柱的基座到屋檐的距离。由此，庭院立面上的每一跨都可以视为三个纵向叠置的正方形，宽高比为1:3。庭院正方形地面的比例当然是1:1，每个立面的高宽比是3:4，而如果把两侧回廊走道的两跨也算进去，那么整座庭院的高宽比就是1:2。

然而，庭院中四个比例完美的立面在转角和中心部位采用的处理方式却是出人意料而又耐人寻味的。庭院的内角——文艺复兴时期建筑的经典难题——实际上是墙体沿着中心线弯折了90度而形成的，在平面上呈L形。此处的壁柱看上去像是被嵌在了墩柱里面，只在内转角

露出一条细小的壁柱的外棱角，它凸出于墩柱柱面的厚度和其他壁柱完全一样。由于立面被设为四跨，因此立面中心的对称轴线是封闭的（墩柱），而不是敞开的（洞口）。这一设计将人的行进路线设定在了庭院边缘的回廊中，换言之，我们不应在庭院的露天区域穿行。

❸ 再次进入底层走廊，我们看见天花板上的交叉拱顶被刷成了和墙面一样的黄褐色。在拱面相交的对角线上，拱顶的弧形边缘略微内曲，显得格外明亮。交叉拱顶坐落在成对的壁柱上，壁柱镶嵌在回廊内外两侧的墙上。地面铺着暗红色的地砖，在对应每根壁柱的位置以一条白色的铺地石加以分隔，白色的石条在内外两侧的壁柱之间形成连接。我们绕着底层的回廊缓缓行走，脚步的起落配合着壁柱排列的节奏，拱券和交叉拱顶也以同样的节奏从一跨移动到下一跨。行进过程中，我们感觉建筑以它独有的方式静静地与我们的体验发生交结：随着视点的移动，庭院内墙上各种水平向和垂直向的元素也不断变换着彼此的对位关系。回到入口处，我们在前厅隔壁找到了一座楼梯。刚才初入回廊时，这座楼梯就位于我们身后。

登上楼梯，在休息平台上转身，继续上行，我们来到了回廊的二层。二层走廊与底层走廊的宽度一致，顶

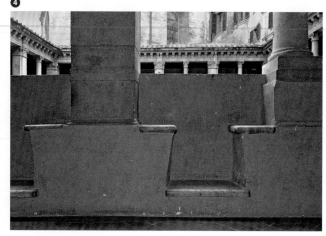

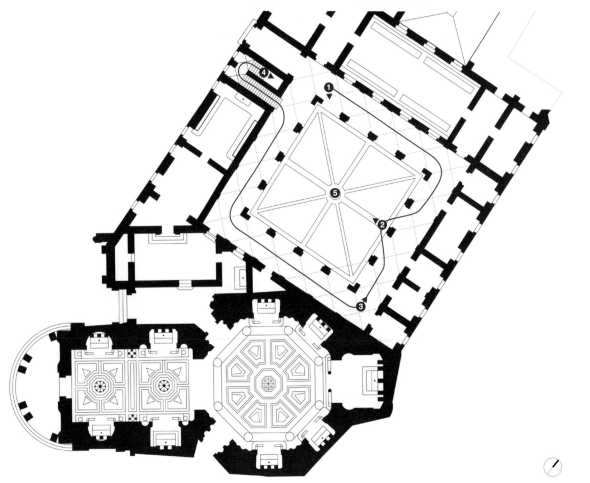

❺

部是由木横梁组成的平顶天花板，脚下是暗红色的菱形地砖，在对应每根墩柱的位置同样以一条白色的铺地石加以分隔。走廊在靠庭院一侧的立面是完全敞开的，上面交替排列着十字形断面的墩柱和修长的圆柱，柱底距离楼面 1.2 米高。❹ 在圆柱和墩柱之间，柱底的矮墙经过挖凿而形成了成对的座椅，每对椅背之间的距离正好也是 1.2 米。显然，这些座椅是为阅读而设。坐在石椅上，背靠圆柱或墩柱的基座，手中的书页被来自天空的光线所照亮——我们感到自己被包裹在庭院墙壁的厚度里，倍感惬意和舒适。❺ 从这里俯视下方的庭院，我们再次被它均衡的节奏、和谐的比例以及澄澈的安详感所打动，内心也彻底沉静下来。

　　开放式的庭院是整座建筑中最大的也是最重要的空间。它构成了某种"真空"，位于一个坚实的结构体所形成的完美世界的内部，由经过精心校准的表面组织而成。它向往着上方的天空，却又扎根于下方的大地。在我们的体验中，小小的回廊及庭院以其空间比例的和谐精准与建筑元素的清晰表达对我们产生了直观的影响，同时也将其自身的尺度与节奏传递到了我们的行动之中。处在这个空间的内部，世间的一切喧嚣嘈杂都被屏蔽在外，我们完全沉浸在抚慰心灵的静谧之中。罗马和平圣母教

堂的庭院回廊从根本上而言是一个大世界中的小世界：它将我们在其中的空间体验加以秩序化和结构化，重新定位了我们与重力及地平线之间的关系，在我们的体验中发起了天堂与凡间的直接对话。

嘉布遣会小礼拜堂
和女修道院

Chapel and Convent of the

Capuchinas

墨西哥，墨西哥城

1952—1959年

路易斯·巴拉干

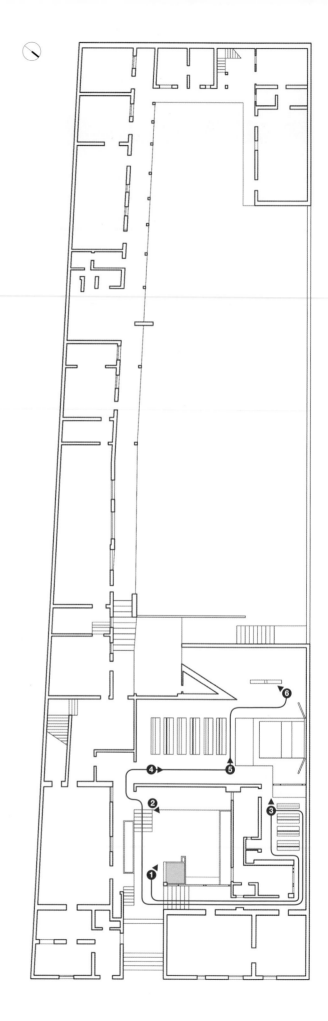

寂静

"玛利亚圣洁之心圣嘉布遣会"（Purísimo Corazón de María）的小礼拜堂和女修道院是为了纪念圣方济各（St Francis，天主教方济各会的创办人，倡导清贫和苦修。——译注）而建造的礼拜和修行场所，也是彰显静谧与光明的杰出建筑范例。虽然建筑师采用了极简的形式和材料，却创造出了一个极度富有的精神世界。因其恰到好处的节制，建筑空间中久久回荡着重复性仪式的寂静之声，让访者得以从日常生活的烦琐中抽离出来。通过最朴素的手法，自然光在这里得到了物质性的转化，将我们领入了神的领域。

女修道院的沿街立面是一面简洁的白粉墙，我们通过墙上巨大的对开门进入其内部。沿着石板铺地的门廊前行，我们穿过第二道门，进入庭院边缘的一个有遮蔽的空间。庭院的平面呈正方形，边长与内墙高度相等，上方向着天空敞开，铺地采用正方形的灰色石板，三边都设有加高的走道。❶ 在正对面的白粉墙上，我们看到了一个与院墙等高的巨型十字架。十字架背后的墙面较之两侧的墙面做了退缩处理，其退缩的深度正好和十字架的厚度一样，说明十字架是从墙体中开凿出来的。右侧的墙壁（北墙）上爬满了藤蔓植物，粉紫色的小花点缀其中。❷ 我们的注意力继而被引向入口旁的涌泉池：

这是一个由深色石头建成的正方形体块，池水漫过池沿，水面平滑如镜，而它的深度则让人捉摸不透。水面上映出了柠檬黄色混凝土格栅的倒影，格栅形成了庭院的第四面墙。刚才进来时，这面格栅墙就位于我们右侧，墙后隐藏着一座宽大的石砌楼梯，楼梯通往圣器室和供信徒（除了修女之外）举行礼拜活动的场所。

走在楼梯上，我们看到阳光打在黄色的格栅墙上，点亮了一个个正方形的小洞，为入口门厅的白粉墙染上了一层温暖的光晕。我们经过圣器室，转过一个弯，沿着走廊来到"信徒堂"（Transept of the Faithful）。这个房间很小，左侧的木板墙里设有两间告解室，正前方是几排木制的长椅。长椅面向一个通往礼拜堂的敞口，敞口上设有一道由纵横交错的线条组成的、漆成黄色的木格栅。❸ 透过木格栅上的正方形孔洞，我们得以窥见前方祭坛的侧面。在祭坛后方靠左的位置，一个巨大的粉红色十字架仁立在刷成橘红色的粉墙前面。十字架和这面墙都被一束来源不明的光线照得明亮耀眼，光源位于左侧，藏在教堂的淡黄色内隔墙后面。十字架背后的墙面被强烈的侧向光打亮，而十字架却立在这束光的前面，以其阴面面向我们，因此我们看到的是一个以墙体的亮面为背景的、略显黯淡的十字架。一扇又高又窄的天窗

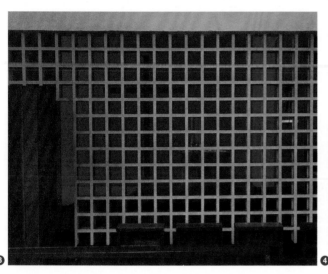

❸

❹

横贯于信徒堂的前方，将明亮的黄色光线引入室内。光线弥漫在墙面和木格栅上，形成了一道光帘，标示出信徒与修女领域之间的分界线。

从黄色混凝土格栅墙后面的楼梯里钻出来，我们在庭院左侧看到了一段台阶，台阶通往一条走道。走道被二层的悬挑部分所遮蔽，其墙面的基座部分采用水平向的实木板贴面，微妙地显示出了这条走道的尊贵地位——它通往位于前方转角处的礼拜堂大门。在同一个转角处，我们看到了庭院中设置的另一段宽阔的石砌台阶，它位于大十字架的左侧，也通往礼拜堂的大门。由此进入一间低矮的前厅，向右转，再推开一扇巨大的木门，我们便来到了礼拜堂内部。在这里，我们印象最深的是不同寻常的建筑材料：它仿佛是由经过层叠和转折、布满彩色光线的平面交汇而成的空间。空间中的高度大于宽度，强烈而均匀的光线越过头顶，从背后照射进来，为两侧的白粉墙和上方的白色石膏天花板染上了一层淡淡的黄色。向后转身，我们看见背墙的上半部分设有一个与墙壁等宽的敞口，敞口以正方形格状的木格栅加以遮挡。透过格栅，我们看见了"见习修女堂"（Transept of the Novices）及其后方镶有彩色玻璃的高侧窗。

礼拜堂的后部、两侧以及长椅区的铺地采用了宽大的条形木板，地板上的拼缝清晰可辨。木长椅右侧的地面（即通向祭坛的通道）、带有护栏的圣坛区前方的地面以及祭坛基座的两层台阶都包着厚厚的深色羊毛地毯。地毯是整片式的，没有接缝。**❹** 祭坛的后墙呈橘红色，贴墙而立的是一幅三联式的金箔画，金箔在光线的照射下闪烁着耀眼的光芒。祭坛右侧是带有木格栅的敞口，格栅的另一侧是信徒堂。祭坛左侧是开放式的，**❺** 橘红色的粉墙伸进了粉红色十字架所在的空间。**❻** 在左侧空间的窄端（墙面之间形成了尖锐的斜角）设有一扇通高的彩色玻璃窗。阳光从窗口射入，照亮了伫立在地板上的十字架。礼拜堂的淡黄色内隔墙收于尖角处，尖角的顶点精准地与外部庭院的右墙（北墙）连成了一条直线，划出了这个光线充足、设有十字架的耳堂空间的界线。对于从事礼拜活动的修女来说，视野中的主景是祭坛和闪着金光的三联画，她们只能从偏斜的角度看到粉红色的十字架，或是从它偶尔投射在祭坛背墙上的淡影中感知它的存在。

嘉布遣会小礼拜堂为我们带来了丰富的色彩体验：多层次的平面、悬浮的体块和交织的线条中充斥着黄色、橘色和红色等高饱和度的色彩。这些色彩被强烈的热带阳光点燃而愈发变得厚重、密实，几乎凝结成了固态，像是获得了某种能量般在空间中颤动着。在我们的体验中，抽象的线、面和体由此被转化为一种物质，似乎比它们所依存的表面材料具有更加强大的触知性和在场性。这神圣的光，携着它最为深刻的静谧，仁慈而慷慨，成为教堂中闪动的精神指引，为我们的灵魂带来慰藉，给予庇护。

沙克生物研究所

Salk Institute for Biological Studies

美国，加利福尼亚州，拉霍亚

1959—1965年

路易斯·康

沙克生物研究所的科学家都是世界生物学领域的创新型人才，他们致力于研究传统医学难以攻克的各类绝症。该研究所由脊髓灰质炎疫苗的发明者约纳斯·沙克博士（Dr Jonas Salk，1914—1995 年）创建并担任第一任所长，他相信科学上的突破需要一种视野更为开阔的文化想象力。这是一座由先进技术装备起来的建筑综合体，在位于其中心的庭院中，我们感受到了最深刻的静谧，进而对自身行为与广阔宇宙之间的关系进行了专注的思考。

当年，我们先要穿过一片小树林才能进入沙克研究所。小树林位于建筑的东侧，它的位置看似随意，但其实是建筑师精心设计的结果。树林尽头，一座中轴对称的、石板铺地的庭院突然出现在面前，令人颇感意外。但是前方的道路被一条低矮的石砌长凳挡住了，于是我们不得不离开中轴线，绕行过去。❶ 此刻，我们站在两组 14 米高的整片式现浇混凝土墙之间，墙体向前斜出，指向远在庭院尽头之外的太平洋。庭院长 68 米、宽 30 米，采用石灰华铺地。石灰华是古罗马人常用的建筑石材，它色泽温润，表面带有天然的凹坑。在庭院东端靠近入口的地方，我们看见水流从一座正方形喷泉的扁扁的出水口涌出，落入一条细细的石砌水道。水道沿着庭院的中轴线一直向前延伸，把石板地面一分为二。跟随着水道的水流方向，我们慢慢向庭院深处走去。两侧斜向设置的巨大混凝土墙整齐地排成两列，它们时进时出，以致这两组墙之间的空间也在我们的视野中时放时收。来到长长的水道尽头，我们看到水流从这里注入一座横贯庭院西端的大水池，然后又从大水池中泻出，呈瀑布式逐级跌落，最后落入一座小水池。小水池位于下层平台上，平台下方就是大海。站在庭院西端，我们驻足远望，看到海浪正拍打着沙克研究所脚下的悬崖峭壁。

❷ 我们现在转身走回庭院。庭院两侧各有五座小塔楼，塔楼的混凝土斜墙向西敞开，面朝大海，与我们在东部入口处看到的封闭面貌正相反。经过设在庭院边缘的石灰华长凳，我们走向塔楼，伸手触摸它的混凝土外墙。墙壁温暖的灰色表面异常光滑并带有轻微的反光，木胶合板（用于混凝土浇筑的模板）留下的印迹在强烈的阳光下清晰可见。每座塔楼高四层：二层和四层是研究员的书房，底层和三层则是开放式的敞廊（loggia）。❸ 书房外部的墙面以柚木制成，经过常年的日晒雨淋之后已然变成了灰棕色。❹ 脚下，庭院的石灰华铺地呈现出了类似的色泽和肌理，与现浇混凝土墙和书房的柚木板墙形成了完美的呼应。

❸

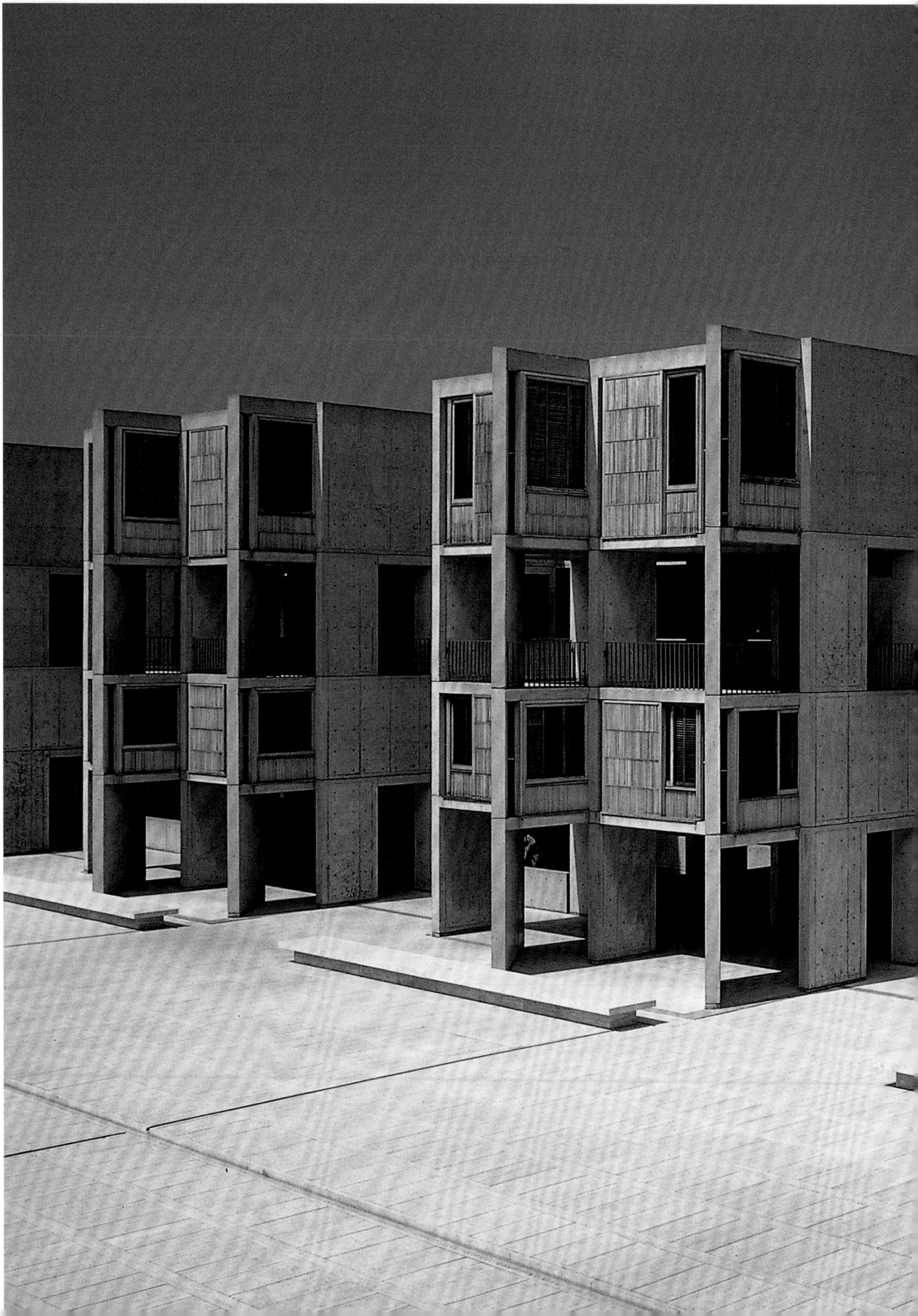

寂静

沙克生物研究所

❹

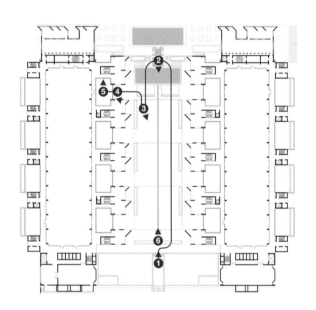

❺ 在书房塔楼及其后方的大型实验室之间，我们看到了一座混凝土楼梯，它通向塔楼和实验室并将这二者连接起来。楼梯间高 20 米，底部呈下沉式，与院庭地面之间形成了 6 米的落差。混凝土表面因其在垂直方向上迷宫般的密集层叠而获得了某种城市空间的品质。与此相反，当我们走上楼梯，便会发现实验室都是水平向的、不设柱子的空间。每层实验室宽 20 米、长 75 米，上方是以实墙围合而成的楼层，楼层内容纳着结构桁架和机械设备。实验室与中心庭院等长，四面环绕着不锈钢框的通高玻璃墙，玻璃墙外是连续的、有顶盖的室外通道。站在以玻璃为墙的实验室里，我们透过塔楼的透空敞廊看见了光线明亮的中心庭院。向上或向下走一层，我们便来到了研究员的书房。书房以橡木墙板为界，墙板设在现浇混凝土墙之间的空当中，两端都与混凝土墙脱开，中间留有一条 15 厘米宽的、纵向设置的通高玻璃光槽，混凝土墙面上因此而弥漫着光。书房内设有两扇开窗，一扇面向庭院，另一扇面向大海，后者位于 45 度斜墙的后方。这面混凝土墙之所以斜向设置，就是为了让使用者能够在书房看到大海。我们走上楼梯，来到夹在两个书房层之间、位于三层的透空敞廊。在这里，视线可以穿过所有的塔楼，也可以掠过整座庭院。敞廊上放置了

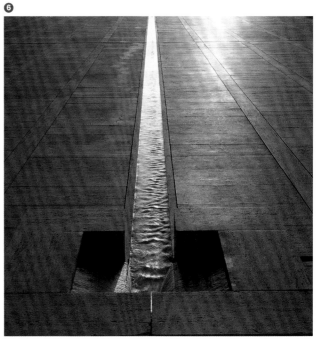

寂静

一些家具，其目的是为科学家提供有效的非正式讨论的场所——非正式讨论往往会激起意料之外的灵感。

我们对沙克生物研究所的体验从中心庭院开始，也在这里结束。庭院的景观在每一天和每一季都发生着变化，书房和敞廊那轻盈通透的外墙（北墙终年处于阴影之中，南墙终年处于阳光之中）在碧蓝的加州天空下呈现出了持续变幻的光影图案。❻ 如果有机会在这里待到日落时分，便能看见最神奇的景象：点亮西面天空的金色光芒首先在海水中得到反射，然后沿着庭院中央的水道前行，宛若一条燃烧的火线，穿透那正在庭院石板地面上聚集着的黑暗，直抵位于正方形喷泉中的源头。庭院拥有摄人心魄的崇高力量，它从大陆板块的边缘投入太平洋的怀抱，框住海天之间那条上浅下深的蓝色海平线。在这里，在南北两侧的混凝土巨石之间，正如路易斯·巴拉干所言，庭院的石灰华地面发生了简明有力的转换，它变成了"一个面向天空的立面"。[1]沙克研究所的庭院超越了时间的限制，它既古老又现代，令我们体验到了永恒世界中的静谧，勾起了我们内心深处最专注的冥思。今天，这座庭院依然是人类建成的最富有力度也最打动人心的空间之一，它体现出了建筑的寂静之声。

沙克生物研究所

间间质力线静

空时物重光寂

间式忆景所

房仪记地场

居所

建筑需要做的，不必更多，也不能更少，就是帮助人们"归家"。[1]

——阿尔多·凡·艾克（Aldo van Eyck，1918—1999 年）

栖居，从质的方面看，是人性的一个基本条件。当我们认同某一场所时，便是投入到了一种在这个世界上存在的方式。因此，"栖居"的行为对我们有所要求，也对我们的场所有所要求。我们必须抱有一种开放的心态，而场所也必须为"认同"提供丰富的可能性。[2]

——诺伯格-舒尔茨（Christian Norberg-Schulz，1926—2000 年）

人，诗意地栖居。[3]

——马丁·海德格尔

窗里的灯是房子的眼睛……一盏灯正在窗子里等待……仅仅凭着它的灯光，房子变得具有人性。[4]

——加斯东·巴什拉

建筑、居所与家

建筑是为了满足千差万别的目的而设计和建造的，它既可以具有日常的实用性功能，例如生产车间和储存仓库，也可以满足纯精神性和象征性的需要，例如纪念碑和凯旋门。然而，建筑最根本也最容易为人忽略的职责是供人栖居。对人类栖居之所——房屋——的分析，体现出了多维度的复杂性：实用性的和象征性的、可见的和不可见的、物质性的和心理性的……这些维度在建筑以及我们对建筑的体验之中相互纠缠。栖居之所，自然指的是能够防御不利气候和恶劣天气、抵抗敌意力量以及辅助日常生活的实际行为得以展开的实用设施。不仅如此，房屋还支持着栖居者的自我身份认同，构成他（她）生活的组织中心。家是"宇宙之轴"或"欧米伽点"（终结点）——后者是德日进（Pierre Teilhard de Chardin，1881—1955年）提出的概念。这位法

国哲学家指出，从这个虚构的理想点出发，世界可以正确地被体验并作为一个实体而被体验。[5]加斯东·巴什拉写道："它（房子）是我们用以勇敢地面对宇宙的工具。"连最简朴的茅屋也被他赋予了形而上的职责。[6]

房屋总是在占用者意识不到的情况下组织和指导着他（她）的行为、感知、记忆、思考和梦想。正如巴什拉所指出的："我们的房子是这世界上属于我们自己的一隅……它是我们最初的宇宙，从'宇宙'这个词的每一层含义上来说，它都是一个真正的宇宙。"[7]他还说道："房子是融合人类的思想、记忆和梦想的最强大的力量之一。"[8]房屋这种根本的支持性质让这位哲学家甚至对海德格尔学派的观点发起了质疑。后者认为，人对于自己被抛到世界上这件事怀有根本的挫败感。而在巴什拉的观点中，"在人'被抛到这个世界上'之前……他

是被安放在房子这个摇篮里的。在我们的白日梦中，房子永远是一个大摇篮。"[9]

房屋的必要职责之一，就是通过这种具有保护性的意象和象征为栖居者提供稳定感和连续感。"房子构成了一组意象，这些意象给人类以关于稳定感的证明或假象。"[10]只要我们是在"家"这块已被驯化的领地上成长起来的，就不能说自己是被抛到未被结构化的、对人无意义的世界上来的。当然，在负面的生活状况下，家不再是保护和秩序的象征，而会将人类的苦难具体化，体现出孤独、排斥、盘剥和暴力等消极情绪。

房屋（House）和家（Home）是两个明显不同的概念：房屋是一个物质性的、空间性的和建筑性的概念，而家则是栖居行为本身的独特场景和专属产物。家被注入了主观的意义、符号、记忆和意象。一个家也是日常

图 1

"家"的安心感。对家的感觉并不依赖于财富或者房屋在建筑学上呈现的精妙。埃塞俄比亚传统住宅，摄于1973年。摄影：尤哈尼·帕拉斯玛。

图 2

"……在我们的房子里有一些凹龛和角落，我们喜欢舒服地蜷曲在那里面。蜷曲身体这一行为属于'栖居'这个动作的现象学（phenomenology），只有那些学会蜷曲身体的人才能够获得强烈的栖居感。"——加斯东·巴什拉。安东尼·高迪，巴特洛之家（Casa Batlló），西班牙，巴塞罗那，1904—1906年。壁炉处于这个居所中的集群亲密性的中心。高迪设计的壁炉与一个形式类似鸟巢的空间结合在一起。

生活中的一系列个人程式、习惯、节律和例行活动。从"家"这个字的全部含义来看，它是它的栖居者的一种延伸。因此，它不可以是一件由建筑师设计的作品，而应该被看作是从真实的栖居行为中衍生出来的产物。这种对家的描述似乎更贴近小说、诗歌、电影和绘画的范畴，而不太属于建筑理论或批评的领域。然而，建筑，或一座房子，可以对家的逐渐形成起到某种作用——可能是促进，也可能是妨碍。

家的完整概念由三种类型的心理性或象征性元素组成：

——基于深层的、无意识的生物文化层面上的元素，例如入口、屋顶、火塘和烤炉；

——与栖居者的个人生活及身份认同有关的元素，例如纪念品、私人物品和家传物品；

——用以向外人传达某种意象和信息的社会性符号，例如财富、教育和社会认同。

房子是由若干元素和意象组成的——巴什拉把"原初意象"（primal image）视为人类最强大的体验的来源。这些元素和意象具有强烈的心理意义或象征作用，同时为行为和象征化提供了心理焦点：环境和地段、前院、房子的门面、入口、窗户、火塘、烤炉、餐桌、浴缸、家具、电视机以及家庭相片等珍藏。连家里那些看似无足轻重的元素，如抽屉、箱子和柜子，也被巴什拉赋予了一项重要的心理性职责："在柜子里存在着一个秩序的中心，这个中心保护着整座房子，使它不会陷入失去控制的无秩序状态。"[11] 家，具有生命有机体的特征，它与占用者及其社会生活和精神生活之间形成一种协作的关系。

现代住宅的杰作通常是建筑师为自己设计的私宅，或是建筑师与业主在深厚友谊的基础上密切合作的成果。这是一个极具整合性的设计过程，它使住宅的建筑特征变得能够适应栖居者的个人需求并与家中随着时间推移而变化的方方面面融合在一起。从心理学的角度来说，一座住宅的建筑师必须将委托设计的业主"内化"，即想象自己是业主本人，而不是依照一个外人的出发点来设计这座房子。然而，每一座在建筑上具有重大意义的房子，必定是超越了业主的需求、期待和意图并追求某种栖居理想的产物。伟大的建筑永远是上天赐予的奇迹。深刻的建筑针对的不是我们是谁，而是我们想要成为谁。一座美丽的房子允许并鼓励栖居者带着尊严以优雅的方式栖居。一座好的房子并不把注意力引向它本身，而是将栖居者的注意力引向场景的品质——风景、花园或树木的美，以及空间中的光影变幻等。房子让栖居者扎根在他

图 3

在技术发展日新月异的消费世界中，我们的体验不再追求其最初的回响和因果关联，而仅仅变为一种表象的呈现。现代居所中的没有热度的火。托恩·霍克斯（Teun Hocks，1947年—），《炉火前的男人》（*Man at Fire*），1990年，布面油彩，181cm×136cm，美国，纽约，PPOW 画廊。

图 4

最强烈的家的感觉，除了坐在炉火前，就是看到自己家窗子里的灯光，或者站在家的保护中向外张望。卡斯帕·弗里德里希（Caspar David Friedrich，1774—1840年），《窗前的女人》（*Woman at a Window*），1822年，布面油彩，44cm×52cm，德国，柏林，国家美术馆。

所处的场景和他自己的生活情境中，使他能够充分地栖居。正如巴什拉所说："房子让人得以在平静中梦想。"[12] 它不会命令你按照固定的方式布置家具和规划生活，也不会为无数的生活物品制定单一的审美类别，而是鼓励个性化和多样化，以及真实、亲密、不受束缚的生活所呈现出的种种对比、印记和标志。

对于勒·柯布西耶宣称的"房子是居住的机器"，我们只能在住宅工业化的前提下接受这一定义，把它当作一种房屋批量制造的原则，而不能从住宅作为人类久居之所的角度来理解。事实上，无论勒·柯布西耶设计的住宅有多激进，它都为更高质量的、有尊严的生活提供了充足的心理和物质条件。大部分人生活在并非专门为他们设计的居所中，例如联排式公寓，而即便是那些为业主专门设计的居所，大多数也要传给后代子孙或者卖给不认识的未来住户。为一位非特定的栖居者设计的可生活的居所，例如出租房、公寓或宾馆客房，和为某个业主量身定制的设计一样，二者都需要类似的个人身份认同和情感代入的能力。然而，总体上看，现代主义出于对理性、还原和抽象的偏爱而更倾向于把家居生活意象和家庭氛围看作是保守主义、浪漫主义和低级趣味的体现，因此它一直与"家"的必不可少的心理学成分保持距离。能说明这一点的一个例子就是，建筑出版物习惯于图示和描绘"房子"，而只有生活类杂志才乐于向读者展示社会名流的家庭内饰。

在我们这个时代，各行各业已经过度专业化，个人生活的领域亦已碎片化，我们很少能够做到将住宅的建筑维度与生活的个人维度和私密维度进行完全的融合。现今的明星建筑常常排斥"家"的概念，其结果便是，

图 5
画家的房子投射出一种真实的栖居与生活所
具有的动人感觉。文森特·凡·高（Vincent
van Gogh，1853—1890 年），《阿尔勒的卧室》
（*Vincent's Bedroom in Arles*），1888 年，布面
油彩，72cm×90cm，美国，芝加哥艺术博物馆。

被当成完全美化的场景或对象而设计
出来的房子，通常看上去就像是与真
实生活毫不相干的舞台布景。虽然深
刻的建筑所审视和表达的是关于艺术
形式的内在议题，例如它的边界与法
则，或是关于人类存在的形而上的和
存在性的问题，但它永远应该是首先
关于生活本身的。

在小说《孤独及其所创造的》
（*The Invention of Solitude*，1982 年）
中，美国作家保罗·奥斯特（Paul
Auster，1947 年—）详细叙述了他的
父亲——一个没有感情的生意人——
生活中的各个方面，并且以一种令人
心寒的口吻把他父亲的房子形容为主
人公冷漠疏离的见证：

"关键在于：他的生活并不集中
在他所住的地方周围。他的房子只是
他那永不安宁、无处停泊的生命中的
众多暂留点之一，而这种生活中心的
缺乏所导致的后果，就是把他变成了

一个永远的局外人，一名他自己生命
中的观光客。你从来不知道你可以在
哪里找到他。

"尽管如此，这座房子对我来说
还是很重要的。我的意思是，如果仅
从它被疏于打理的程度而言——它的
颓态反映了父亲的心理状态，这种
心理状态本来无从解读，现在却通过
这种无意识行为的具体意象而自己显
现出来。这座房子成了我父亲生活的
隐喻，成了他内心世界准确而忠实的
表现。"[13]

我们同等地栖居于空间和时间
之中。在这两个维度中，我们都会产
生扎根感或疏离感，会感到被欢迎或
被排斥。和占据在时间的连续体中相
比，栖居于空间中的行为和特征看起
来更为具体和易于理解。但是，在人
类的栖居行为中，现在与过去、物理
与心理、事实与想象之间的盘根错节
清楚地表明，栖居不是一种显而易见

图 6
功能化的家。汉内斯·梅耶（Hannes Meyer，1889—1954 年），
集合住宅单元（Co-op Zimmer）内部，1926 年。

的自主性行为，它是一种知识和一项技能。几乎无可否认的是，作为今天全球化的消费物质主义的主体，我们正在失去深刻地栖居的技能，无法再感觉到"家"的安心。

我们似乎正在失去生活在时间中、栖居于时间中的能力。时间带给我们的挫败感正在把我们推出时间的空间，因为时间正在变成一个体验性的真空，与普鲁斯特（Marcel Proust，1871—1922 年）笔下那种厚实的"时间的触感"背道而驰。时间的实质，只作为遗迹存在于时间的现代式加速之前的文学、艺术和建筑作品中。发人深思的是，科学已经进入动态的四维乃至多维的现实，而我们似乎仍然被静态的、三维的欧几里得空间的固定条件所约束。这种在感官世界和认知世界之间发生的冲突反映了一个事实，即我们的感官系统，作为生物进化过程的产物，具有天生的局限性，

而人类的智慧却有能力构想出非感官性的特征和现实。在当下物质生活高度繁荣的文化背景之下，我们是否正在目睹一种新型的无家可归？换言之，我们是否正在丧失栖居于空间与时间中的能力？

德日进曾经如下指出我们在对时空的理解中发生的根本性变化："这个世界曾经是静态的、可分解的，似乎憩息在它的几何关系的三条轴线上。现在，它是一块从单个模具中浇铸出来的大铁件。如何成为并被归类为一个'现代'人（我们当代的人群主体还没有成为这一意义上的'现代'人），就看他有没有变得能够不仅从割裂的空间和时间的角度来看问题，还能从绵延（duration）的角度，或者，换句话说，从生物性时空的角度来看问题……。"[14]

多贡人村落

Dogon Village

马里共和国，邦贾加拉

1000年至今

多贡人的住所无法被单独讨论，而必须作为群体（这些住所共同组成的村落）中的一部分加以体验。一千多年来，多贡人建造村落和房屋的方法始终如一，他们在建造过程中习得的经验教训代代相传，沿用至今。村落生活的日常仪式以及用以举行仪式的建筑场所都完全与当地的环境和气候融为一体，也与季节循环和生命周期交结在一起。

❶ 我们结识了几位生活在邦贾加拉悬崖地区的多贡人，他们有一些住在位于悬崖顶部高原的村子里，还有一些住在位于平原边缘的、分布着岩屑的山坡上。多贡人以种地为生，没有牧群。他们把村子建在裸露的岩层上，一方面使房屋获得了坚固的地基，另一方面又使岩层之间凹地里的可耕种土地得以充分利用。住房和农地根据年龄的长幼进行分配：老人的土地由全村人共同照料；老人的住房最为宽敞，但同时也最具公共属性，它属于全体村民，被视为村落集体身份的一部分。

在一位多贡向导的提议下，我们动身前往他所在的村落，准备去看看他的房子。道路两侧是一簇簇泥墙砌筑的小土仓，它们形成了村子长长的入口。小土仓呈矩形，全都由夯土墙组成。土墙立在石头的基础上，墙身之间留出的空当正好用较小的石块填满。在土墙顶部，

我们看到破墙而出的屋顶木梁的端头以及用于平屋顶雨水排放的大雨水斗。这些土墙在每年的暴雨中遭到侵蚀，又在每年旱季由村民亲手用黏土和水加以修补，以保证它们来年的防水性。经过多年的手工涂抹，土墙形成了光滑的表面和边角圆浑的形式。从土墙的局部增厚和弧形线条中可以看出，村民在土墙顶部和门窗洞口——特别是底层入口门道的单个门洞——花费了特别多的心思和力气。

❷ 我们首先参观了村里的一个大院子。院子呈不规则形，里面设有一系列神坛。在高处，我们看到一座"凉棚"（toguna）——村中长老碰面和议事的地方。与村里其他房子相比，凉棚显得与众不同，因为它没有密实的土墙，而是向四面敞开的。凉棚的屋顶上覆盖着茅草，平屋顶由上下两层交叉设置的木梁组成。支承木梁的是一系列间距紧密、顶部收细的木柱，木柱表面雕刻着繁复的拟人形象。粗大的承重柱组成了规则的网格，在其内部围合出了一个阴影深重的空间。然而从这个空间中，我们的视线又可以掠过外面的地景，看到村落中较低几级场地上的房顶。

我们穿过狭窄的街道，向村子深处走去。道路两侧是住所和谷仓的土墙，土墙之间是由石块垒成的院墙。

❸

❸ 村中每个人，无论男女，都有属于自己的谷仓，每座谷仓都以正方形的土墙和圆锥形的茅草屋顶组成，土墙上还带有凸起的装饰。谷仓的形式不禁令人想到了多贡人编织的圆口方底的篮子：这种上圆下方的组合代表了一个倒置的宇宙，在这个宇宙中，本应是圆形的太阳在下，方形的天堂在上。谷仓的茅草屋顶通过几圈藤条编织在一起，随着高度上升，屋顶表面逐渐呈弧形内凹，最后形成了一个高高的尖顶。茅草屋顶的建造材料在当地并不多见，而造墙的黏土则是这里取之不尽的资源。所以，当多贡人举家迁移时，他们往往会把圆锥形的茅草屋顶从谷仓上取下，顶在头上，带到建造新家的地方，而失去保护的土墙则会在一场场暴雨的侵蚀中慢慢回归大地。

❹ 接下来，我们被带到一座"大房子"（ginna）前，这是村中某位老人的住房。房子很大，两层高的立面显得极为复杂，上面设有一系列纵向排列的凹龛和上下两扇木门——一扇是下方的入口，另一扇则通向上方的谷仓。谷仓的门上雕刻着复杂的纹样，凹龛则象征着多贡族最早的四对祖先夫妇的后裔。❺ 我们继而被带到一位祭司的房子前：这是以黏土筑成的圆柱形小塔的集合体，

墙面上留有白色的杂谷祭酒浇洒的痕迹。此后，我们又参观了另一所"大房子"。这是向导家族长老的住房，只见他们一家人正坐在入口门厅的阴影中。最后，我们回到了刚进村时看到的那个"凉棚"。向导的住所就在村子入口附近，可他却在我们参观过村里其他地方之后才把我们带到这里。正如瑞士精神分析学家弗里兹·莫根塔勒（Fritz Morgenthaler，1919—1984 年）所指出的："他和每一个场所之间，都被他的'在家'感中的一个相当确切的部分联结在一起。因此，在这个文化中没有卖房子这一说，因为对他们而言，房子等同于住在里面的人。"[1]

❻ 向导的家朝向北面。我们首先走进隐匿在阴影之中的门厅，之后又穿过第二个门道，进入一个房间。房间里有一张架高的床，供向导的父亲使用。房子的墙以夯土筑成，地是泥质的，黏土做的平屋顶铺在密密排列的木横梁上，横梁的两头插在夯土墙里。在位于住宅中心的房间（母亲的领域）中，四根顶部收细的木柱伫立在房间的四个角落，支承起天花板上的木横梁。在房间的尽端是一间两层高的、圆柱形的厨房，它位于住宅南侧并向外凸出。厨房的顶部留有一个洞口以供排烟。整座住宅内部阴暗凉

爽，只有少许亮光，这亮光来自厨房顶部的洞口和两进式的入口门厅。光明成为村落公共生活的特征，黑暗成为私人家庭生活的特征，而两个领域之间的边界就是隐匿在阴影中的门厅。

古罗马中庭住宅

（米南德之家）

Roman Atrium House

意大利，庞贝

公元前80—公元79年

公元 79 年，维苏威火山大爆发，整个庞贝古城埋在了火山灰之下。由此，这座古罗马中庭住宅才得以幸存（这座住宅因其内部一幅描绘古希腊剧作家米南德的湿壁画而习惯被称作"米南德之家"，House of Menander。——译注）。中庭住宅是内院式住宅的一个变体，而内院式宅邸是人类建筑史上最典型的住宅类型。围墙不仅为居住者提供了私密性空间，也使住宅之间得以紧密相连，同时还能够融入街道、广场等城市公共空间的塑造之中。

❶ 庞贝广场（forum）曾是这座古城的生活中心。我们从这里出发，沿着网格状布局的笔直街道向前走。路面上铺着大块的石头，边缘设有高高的路牙石和狭窄的人行道。街道两侧是房屋的连续外墙，墙上的大门洞通向住宅，小门洞通向住宅底层朝向街面的商铺。在以实墙为主的基座之上，通过住宅二层带有列柱的敞廊，我们可以俯瞰整条街道。走进门厅（在古代，应该是先打开一组大门，再踏进门厅），我们便进入了这座住宅的私密世界，将喧嚣的街道置之身后。这是一个光线幽暗的房间，它被称为"前庭"（fauces）。和这座住宅里的所有房间一样，它原本带有镶嵌着精美几何图案的石砌马赛克地面，墙上饰有色彩绚丽的湿壁画。画中呈现的往

往是神话场景或自然风光，壁画四周描绘着建筑样式的边框。

我们走到狭长的前庭的尽端，在中庭的边缘停下脚步。❷ 这是一个两层高的、中心向天空敞开的空间。从我们站立的地方开始，脚下这条引导位移的对称轴线穿过前方的接待室，延伸到室外，终止于花园尽头柱廊的阴影中。这条水平层面的轴线通过一条垂直层面的轴线而得到了完美的呼应。后者发端于中庭中央的长方形"承雨池"（impluvium），它一路向上，通往屋顶上和承雨池同样大小的矩形洞口。下雨时，一部分雨水沿着四个向内倾斜的屋面汇入水池，另一部分则通过洞口形成一根矩形水柱，直接落入池中。中庭隐匿在厚实的砖石墙内，却又面向上方的天空和后面的花园敞开。房间中央的这一池清水并非虚设：在气候炎热的意大利南部，它能够起到降温的作用。凉爽的微风从花园送入，继而拂过池中的水面，最终携带蒸腾的暑气从屋顶的洞口排出。

在前方明亮光线的吸引下，我们踏上水池外围的马赛克地面，向前走去，慢慢地意识到中庭的规模之大。两边那些面向中庭敞开、依靠中庭屋顶洞口采光的房间，虽然进深较浅，规模却也不小。屋顶的设置相对复杂：

❸

一对深深的木梁贯通于中庭两侧的墙体之间，与屋顶洞口的前后两条边对齐；四根斜梁从屋顶洞口的四角搭到中庭顶部的四角；中庭的内倾式陶瓦屋面则支承在一根根从中庭围护墙向中心洞口倾斜的小托梁上。水池位于房间中央，其边缘区域呈曲面凸出，外沿带有一圈略微加高的镶边石，用以汇集落下的雨水。我们试着想象雨后的景象：池中水面上倒影摇曳，同时反射出来自上方天空的蓝色光线和来自花园的绿色光线。今天，在中庭内，我们依然可以通过阳光投下的明亮光斑的位置来判断时间与季节。光斑缓缓地从墙面滑下，掠过地面，又爬上另一侧的墙面。

穿过宽敞的接待室（tablinum），我们来到室外，进入花园的列柱廊（peristyle）。**❸** 顾名思义，这是一座由列柱构成的回廊，上设顶盖，它环绕在矩形大花园的外围。**❹** 花园重新调整了我们对这座住宅的体验：绕着列柱廊行走，从一个房间来到下一个房间，我们会不断地发现新的景致以及空间之间新的视觉关系。虽然列柱廊周边的每个房间都被塑造成了不同的形状以满足特定的使用需要，但它们全都面向花园，聚焦于花园，并由花园汇集在一起。餐厅（triclinium）的进深是开间的两倍，四个角落设有四根小圆柱，顶部是筒形拱式的天花板。在

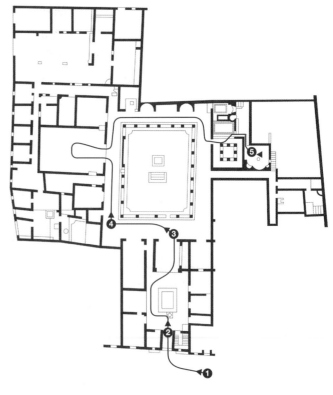

❹ ❺

这里，人们倚靠在特设的长榻上进餐，同时还能欣赏到外部的美景——透过列柱廊便可以看到花园内部及对面的景致。此外，住宅内还有一些具有季节性功能的房间（用于进餐和白天的起居），它们在冬季充分利用温暖的西向阳光，在夏季通过列柱廊对炙热的南向阳光加以遮蔽。家庭浴场中的冷水浴室（frigidarium）和热水浴室（caldarium）❺ 都借由设有立柱的温水浴室（tepidarium）通向列柱廊和花园。在供家人和宾客使用的书房、画廊和卧室，我们也可以透过列柱廊的外围墙看到花园内的景色。栖居在花园四周的房间中，我们既能够感知他人在花园外侧的存在，同时也保留了些许距离感和私密感，因为我们始终匿身于列柱廊的阴影之中。花园中阳光明媚，来自不同房间的视线在此纵横交错。住宅里的各个房间以及栖居其中的家庭成员通过花园汇聚在了一起。

米南德之家的中庭营建出了强烈的庇护感和围合感，形成了一个"大世界中的小世界"。其中，从水池通向天空的垂直轴线构成了一条"宇宙之轴"，在日常家居生活中处于中心位置。中庭带给我们一种内向聚焦的、由垂直轴线主导的、阴影深重的体验，它通过花园和列柱廊那开阔明亮的水平向空间体验得到了互补，住宅空间也

因此而由封闭变得开敞。在四墙之内，古罗马的中庭住宅形成了它独有的家居生活的内在世界，通过建立一条内部的地平线将天地之间的纵向联系加以平衡，进而把家庭生活放在了中心位置。

圆厅别墅

Villa Rotonda

意大利，维琴察

1566—1569年

安德烈亚·帕拉第奥

（Andrea Palladio，1508—1580年）

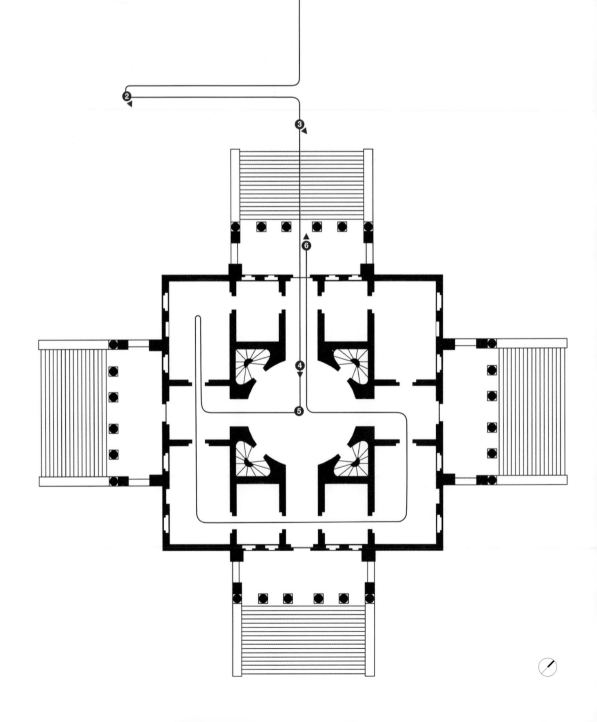

❶

　　圆厅别墅建于 16 世纪，是为保罗·阿尔梅里科（Paolo Almerico，一位告老还乡的梵蒂冈教廷要员。——译注）的家族设计的一座乡村住宅。它坐落在维琴察（Vicenza）城南的一座山丘顶部，位于多洛米蒂（Dolomite）山脉周围丘陵地带中的贝里科山（Monte Berico）以东。圆厅别墅体现了帕拉第奥对古罗马遗址深入研究的成果，也标志着他对传统住宅形式的大胆革新：将乡村住宅与理想化的古代神庙这两种建筑形式融合在一起。在我们的体验中，圆厅别墅成功地把家居生活文化植入了农耕文明的地景之中。

　　和威尼托地区（Veneto，曾隶属于威尼斯共和国）所有重要的建筑物一样，圆厅别墅曾经也需要通过水路进出。在别墅的东北面，一条长长的斜坡从巴基廖内河（Bacchiglione，在帕拉第奥的年代为了水上运输而疏挖的人工水道）中升起，它是当年进入这座房子的正式途径。绕着山丘四周行走，我们发现这座别墅拥有四个完全相同的立面和四条入口通道，它们分别呼应着从山顶看见的不同景色。

　　从西北面的街道进入一扇大门，我们沿着一条坡道上行，坡道两侧是巨大的挡土墙。❶ 当我们朝着别墅所在的山顶平地走去时，它的整体结构便渐渐地进入我们

的视野中。❷ 这是一个坚实的乳白色体块，其正立面采用双正方形比例（高宽比为 1∶2）。它伫立在巨大的基座之上，顶部承托着铺有红色陶瓦的坡屋顶，屋顶上方冒出了圆柱形的鼓座和瓦屋面的穹顶。立面的正前方设有宽大的门廊，门廊由六根圆柱构成。圆柱顶部是三角形的山花，底部是加高的基座。基座两边各有一面向前伸出的挡墙，挡墙之间被通长的大楼梯所占满。在这个中央体块的两边，我们可以看见相同样式的、带有陶瓦屋顶的门廊。门廊地面下方的实墙上设有圆拱式的门洞，门洞里是带顶盖的通道，我们可以从这里通往位于地面层的厨房和其他服务空间。大楼梯顶部的、高大的主楼层（piano nobile，意为"尊贵层"）只用来容纳别墅的主要房间。私人卧室则位于顶层，室内设有小方窗，窗口就在屋檐下方。

　　虽然这座别墅在四个方向都采用了相同的立面，但不同时间的光线却为每一个立面渲染出了完全不同的视觉效果。别墅的平面呈正方形，以四个实墙转角正对四个基本方向，因此主入口所在的立面朝向西北，沿河立面朝向东北，另外两个立面分别朝向东南和西南。如此一来，即便是在冬季白昼时间最短的日子里，四个立面也都能受到光照。夏季，太阳照亮所有立面，透空的门

❷

廊在建筑主体上投下浓重的影子，滋生出不断变化的光影关系。一天中的时间流逝、一年中的四季更迭与天气变化都会对圆厅别墅呈现出的色彩产生极为显著的影响，这是因为帕拉第奥在房子外墙最后的灰泥涂层中掺入了石英晶体。它在倾盆大雨中是铁灰色的，在清晨时分会反射出淡淡的蓝白色，而在夕阳西下时又闪耀着金子般温暖的黄褐色。

❸ 走上大楼梯，我们步入门廊的阴影之中，在左右两边的实墙上看到带山花的大窗子，在头顶上方看到一根根支承着天花板的木横梁。穿过入口的铁栅门，我们进入狭长的门厅。门廊的石砌地面延伸进了室内，在经过一个高高的拱形门洞之后，直抵中央的圆形大厅——这座别墅就是因此而得名"圆厅别墅"。❹ 圆形大厅的直径为9米，与门廊的宽度相等，从地板到上方半球形穹顶的起拱点的距离也是9米。❺ 穹顶的中心设有一个小小的圆孔和灯笼式天窗，相应地，在石砌地板的中心也设有一个排水口。此时我们才意识到，穹顶上的小圆孔原本是打开的，雨水可以透过它直接落入中央大厅。在圆形大厅的四个斜向对角上设有四个门洞，门洞将我们引向四座小小的旋转楼梯，楼梯通往顶层与地面层。在圆形大厅的两条主轴线上则设有四间带拱券的门厅，它

居所

圆厅别墅

④

⑤

们分别通往四座门廊。透过门厅，微风携着四周田野中怡人的芳香与悦耳的声音从别墅中穿堂而过。

主楼层的其他房间不能从圆形大厅直接进入，它们之间只能通过门厅侧墙上的对称式门洞相互联系。圆厅别墅"尊贵层"上所有房间的长、宽、高都是依据和谐的比例组织而成的：四个位于角部的大房间宽4.5米、长7.5米、高4.5米，长宽比为5∶3，高宽比为1∶1；四个较小的房间宽3米、长4.5米、高3米，长宽比为3∶2，高宽比为1∶1。在这些房间中穿行时，我们看到，四个位于角部的大房间都采用了镶嵌成几何图案的拼花木地板和拱形的石膏天花板，两面外墙上都设有窗子。

回到圆形大厅，我们站在空间中央这条从下方大地通向上方天空的垂直轴线上，透过四周门廊的列柱间隙沿着水平向的轴线向外眺望。东北向的视野最为开敞宽阔，越过河流，我们看到遥远的地平线；向东南望去，我们看到的是农田和果园等距离适中的景色；西南向是一片高大茂密的树林，它距离我们最近；西北向是入口的坡道，❻极目远眺，我们看到贝里科山坡上星星点点的几座别墅。圆厅别墅是一座高度均衡的建筑，它把家居生活围合、庇护并集中在垂直向的穹顶之下，将我们与天空和大地相连，同时又在四个水平方向朝着或亲密或辽远的地景敞开，将我们的目光引向更为广阔的世界的地平线。

马丁住宅

Darwin Martin House

美国，纽约州，水牛城

1903—1907年

弗兰克·劳埃德·赖特

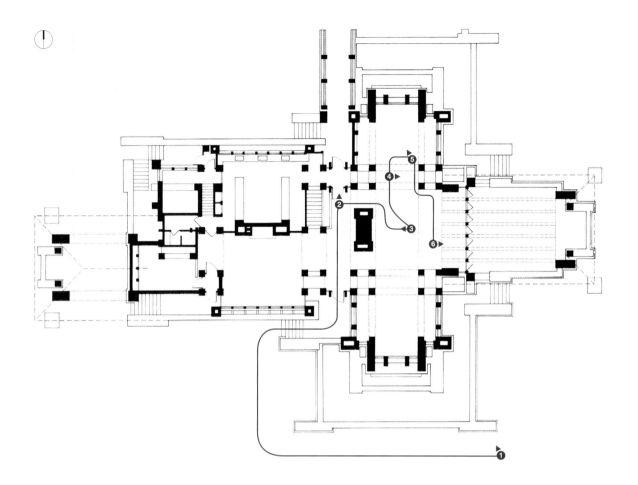

马丁住宅是为拉金制皂公司（Larkin Soap Company，赖特还设计了该公司位于水牛城总部的办公楼）的总裁设计的私人宅邸。这座房子及其附属结构由一系列不同尺度的、十字形平面的四坡顶空间单元组成，它们的轴线彼此交叉、再交叉，从而构成了一种由多个中心相互连接而成的、与地景融为一体的空间组织空间组织模式。在马丁住宅中，房屋与其所处的郊区地景交织在一起，家居生活的室内和室外空间交织在一起，共同创造出了一座可栖居的一体化建筑，堪称住宅建筑的典范。

❶ 从街道望去，我们对马丁住宅的第一印象便是低垂而悬挑的四坡顶所形成的水平线条，它们为这座房子与大地的走向建立了联系。在屋顶的阴影中，一对对不同尺度的、垂直向的砖砌方柱层层套嵌，仿佛在模仿人体站立时的仪态与尺度。一系列低矮的水平向砖墙从住宅内部向外延伸，把房子牢牢固定在大地上。矮墙的尽端以低矮的混凝土花坛作为收头。在砖柱之间的阴影深处，我们能看到玻璃的闪光，却完全无法看到住宅的内部。

我们在两个最大的体块的内夹角处找到了退缩的玻璃门入口，由此进入一间小小的门厅，门厅位于两对砖砌的正方形束柱之间。接着，我们走入入口大厅。它位于这座房子的几何中心，四面都是通透的：右边是一个双面壁炉，壁炉的另一侧是客厅；左边是用垂直木板条隔开的楼梯，楼梯的另一侧是接待室；❷ 在前方，我们看到一条长长的、带屋顶的连廊，它笔直地通往一间光线明亮、以玻璃加顶的暖房，两侧的列柱造成了令人惊叹的透视效果；在上方，两层高的空间之上是位于二楼的卧室。

❸ 绕过壁炉，我们走入客厅。客厅的南北两端分别与餐厅和书房相连，西侧是壁炉，东侧与带屋顶的露台相连。空间之间并没有明确的界线，而是以一个交叠的空间作为过渡。客厅的空间并不像编织物那样严密紧实，而更像是一座森林：一根根砖柱犹如树干，橡木贴面的横梁形同树枝。在屋顶天棚投下的具有保护感的阴影中，我们看到无数光线透过远远近近的孔隙照射进来，如水晶般闪烁不定。在空间和结构上，住宅的主空间均以边长为 2 米的正方形束柱加以框限，每组束柱由四根砖柱组成。❹ 束柱内部设有辐射式取暖器，四个外立面上配有嵌入式书柜。书柜上方是镶铅条的玻璃窗，它使我们在房子内部也能拥有通透的视野。窗子两侧挂着一对球形灯具，四根砖柱中央的天花板上安装着一个由镶铅条玻璃制成的正方形灯具。

这个巨大的房间中没有任何角落是封闭的，也没有任何从地面直抵天花板的通高墙壁，它由一系列相互脱离

❸

的独立元素组成：砖砌方柱、橡木贴面的横梁、低矮的粉
墙、橡木板条的隔断和嵌入式的橡木家具等，这些元素通
过外包的橡木饰条以及玻璃窗上的铅条图案被整合为一
体。书房和餐厅位于客厅两端❺，平面都采用了十字形，
但尺寸均小于客厅。这三个十字形空间通过共享 3.2 米高
的天花板而锁扣在一起。天花板总长度超过 21 米，它仿
佛没有任何支撑，悬浮在三个房间之上。客厅西侧的空间
与入口大厅发生交叠，以双面壁炉作为空间的过渡；❻ 客
厅东侧的空间与带屋顶的露台交叠在一起，以一排露台大
门作为过渡，大门由木门框和镶铅条玻璃制成。露台顶部
的天花板从门上越过，飘进客厅里面，室内与室外之间看
上去仅仅隔了一层纤细的镶铅条玻璃。

　　在马丁住宅中，房间之间没有明显的门槛，而是通过
大跨度的、橡木贴面的双梁加以分隔。双梁底部距地 2.1
米高，它们从一组束柱伸向下一组束柱。横梁底部挂着窗
帘杆，布帘的设置既能满足视线遮挡和保温隔热的需要，
又可以保证房间之间在听觉上的连续性。石膏天花板（空
间中唯一的连续面）与铺着瓷砖和地毯的地面共同界定出
了居住空间的高度；水平方向上的界定（一个房间结束、
另一个房间开始的地方）则取决于我们的栖居模式。虽然
天花板相对低矮，但多层次的顶棚却为我们带来了复杂

④

⑤

❻

而丰富的空间体验。站立时，从处在阴影中的客厅环视光线明亮的四周，我们从每个方向都能看到室外的景象。然而只要坐下来，我们便顿时处于由砖砌矮墙和厚重的橡木壁柜所形成的、具有保护感的围合体之中，视线也即刻被限制在私密的室内区域。站与坐之间的感受有着天壤之别，因为这座住宅由不同层次的水平向空间组成，而每一个层次都根据我们的活动及其对应的视点位置进行了精准的调节。

通过露台、连廊、通道、阳台、连续开窗以及周围的花园，马丁住宅在各个方向上都与地景交织为一体。大型的半圆形花坛位于客厅和露台的中心线上，花坛中的植物品种经过了精心挑选，以保证一年四季花开不败。

房屋内部及其周边的承重砖柱之间以小小的垂直光槽加以分隔，光槽内以镶铅条玻璃加以填充。从住宅内部望去，光槽透出水晶般的七彩光线，光线划分出砖柱的界限并对其形式加以刻画。站在室内，身处悬挑屋顶的阴影中，玻璃窗上的铅条像筛子一般过滤着我们看到的外部景观。光线透过金属铅条形成的图案钻进来，在钻石般的雕花玻璃上得到折射。在我们的体验中，这些窗子形成了围合式的线条，与空间融为一体。

白天，砖柱上以古铜色砂浆勾出的水平向砖缝在阴影中闪烁着微光，如同被编织进房屋暗影中的亮线；阳光透过窗子洒入室内，窗上的铅条就如同被编织进光亮中的暗线。亮线和暗线相互呼应，互为补充。夜晚，这些金色的线条打破了黑暗的沉寂，与窗上的彩色玻璃小方块一起反射着壁炉的火光和电灯的光线。天花板上的灯具也发出带有色彩和图案的光线，进一步丰富了我们的体验。

玛丽亚别墅

Villa Mairea, Gullichsen Residence

芬兰，诺尔马库

1937—1939年

阿尔瓦·阿尔托

❷

　　玛丽亚别墅位于芬兰东南部，是玛丽和哈里·古利克森夫妇（Maire and Harry Gullichsen，芬兰最大的林业公司之一的所有者）的乡间别墅，建于其家族地产及公司总部的所在地之上。就建筑元素和组织性结构而言，玛丽亚别墅结合了芬兰的乡土式农舍和现代主义早期的建筑风格，融合了"欧洲大陆式的前卫与原始的母题，乡居的简单淳朴与极端的精致考究，手工艺的传统与工业化的制造"。[1]通过这种方式，这座住宅使它的栖居者能够同时感受到偏远乡居场所中的安逸舒适和广阔都市世界中的自在惬意。

　　❶ 向别墅走去，我们首先看到的是它的南立面。立面右侧是一个两层高的、表面经过白色石灰粉刷的砖砌体块，它与左侧较矮的、由红褐色木材和玻璃组成的体块锁扣在一起。右侧体块的上层设有四樘箱型窗，窗体以木框制成，三面镶有玻璃，它们以略微倾斜的角度从白色砖墙向外出挑。在清晨阳光的照射下，窗体在墙面投下一个个三角形的影子。窗子下方是弧线造型的、两层材质叠加而成的天棚，它向前出挑，支承在四根形态各异的柱子之上，在东侧边缘通过一排细细的杉木柱加以遮挡。在悬浮式天棚的阴影中，我们找到了入口大门。

　　穿过狭窄低矮、开设天窗的前厅，我们来到入口大厅。入口大厅采用红色瓷砖铺地和光滑的白色石膏天花板。正前方，一面独立的、刷着厚石灰的曲面砖墙向前鼓出，挡住了我们的去路。在这面墙的后上方，我们瞥见了餐厅内微微翻折成两部分的石膏天花板。曲面墙在左侧逐渐向后收回，在它的尽端，我们登上一段宽阔的木质台阶，来到位于起居室（在我们前方）和餐厅（现已在我们身后）之间的空间节点。这里也是楼下和楼上卧室之间的空间节点，两个楼层通过我们右边的楼梯相连。它同时还是室内和室外的空间节点：室内空间被前方的壁炉牢牢固定下来，而室外空间则透过壁炉和楼梯之间几近通高的玻璃墙呈现在我们面前。

　　❷ 走进起居室，我们看到上方悬浮着纹理细密的天花板，它由细松木条拼成的正方形镶板组成。正前方，我们看到表面刷着厚石灰、光滑洁白的巨大石砌壁炉，**❸**它把空间的一角固定下来。壁炉右侧是宽大的推拉式玻璃墙，我们可以由此进入中心庭院。在庭院对面，我们看见一座腰果形的泳池和充满乡野气息的、覆有草皮屋顶的桑拿房。傍晚的阳光从这扇西北向的大落地窗照射进来，在壁炉的侧墙上雕琢出曲线优美的图案，像是把墙体局部掏空了。壁炉后方是一面砖墙，它将花房从起居室中分割出来。花房采用石板铺地，朝向室外的两个立面上设有大落

❸

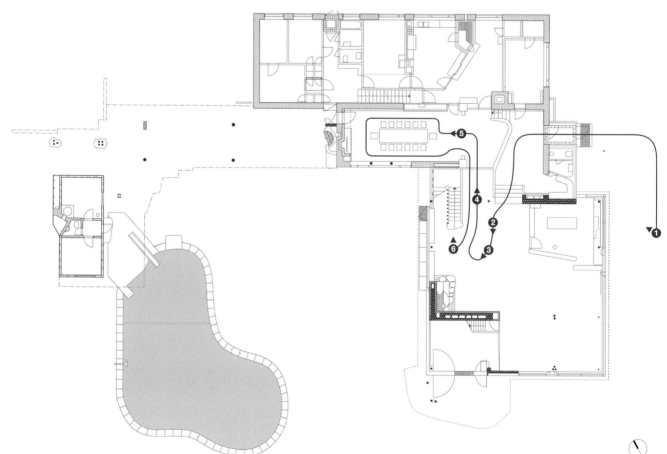

❹

地窗，窗外是带顶盖的西侧露台。花房内有一座外包藤条墙的悬挂式楼梯，楼梯通往女主人玛丽位于二楼的工作室——一个高敞的、两层高的、带有天窗的空间。工作室俯瞰着庭院，在西侧设有曲面墙和阳台。

我们回到起居室的主空间中，随即注意到铺地材料的变化：通往楼梯和餐厅的地面上铺着红色瓷砖，其他区域采用的是短木条地板。地砖和地板在交接处形成了一条缓和的 S 形曲线，这条曲线始于起居室入口台阶的顶部，结束于花房的角部。起居室南侧的两面墙上都设有大型的木框窗，透过窗子可以沿着山坡望见下方的森林。位于东侧角落的是书房，它通过错位排列的书架形成了自己的边界，从起居室中独立出来。书架的顶部和天花板之间设有波浪形的木板和玻璃，它们从隔音角度保证了私密性，又使低斜的阳光在空间之间得以渗透。

起居室完美地结合了芬兰乡土农舍的单间大房结构和现代住宅的开放式平面。它包含了四个具有不同功能的空间——起居室、书房、花房和壁炉前的火塘空间，甚至还可以用作现代艺术画廊，而这一切都被容纳在一个单间式的、边长为 15 米的正方体房间中。在开阔的空间里，一方面，我们体验到了封闭式的花房和书房之间、开放式的火塘空间和起居空间之间的对话，另一方面，红砖地面又

❺

把开放式的火塘空间和封闭式的花房连接在一起，而木地板则把开放式的起居空间和封闭式的书房连接在一起。具有统一性的松木条天花板笼罩着整个起居室并将它所包含的四个房间集中起来。天花板的连续性与承重柱的非连续性和多样性形成了互补：这些漆成黑色的圆形钢柱（除了书房中的那根混凝土圆柱）有独立的，也有两根一组和三根一组的；有的裸露着柱身，有的局部缠绕着水平向的藤条，❹ 或者采用垂直向的桦木条贴面。

❺ 餐厅的平面呈双正方形。光滑的石膏天花板沿着纵向中心线翻折为两部分，靠庭院的一半略微向下倾斜。靠近餐厅入口的东墙上嵌着一个带有玻璃门的餐具柜。餐具柜面朝餐厅，背朝厨房。在它的斜对面是一扇水平向的大玻璃窗，窗子支承在两根嵌入窗台的钢柱上，窗口面向西边的庭院。正对餐厅入口的北墙上，光滑的石膏表面被挖掉了一部分，露出一截砖墙。砖墙右侧设有一扇通往敞廊的门，左侧是嵌在墙中的小壁炉，因此左右两侧的设置并不对称。建筑师精心组织了餐厅中的空间结构，特别是仔细斟酌了进餐者在每把餐椅的位置可能获得的视野，以增强全家人共同进餐的日常仪式感。在芬兰冬季的黑暗和夏季的日光中，白天与夜晚的界限变得模糊，而这样的家居仪式恰是标记时间的重要方式。

❻ 通往二层的楼梯看起来就像是从上方垂悬下来的随机排列的细木柱，它们是对玻璃墙外森林树木的一种暗指。细瘦的木柱元素贯穿于整座房子之中，它们被运用在空间的转换点上，例如入口大厅和餐厅之间，以及室外入口门廊的一侧（门廊上的木柱还带着树皮）。细木柱楼梯用抗拉的木材和钢材建成。走在楼梯上，我们感到梯级在轻微地颤动，从而突显出了我们自身的重量。由此，当我们离开起居室坚实的砖地，登上造型特异的第一级踏步时，便会产生已然到达二层的错觉。在二层，我们看到两间主卧室，它们采用波浪形的天花板，共用一间通往大阳台的小过厅。我们还看到几间子卧室，它们带有斜向凸出的箱形窗台。走下楼梯，踩在最下方的踏步上，我们才感觉自己真正回到了一层。正是这级踏步微妙地将我们领入起居室的空间中。

辛普森住宅

Simpson-Lee House

澳大利亚，新南威尔士州，威尔逊山

1988—1994年

格伦·默科特

（Glenn Murcutt，1936年— ）

❶

　　辛普森住宅建于一块偏僻的基地之上，它俯瞰着蓝山国家公园，与周围的自然生态环境保持着精准细腻的协调关系。这座住宅在细部和材料上都刻意保持了低调与节制，使栖居者的日常生活得以在自然中展开，又尽可能减少了人类对自然地景的影响。居住在这里，人们能够时刻感受到太阳的移动和四季的更迭。由此，大自然千变万化的景象不再是人们日常生活中的背景，而是被推向了前景。

　　❶ 建筑坐落在山腰的一块天然岩架上，由两个带有金属覆层的结构体组成。这两个结构体伫立在山坡上，在地势较高的西侧相对低矮、封闭，在地势较低的东侧更为高大、开敞，将山下的风光尽收眼底。❷ 这两部分之间以一座蓄水池相隔，而位于建筑东缘长长的"漫步廊"又将这两部分连接起来。为了进入住宅内部，我们首先穿过辅助用房前的碎石台基，然后踏上一座木制的小桥——这座木桥就是漫步廊的起点。桥面随着我们的踩踏轻微颤动，我们感到自己离开了大地的表面，悬浮在空中，左侧是一路下行、伸向远处山谷的大地，右侧是倒映着岩石山坡与上方天空的宁静水面。我们走到高悬的金属斜屋顶那单薄的边缘之下（这部分屋顶仅由一根单独的分叉的柱子加以支撑），右侧是带有金属百叶窗的卧室玻璃墙，左侧

居所

辛普森住宅

❸

是高大的银白色桉树树干。来到主空间的边缘，便能看出它的地板是一个架空的、悬挑在山坡上的水平面。我们从柔软且略带弹性的木桥踏上坚实的混凝土地板，穿过玻璃门厅的两扇门，进入住宅内部。

❸ 住宅的主空间同时容纳了起居室、餐厅和厨房，它在整个东面通过通长的玻璃墙向大自然敞开。玻璃墙上设有大型铝合金推拉门，外部装有水平向金属遮光百叶，顶部与一根水平向的钢梁相接。钢梁和屋顶之间设有直接以玻璃对接的无框高侧窗。四根钢柱（其中南端和北端的两根分别位于入口门厅的角部）支承起推拉门顶部的横梁和屋顶。在横梁的高度，V形钢管从柱子上向外斜出，以支承宽大屋顶在建筑东缘的悬挑部分。天花板覆盖了住宅的全部空间，它是一个中间微微下沉的白色石膏表面，从东侧较高的玻璃墙顶端斜落在西侧低矮的实墙上。厨房位于西侧，它的照明来自一组向外斜出的玻璃窗。透过窗子，我们可以看到上方的岩石山坡。沿着向外伸出的窗台设有玻璃通风口，它将顺着山坡向下流动的凉爽空气引入室内。房屋外部的金属材料全部都是银色的，而室内除玻璃外的所有表面都是白色的：地面是光滑的乳白色混凝土板，南北两端及西侧的墙体是白色石膏抹面的砖墙。由此，光线从东侧的玻璃墙射入，在室内的白色表面上得到

了漫射和浓缩。

我们在木桥上碰触过的水平向钢扶手没有止步于门外，而是来到了室内，沿着高高的东侧玻璃墙向前延伸，将立柱连接起来，然后穿过南端的第二间门厅，通向室外。由此，漫步廊通过钢扶手实现了自身的连续性：从室外到室内，再从室内回到室外，最后以南端的木楼梯为终结，把我们带回下方的地面。❹ 当东墙上的玻璃门关上时，光线从遮光百叶的缝隙穿过，在地板上投射出明暗交替的线条，整个房间便布满了条纹状的光影图案。❺ 坐在房间里，我们看到垂直的树干和连绵起伏的远山被遮光百叶过滤成一道道水平带状的风景，而上方的天空则透过高侧窗上的无框玻璃毫无阻碍地进入我们的视野——室内和室外由此被连接在一起。当玻璃门向两侧推开时（与两端门厅的边缘交叠），室内与室外、住宅与自然之间的边界就完全被消除了，家居生活的空间与地景融为一体。我们感到穿堂而过的微风，嗅到桉树的芳香，听到琴鸟的啼啭，看到来自北方的阳光被微微波动的水面反射到天花板上。向外凝视远山的轮廓，只觉得天花板外缘呈弧线形微微上翘，迎向上方的天空并与之交融。此外，我们还能感觉到位于背后和脚下的山坡，感觉到那块从紧靠房屋东侧的山体中冒出来的巨大岩石。岩石形成了一处坚实的前

❹

❺

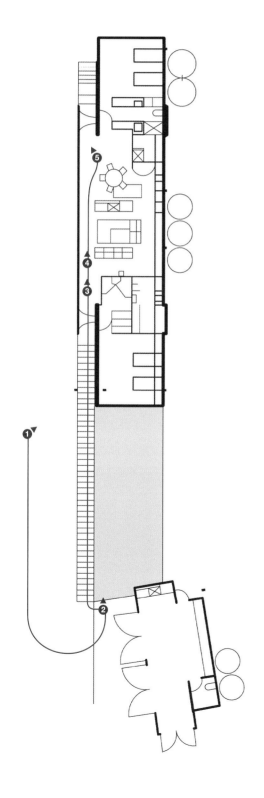

景，在广袤无边的绿色森林的衬托下，令我们感到自己既扎根于大地之中，又飘浮在地景之上。

辛普森住宅秉承了全世界通用的古老的家居传统，将日常生活的一切都设定在建筑中心的主空间里（除了睡眠活动，它被安排在位于主空间南北两端的两间卧室中）。主空间可以被完全打开或闭合，以回应环境与气候中最微妙的变化，让生活在这里的人们有能力对空间加以调节，从而在一天的时间流转、一年的季节更替中，始终都与自然场景保持着联系。住宅内部的各个表面——白色或浅灰色、光滑无缝、细部极简——使之能够对周围自然界中的每一个细微之处都加以框限，并将其送入前景之中。在我们的体验中，主空间就像是处在地景中的一个经过精心编排的栖居场景，它将我们根植于这个场所的节奏之中，使家居生活的基调与周围环境的基调相协调，令我们在大自然中也能感到家一般的安心。

空间
时间
物质
重力
光线
寂静
居所

仪式
记忆
地景
场所

房间

建筑是对一个房间的制造；一种对若干房间的集合。光，是那个房间的光。这个人和那个人所交流的思想，在这个房间中和那个房间中是不一样的。一条街道是一个房间，一个通过共识形成的社区活动室。它的性格在一个个交叉路口之间变化着，因此它可以被看作是一系列的房间。[1]

——路易斯·康

今天，我比从前感受更深的是，461 号牢房……已经留驻在我的心里，变成我灵魂的秘密。今天，我比从前感受更深的是，我就像一只把它的笼子吞进肚里的小鸟。我把我的牢房背在身上，放在心里，就像孕妇带着子宫里的胎儿。[2]

——库尔齐奥·马拉巴特
（Curzio Malaparte，1898—1957 年）

那里有宁静的屋子，屋里有低矮的天花板
和八字形张开的窗台，孩子们爬上来
把下巴支在双膝上
看那潮湿的雪花飘落
平静地飞扬在黑暗、狭窄的庭院
那里有宁静的房间，它们诉说着生命
诉说着装有洁净的家传床单的柜子
那里有安静的厨房，有人坐在里面阅读
把书抵在长面包上
光线落在那里，送来了白色百叶帘的声音
如果你闭上眼睛，你会看见
清晨在等候，不管它怎样地匆匆
它的暖意会融进屋子里的暖意
那每一片雪花的飘落
都是一个回家的标志[3]

——博·卡佩兰
（Bo Carpelan，1926—2011 年）

充满记忆的房间

最有聚焦力和感情张力的建筑体验来自"房间"：它是作为一个具有鲜明特征的、被围合的空间格式塔（gestalt，意为完形）而被体验的空间。"房间"的概念通常是指家居生活中那些相对私密和封闭的空间，但是一个具有强烈的整体性、集中性和单一性的大空间，例如一座复杂的、动态的、表达丰富的巴洛克教堂，也会投射出某种"房间性"（roomness）。这种房间感在各类不同的场所可以同样地令人难忘：佛罗伦萨圣马可修道院（Convent of San Marco）中朴实无华的修士单元，在安吉利科修士（Fra Angelico，1395—1455 年）创作的壁画的衬托下显得格外感人；美第奇家族礼拜堂（Medici Chapel）的虚空感在米开朗基罗形而上的感伤中得到了提炼和升华。这两个房间中的空间都让人感觉比自然空间更为稠密，重力感似乎也得到了增强。身处其中，我们会感觉到自己正位于世界的最中心。

通过这种方式，一个房间可以使我们的心神向内集中，但同时它还可以被体验成一种我们自己身体的"外化"，成为我们的第二层皮肤，因此一个房间能够让我们通向一个更宽广的场所。举例来说，赖特设计的由空间单元相互交织而成的动态性居住空间，既让我们体验到了具有保护性的围合，又为我们提供了一种与室外空间之间的连接。

菲利普·约翰逊（Philip Johnson，1906—2005 年）在新迦南的玻璃房和密斯在伊利诺伊州普莱诺的范思沃斯住宅（Farnsworth House）是两个把"房间"的概念消解到了极限的案例。这些非常精确地用玻璃围合起来的"房间"不仅向外部的地景环境完全敞开，而且在其内部仅通过块状的辅助用房加以划分。这两座房子看似自相矛盾地融合了几组相互对立的体验性类别：室内和室外、公共和私密、地景和房间。

现代主义追求连续的流动空间以及空间之间开放式的互通，试图把空间转变为一个连续体，创造出一种单元之间的流动，不再投射出任何空间性对象，从而减弱了栖居者对"房间性"的感受。

希格弗莱德·吉迪恩曾经满怀热情地如下评论勒·柯布西耶作品中的这种非物质性的空间流动：

"勒·柯布西耶的房子用来为自身定义的，既不是空间，也不是形式，而是从中穿过的空气！空气变成了一种构成要素！因此，你既不能依靠空间，也不能依靠形式，而只能依靠关系和相互渗透！这里只有一个单体的、不可划分的空间。室内外之间的分隔业已坍塌。"[4]

然而，在那些没有被墙体完全

图1

一个洞穴式房间，其内部的中心支撑起到"宇宙之轴"的作用。带有中心柱的伊特鲁里亚（Etruscan）穹顶墓室。滨海卡萨莱古墓（Tomba di Casale Marittimo），意大利，佛罗伦萨，国立考古博物馆。

图2

奇迹正在发生的房间。尽管移走了一面墙，人们还是可以体验到围护感和亲密感。乔托，《向圣安妮宣告受胎》，约1305年，意大利，帕多瓦，竞技场礼拜堂（Arena Chapel，亦称"斯克罗威尼礼拜堂"）。

地或明确地围合起来的空间中，我们仍然可以体验到"房间性"，例如荷兰风格派大师赫里特·里特韦尔（Gerrit Rietveld，1888—1964年）设计的施罗德住宅中，就充满了富于动感和节奏性表达的新造型主义空间。

或许因为，对一个房间的体验意味着这个空间与主体的自我感知之间的强大结合，所以，如果我们可以从艺术、心理分析和文学的视角来看待这个房间，那将是不无裨益的——与建筑学相比，这三门学科更加习惯聚焦于人的"自我"。

房间可以带给人具有强烈暗示性的邀请感，我们甚至在绘画作品中都能感受到这一点：乔托（Giotto，1266—1337年）所作的《向圣安妮宣告受胎》（Annunciation to St Anne，约1305年）中被移去一面墙以显露室内正在发生的奇迹的小房间，维托雷·卡尔帕乔（Vittore Carpaccio，

1465—1526年）在《圣厄休拉之梦》（The Dream of Saint Ursula，约1490—1495年）中呈现的文艺复兴式的房间，安吉利科修士描绘的《查士丁尼执事之梦》（The Dream of the Deacon Justinian，约1438—1440年）中极为简朴的修士居室，以及凡·高创作的《阿尔勒的卧室》（1888年）等，它们在情感上都和现实中的实体空间一样真实而令人难忘。

房间与它的栖居者之间的关联和认同在许多绘画作品中都得到了证明：墨西拿的安托内洛（Antonello da Messina，约1430—1479年）在《书房中的圣哲罗姆》（St Jerome in His Study）中描绘了废弃的教会空间内的一个开放式的高台（或小舞台），从而限定出这位圣人的私密工作空间的范围；威廉·哈莫修依（Vilhelm Hammershoi，1864—1916年）创作于19世纪早期的油画中，时常描绘

恬静唯美的女性形象，她们总是坐在光线微妙、静谧无声的房间里。房间与"自我"之间的相互影响在心理分析著作中也得到过讨论。瑞士心理学家卡尔·荣格（Carl Jung，1875—1961年）在一份有关他的梦境的记录中，曾如下描述房间意象的历史真实性以及它们与栖居者自己的无意识之间的关系：

"这是……一座我不认识的房子，它共有两层。它是'我的房子'……我很清楚，这座房子代表了一种心理意象——就是说，我当时的意识状态，加上……一些无意识的东西。客厅代表了我的意识。它呈现出有人居住的气氛，尽管装饰风格略显古旧。一层代表了无意识的第一个层次。我走得越深，眼前的场景就变得越来越陌生和黑暗。在地窖里，我发现了一些原始文化的遗留物——那就是，我内心深处的那个原始人的世界——一个几乎不可能被意识抵达和照亮的世界。人类的原始精神状态与动物的精神状态只有一线之隔，这正如史前时代的山洞，在被人类占据之前，通常都是动物的领地。"[5]

房间可以对我们的记忆产生强大的影响。在房间和占用者之间会发生一种无意识的映照和交换。空间被内化为一种身体性体验，而人的身体结构和它的基本定位系统（前与后、上与下、左与右）也被投射在房间和它的边界上。一个令人难忘的房间会变成我的一部分，而我也把我自己的一部分留在这个房间里。占用者与他（她）的房间之间的一致性是如此的密切，以致当我们身处他人的房间，而主人又不在时，我们便会感到局促不安。

由此我回想起自己五十年的旅行生涯——我曾经在世界各地成百上千的旅馆客房中短暂栖居过。我把这些

图 5

新造型主义的房间，通过非物质化表达的玻璃转角向室外打开。赫里特·里特韦尔，施罗德住宅，荷兰，乌得勒支，1924 年。图为带有里特韦尔设计的家具的二楼起居室和餐厅。

图 6

当代的修士居室，尽管带有面向阳台的玻璃墙，仍然投射出一种与世隔绝的私密的体验。勒·柯布西耶，拉图雷特修道院（Monastery of La Tourette），法国，拉尔布雷勒县伊弗镇（Eveux-sur-l'Arbresle），1953—1957 年。

房间及其家具、颜色、气味和光线的具体特性带在身上，它们就像盖在我身体中和记忆里的印戳；而我也把我身心的一部分留在了这些无名的空间里。在普鲁斯特的小说《追忆似水年华》中，主人公曾经通过一种身体性的记忆来重构他的位置和身份：

"我的身子麻木得无法动弹，只能根据疲劳的情状来确定四肢的位置，从而推算出墙的方位、家具的地点，进一步了解房屋的结构，说出这皮囊安息处的名称。躯壳的记忆，两肋、膝盖和肩膀的记忆，走马灯似的在我的眼前呈现出一连串我曾经居住过的房间。肉眼看不见的四壁，随着想象中不同房间的形状，在我的周围变换着位置，像漩涡一样，在黑暗中转动不止……我的身体却抢先回忆起每个房里的床是什么式样的，门是在哪个方向，窗户的采光情况如何，门外有没有楼道，以及我入睡时和醒来

时都在想些什么。"[6]（译文参见《追忆似水年华》第一卷，李恒基、徐继曾译，江苏：译林出版社，1989年。——译注）

对房间的描绘也可以用来展示其占用者的性格和行为。玛丽莲·钱德勒（Marilyn R. Chandler）曾写道："在美国作家对个人所栖居的结构进行的描绘中，这一结构通常与栖居者的心理和精神生活结构之间具有直接关系或相似之处并构成了对特定价值观的具体表现。"[7]诗人里尔克在他的小说中把主人公对一座房子的碎片化记忆描绘为若干房间的汇集，这些房间通过记忆形成了一种对若干分离式实体的集合：

"那以后，我再也没有见过那座引人注目的房子。它算不上一座完整的建筑物，它在我心里已经四分五裂：这里一个房间，那里一个房间，中间有一段过道，可过道并没有把两

图 7
位于玻璃房子内部的房间。室内与室外、私密性与公开性之间看似自相矛盾的融合。菲利普·约翰逊，玻璃房（约翰逊私宅），美国，康涅狄格州，新迦南，1949 年。

个房间连接起来，而是作为一个碎片将它自己封存起来。它就以这样的方式散布在我的心里——不仅有房间，还有那座庄重感十足的、向下延伸的大楼梯和其他几座窄窄的旋转楼梯。人走在小楼梯的昏暗中，就像血液流淌在血管中……这一切仍然在我体内，它将永驻我心。就好比一张这座房子的照片从一个无限高的地方坠入我的体内，在我的心底摔成碎片。"[8]

然而，虽然我们有意识或无意识的头脑可以将房间碎片化并重组成奇奇怪怪的结构体，建筑师却通常是出于一个明确的目的而把若干房间组合成一座总体式的建筑。房间可以有许多种组织方式：集中式、线性式、放射状、组团式、网格状模式等，这些模式可以横向铺开，也可以竖向叠加。若干房间的集合体会逐级发展成为若干体验性的实体：住宅、楼房、村庄、乡镇、城市。只要我们把每一

个实体与自己关联起来，一个房间集合体在等级上和功能上的类型学便构成了一种更高等级的"房间性"。阿尔多·凡·艾克把房子和城市的概念融合在一起，认为这两种建造尺度应当在一个具有丰富体验性的结构体之中并存和相互影响。"树就是叶，叶就是树——房子就是城市，城市就是房子……一座城市不能算是城市，除非它同时还是一个巨大的房子——一座房子能算得上是房子，是因为它同时也是一个小小的城市。"[9]

洛伦佐图书馆
Laurentian Library

意大利，佛罗伦萨

1519—1559年

米开朗基罗

洛伦佐图书馆内存有美第奇家族收藏的古代希腊语和拉丁语手抄本，它是作为圣洛伦佐修道院（San Lorenzo，教堂由布鲁内莱斯基设计）的一项翻新和加建工程而建造的。在图书馆的阅览室中，米开朗基罗塑造的空间向这些珍贵的藏书以及它们所代表的人类成就致以敬意，为读者与书籍之间建立起了亲密的关系。作为对比，建筑师在前厅中缔造了一个饱含感情的空间，它同时对观者的生理和心理产生了强大的吸引力，成功地体现了建筑对文化理想加以阐述的能力。

洛伦佐图书馆长长的东墙筑于修道院回廊的屋顶上，在正方形回廊和花园的对面就可以看到。不过，图书馆的入口位于回廊的内部。爬到回廊的二层，沿着环绕花园的柱廊向前走，我们面前出现了一扇小小的对开门，它通往图书馆的前厅——史上建成的最美的、最打动人心的空间之一。我们沿着前厅的右侧进入这个正方形空间，它高达15米，边长为10米，光源来自东、西、北三面墙上紧邻天花板的高窗。❶ 在左侧不设窗子的南墙上，一座极富雕塑感的巨大楼梯从架高的门道里伸出，如流水般倾泻而下，几乎溢满了整个房间。

我们绕着这座引人注目的楼梯细细观察。它高达3米，远远位于我们的头顶之上，同时向两边伸展到6.5米

的宽度，只在环绕房间边缘的位置留出了1.75米宽的狭窄地面空间。楼梯以塞茵那石（一种当地产的灰绿色石材）制成，梯级的踏面全部经过了抛光，而栏杆、扶手和梯级的踢面则采用了柔和的亚光表面。楼梯的梯级分为左、中、右三部分，两侧是较小的、平面呈矩形并略微收窄的楼梯，中间是一座较大的、梯级呈弧形向前鼓出的楼梯。中间的弧形楼梯像小桥一般从地面跃起，通往楼梯顶部的那扇门。在楼梯高度的三分之二处，即梯级与我们的视线等高的位置，两边的矩形楼梯在休息平台处收住。在平台边缘，卷曲的三角形装饰板将两侧的矩形楼梯与主楼梯融合在一起。这个由三段楼梯组成的主体块稳固地伫立在红褐色的陶砖地面上。

❷ 上楼之前，我们先被前厅的墙面所吸引，它由光滑的白粉墙和塞茵那石制成的建筑元素与装饰线脚组成。墙面分为上、中、下三个部分：最下面是扁平的基座（我们刚才就是穿过基座进来的），它的高度与楼梯顶部门道的门槛对齐；中部是由成对的圆柱和墙面组成的区域，它始于楼梯顶部的高度，直抵顶楼下方；最上面是由成对的扁平壁柱和带窗子的墙面组成的顶楼部分。从地面到大面积中段墙体上沿之间的高度为10米，因此房间靠下三分之二的部分形成了一个完美的立方体。尽管有着完美的几

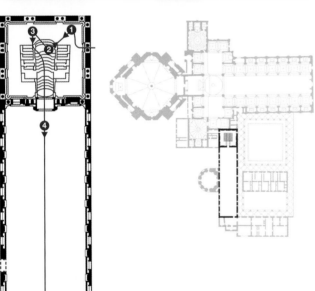

何关系，这个房间却丝毫没有让人感到静态与稳定，甚至可以说恰恰相反。墙体的中段对我们产生的吸引力最为强烈，因为它将通常的墙柱关系进行了反转：圆形的石柱嵌入深深的凹龛，而圆柱之间平展的粉墙却向前凸出于空间之中。粉墙的两侧还嵌有扁平的石质壁柱，让人觉得好像是墙在承受重量，而不是柱子。这种感觉在我们视线所及的每一处细部上都得到了增强：从掏空的墙角到压低的基座，再到建筑元素的造型转化。在四周和上方不断凸出和凹进的墙面与圆柱之间形成了一种动态的节奏感，它为房间注入了可触知的张力与压力。这股扑面而来的力度将我们向后方的楼梯推去。

❸ 转身走向中间的弧形楼梯，我们即刻感受到，这些以不规则节奏呈现在眼前的梯级含蓄而坚决地抗拒着我们上行的意图。休息平台的角部嵌着小块的白色大理石，从而把平台变成了一座小岛，每级踏步两端卷起的小浪花与踏步的外凸曲线以及带有反光的抛光表面结合在一起，看上去如瀑布般汹涌，咄咄逼人地想要将我们推回楼梯下方。我们来到楼梯顶部的大门，石质门框上饰有密密的线脚，将它周围的墙面全部吞噬。门上的山花呈断裂状，像是被来自上方的压

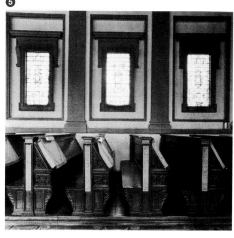

力折断了。体验过前厅中墙面的躁动不安并克服了楼梯的强烈抗拒之后，我们现在才能更加深刻地体会到阅览室中的物品所具有的价值。

❹ 从前厅到阅览室的这种变化是戏剧性的：身后的前厅具有高密度的垂直感，而眼前的阅览室却在水平向无限延伸。这是一个 46 米长、10 米宽、8.5 米高的房间，从一端到另一端沿着房间的两侧布满了 1.5 米高的阅读桌。桌子设在离地 15 厘米高的木台上，全部朝南排列。木雕天花板上的图案由横梁组成的矩形网格与其中的椭圆形嵌套而成，水磨石地面上的图案与之遥相呼应。横梁与侧墙和端墙上的壁柱一一对齐。东西两侧长长的墙面上设有浅浅的石质壁柱，壁柱的中心间距为 3 米，壁柱之间的粉墙内嵌有窗子。❺ 每一跨壁柱之间设有三排与教堂靠背长凳座席类似的大尺寸木质阅读桌，桌子的间距为 1 米。在几个世纪前，所有那些又沉又厚、皮面装订的大型手抄本都摊在斜置的桌面上（下方设有书托），每张桌子上可以放三四本。屈膝滑进这个逼仄的木质空间中，我们将双脚放在温暖的架高木地板上，膝盖藏在面前斜置的桌面之下，巨大的书页充满了视野。阅览室将我们带入了一种与书籍最为亲密的关系之中，让我们懂得只有真正地卑躬屈膝才能进入知识的圣殿。俯身端详这些宽大的书页，我们

感受到了古代抄写员在誊写文字和装饰书稿的过程中所展现的精湛工艺和倾注的无价心血。此后，方才正式开启自己的阅读之旅。

法国国家图书馆

Bibliothèque Nationale de France

法国，巴黎

1858—1868年

亨利 · 拉布鲁斯特

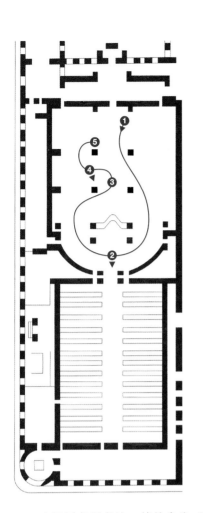

法国国家图书馆，其前身为"皇家图书馆"，位于马萨林宫（Palais Mazarin）原有的砖石墙内。其主阅览室的设计别具一格，形成了一个大世界中的小世界，为书籍的贮存和读者的阅览提供了理想的环境。在这里，我们被四周的高墙保护着，手中的书被金色的阳光所照亮，仿佛处在自然界中某个寂静的森林角落。

❶ 穿过门厅，我们沿着国家图书馆的中轴线走向主阅览室。这是一个边长为31.5米的巨大的正方形房间，四面墙上都布满了三层高的书架，书架嵌在厚厚的砖石墙体之中，墙体上设有铸铁的取书走道。房间中最引人注目的是上方的九个球形穹顶，每个穹顶的中心都设有圆孔和天窗。在使用阅览室之前，我们必须先向工作人员索取书籍。由于法国国家图书馆是非流通性的研究型图书馆，因此借阅的书籍需要由专人从书库为我们送过来。

在与入口相对的阅览室尽端，围合式的砖石墙体呈曲面向外鼓出。这个位于穹顶区域后方的曲面空间被房间里最大的采光天窗照得格外明亮。天窗下是一扇装有玻璃的圆拱大门，门后是光线明亮的书库。书库中，书架位于两侧，中间是高高的线形大厅，大厅与圆拱门处在同一条轴线上。❷ 中央大厅的两侧是四层不带装饰的、骨骼般精简的铸铁结构框架，框架内设有书架。每层的铸铁格栅和

玻璃地面使来自上方屋顶天窗的光线可以一路下行，照亮最下方的楼层。

我们拿到了书，在长长的木桌前坐下，目光却不断被上方的拱顶所吸引。❸ 阅览室被分为九个同样大小的、边长为10.5米的正方形空间，以16根高10.5米的纤细的铸铁圆柱加以分隔。❹ 从每根柱子的顶端跃起四个采用铆钉联结的锻铁桁架拱，桁架拱共同托起了九个拱起的帆形穹顶，穹顶顶部的距地高度超过18米。每个穹顶的内壳都由瓣状的、带着淡淡粉灰色的陶土镶板组成，上面带有环状的细瓷装饰带。陶土镶板向上升至直径为4米的大型中心圆孔（相当于罗马万神庙的圆孔直径的一半），圆孔里装有以三角形磨砂玻璃组成的采光天窗。

坐在阅览室厚厚的砖石围合体之中，外部城市街道的喧嚣与纷扰都远离我们而去，在视线高度上唯一能得到的围护墙之外的景象就是玻璃拱门后方光线明亮的书库。这个布满铁制书架的、机械感强烈的容器是19世纪工业化建造的直接产物，它暗示出了图书馆的建造年代；而阅览室则通过砖石建造和铁艺的混合，以及穹顶和圆柱等古典主义元素的引用，体现出了古老文明和现代技术的相互渗透。

阅览室中央的4根铸铁柱子伫立在圆柱形的铸铁基座

❷

❸

上，而周边的 12 根柱子则仁立在矩形的石砌基座之上。可以看出，所有的柱子以及它们所承托的穹顶结构都与周围的墙体相脱离。嵌在阅览室围护墙中的圆拱形大凹口的上半部分绘满了森林和田野的风景画，让我们产生了身处室外的错觉。不仅如此，柱子和陶板穹顶那纤细羸弱的性格以及从大圆孔洒进房间的阳光也让这种感觉愈发强烈：我们仿佛与头顶上方的天空直接相连，与外面的世界之间只隔着一层最为轻薄的壳体。

穹顶的结构体真是令人着迷。我们忍不住抬头仰望，以目光勾勒出薄薄的陶瓷表皮上的放射状拼缝图案和一条条水平向的、绘有交错式半圆形纹样的细瓷装饰带。我们目不转睛地望着锻铁桁架上那些像镂空花边一样的细工装饰，看到桁架的两侧和底面以密密麻麻的圆形铆钉排列出点状的线型节奏，进而注意到每个杆件的中心交叉点以一个锻铁制成的小星形得到了强调。❺ 然而，真正使穹顶的体块重量感消失不见的，是那些看似不足以支承陶瓷内壳的巨大荷载的修长的铸铁柱子。在我们对这个房间的体验中，穹顶高高隆起，就像被风鼓起的遮阳篷或船帆（正如"帆形穹顶"这个名字所示），达到了与向下传递的重量同样强大的力度。正如肯尼斯·弗兰姆普敦所言，"阅览室的形象似乎摇摆不定，时而让人感到通过独立式柱子

而实现的对地心引力的超然战胜，时而令人想起一个临时加上盖顶的户外空间"。[1]

美式酒吧

（克恩顿酒吧）

American Bar

奥地利，维也纳

1908年

阿道夫·路斯

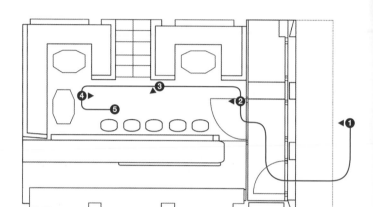

克恩顿酒吧，又名"美式酒吧"，建于维也纳克恩顿大街一座原有建筑物的内部。它全然现代的框架内充满了对古典主义形式的含蓄暗指，由此彰显出了材料的巨大力量：通过仔细挑选和精心配置的材料，建筑师可以对一个非常朴素的空间进行扩展，使其成为一个体验稠密、层次丰富的房间。

❶ 克恩顿酒吧的沿街立面混合了古典主义、欧洲风格和美国新大陆风格，设计新颖大胆。紧邻人行道的是四根巨大的以希腊斯基罗斯岛（Skyros）大理石为材料的矩形立柱，上面没有任何装饰，柱子之间设有三扇带铜框的玻璃门。方柱托起一块硕大的矩形招牌，招牌向下倾斜，下半部分用红、白、蓝三色的玻璃镶嵌地砖拼出了抽象的美国国旗图案并标上了这家酒吧的名称。打开立面中央狭窄的玻璃门，我们踏入一间进深较浅的门厅。掀开一挂厚厚的天鹅绒帘子，我们便来到了酒吧内部。

❷ 酒吧的空间极小，内部仅有 3.5 米宽、5 米长、3.5 米高。我们对这个房间的第一印象来自下方被紧密压缩的有限空间与上方向外打开的无限空间所形成的奇异组合。

❸ 房间里设有两圈包着深色皮革的长条软座，软座的背后用厚厚的深色桃花心木板密实地围合起来。坐在软座上，我们发现软座靠背的顶部形成了一条贯通整个房间的

❷

❸

水平线，这条线正好位于桃花心木吧台的台面之下。厚重的圆柱形桃花心木围栏通过黄铜质的杆件和套筒固定在吧台前方，为我们提供了一个可以倚靠的、光滑的弧形表面。

在房间两侧，四根经过抛光的绿色斑纹大理石矩形壁柱伫立在地面上，它们从软座和吧台的背后冒出来，沿着墙面一路上行，直抵天花板。这四根壁柱与横贯天花板的相同款式的大理石横梁相接并支承起后者。垂直向的壁柱和水平向的横梁共同形成了一个笼子般的框架，对空间做出了限定并加以结构化。

在位于房间右侧和后墙的软座的上方，绿色大理石壁柱之间的墙面被覆以大张经过抛光的桃花心木护墙板，护墙板上端的边线与门顶齐平，位于我们站立时的视线高度之上。玻璃酒柜设在吧台后面的大理石壁柱之间的墙上，其高度与桃花心木护墙板一致。在桃花心木护墙板和玻璃酒柜的上方是整片式的大镜子，它位于侧墙和后墙上绿色的大理石壁柱与横梁之间。❹ 转身回望，入口上方的墙面在与镜子对应的上半部分铺满了薄薄的正方形半透明缟玛瑙（onyx）石板。石板组成了正方形的网格，为酒吧内部提供了唯一的天然照明并在房间后墙的大镜子里得到了反射。刚进入酒吧时，我们看到的温暖的金色光芒便来源于此。

房间的人工照明来自八盏壁灯——四盏沿墙而设的半圆形壁灯和四盏设在角落的四分之一圆形壁灯。它们安装在绿色大理石壁柱上，高度与桃花心木护墙板和玻璃酒柜的顶部齐平，刚好位于镜子下方。壁灯顶部是一根抛光的铜箍，铜箍上垂挂着赭石色的织物。温暖的光线反射在吧台围栏的抛光黄铜套筒上，也反射在三张小桌子的抛光铜边和桌腿上。酒桌很矮，被长条软座包围着，桌面呈八边形，近似椭圆，由半透明的玻璃制成。

在软座和吧台之间，房间中央的狭长地面以黑色和白色的大理石铺成了棋盘式的网格图案，十分醒目。❺ 然而房间中更引人注目的始终是上方那片令人惊叹的石质天花板。在以绿色大理石横梁为隔断的三跨天花板中，每一跨内都填满了四块由蜜黄色大理石组成的凹格式镶板。三跨矩形天花板的排列方式与房间的短边平行，而矩形凹格的排列方式与房间的长边平行，这种布局方式为观者带来了均衡而恬静的视觉感受。凹格中的大理石经过打磨而散发出暗哑的光泽。细看之下，我们发现凹格中的大理石逐级向上退缩，其纹理在凹格的阶梯式接缝处依然是连续的——这表明每块凹格式镶板中的大理石都是从同一块原料中切割出来的。在每层凹格内角处的暗影中，我们看见

❹

了闪动的光线，它来自连接一块块大理石的细铜条发出的反光。

缟玛瑙高侧窗发出的天然光线和电灯发出的温暖明亮的光线，这二者在室内的各个表面得到了反射：黄铜的镶边上、抛光的桃花心木护墙板上和镶嵌于深绿色大理石梁柱框架内的大理石天花板的金色凹格上。之所以将巨大的镜子置于视线高度之上，一方面是为了避免酒吧里的客人被反射光线晃到眼睛，另一方面是为了通过无限的双向反射将房间上方的部分向外打开。由此，空间在视觉上实现了扩展，大理石框架在数量上成倍地增加，凹格式天花板也在三个方向得到了无限延伸，宛如一个硕大无边的天棚庇护着我们。然而，身处这个光线幽暗、以木包裹的小房间内，蜷曲在外覆木板的大型长条软座那柔软的皮革中，除了坐在对面的朋友，我们看不到其他任何人，也看不见外面的城市。我们与同伴进行亲密的谈话，倍感舒适和安逸。在克恩顿酒吧，身体上的亲密和视觉上的开阔这两种通常被认为相互排斥的体验得到了不可思议的融合。我们的体验证明了这二者的融合不仅有可能发生，而且相得益彰，浑然天成。

❺

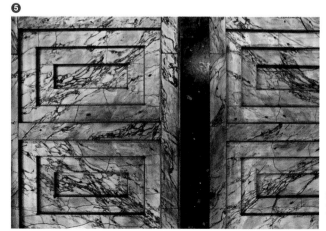

施罗德住宅

Schröder House

荷兰，乌得勒支

1923—1924年

赫里特·里特韦尔

❶

❷

施罗德住宅位于荷兰乌得勒支，是里特韦尔为一位遗孀及其三个子女建造的私宅。尽管它的设计方案朴实无华，但在"房间"这一概念的现代化演变过程中，这座住宅绝对是最伟大的建筑试验之一。在位于宅邸二层的起居空间中，建筑师遵从于传统做法，把日常起居活动归拢在了一个大空间中。但为了实现这一点，里特韦尔采取的方式却出人意料：一方面反映出了将室内外空间加以融合的心愿，另一方面体现了将空间性、结构性和材料性的传统界限加以消解的意图。

施罗德住宅的基地位于一排传统的联立式砖墙别墅的尽端，三个立面面向的景观曾经都是城市边缘的开阔地景。❶ 初次从外面看到这座房子，我们便感到十分惊讶：它的外立面上没有设置任何类似承重墙的构件，只有各种体块之间充满动态和造型感的组合，而且这些体块不带有任何确凿的物质性。我们看到的是一系列水平和垂直的、抹灰的矩形平面，它们呈现出白色和深浅不同的灰色，松散地组合在一起。平面之间相互复叠，又擦身而过。黑色、红色、黄色的彩色线条交织其中，其功能让人难以捉摸：它们似乎是纯雕塑性的视觉加强符号——这座房子中具有高度塑性的组成部分。

入口大门位于东侧。从这里看，房子的体块正好挡

住了其后方原有的联立式别墅。我们走到一片单薄的悬挑式白色混凝土板下面，穿过一扇黑色的实木门，进入门厅。门厅很小，在它的斜对面设有几级台阶。走上台阶，我们来到楼梯的转弯平台。在平台的墙上，我们看到了一部电话机和一组电路保险丝，它们安装在两个方盒子的面板上，面板以大理石为材质——这是这座房子中少见的未施粉刷的材料之一。旋转楼梯嵌在矩形的楼梯间内，以一根红色的正方形立柱为轴。沿着狭窄的黑色踏步上行，我们便来到了施罗德住宅最主要的房间之中。起居室占据了二层的全部空间，它的三面向外敞开，光线在其间肆意流动，使人们几乎看不清这个房间的边界。❷ 在头顶上方正对着旋转楼梯的位置，我们看到了一扇和楼板留洞同样大小的天窗。天窗使楼梯的垂直轴线得以向上延伸，同时也把自然光线引入房间的中心。

❸ 接下来吸引我们注意力的是房间的地面。它被打散成色彩各异的平面，由漆成红色、灰色、白色和黑色的木地板组成。这些平面相互锁扣，形成复杂的图案——正是地面图案将垂直的建筑元素和内置的橱柜牢牢固定下来，同时把空间聚合为一个单一的体块。继而我们注意到了天花板：它是一个连续平整的白色平面，与地面形成了鲜明对比，上面仅有一些为移动式墙体设置的红

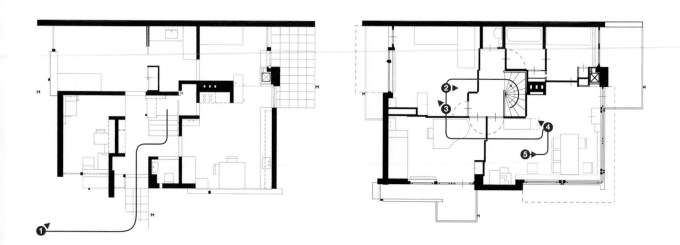

色或黑色的细轨。移动式墙体用来分隔空间以满足隐私需要。地面和天花板之间仅以少量几个元素和表面加以连接，连接部分被处理成浮动着的彩色平面和富于动态的、盘旋上升的形体，上面设有外挂式的橱柜和玻璃柜，也设有几扇门，门后隐藏着不易被发现的服务空间。内置式家具看起来也像是浮在空中的彩色平面和体块，它们的垂直面和水平面相互锁扣复叠，于转角和边缘处形成富有动感的组合。❹ 壁炉的炉膛上方是漆成明亮蓝色的排烟道，它被从采光天窗射入的阳光自上而下地照亮，好像穿透了天花板，直冲云霄。在蓝色表面的前方，我们看到了一个饶有趣味的灯具。它悬挂在天花板上，由三支半透明的圆柱形玻璃管组成，其中一支是垂直的，另外两支则横卧在水平面上。三支玻璃管彼此擦身而过，近在咫尺却留有余地，形成了一个三维的、横竖错开的十字形，分别指向上、下以及东、南、西、北四个方向。与灯具的设计相仿，楼梯洞口的栏杆也被处理成黑色的线型窄面：两根水平面上的栏杆和一根垂直向的栏杆并没有在转角处发生对撞，相交于一点，而是擦身而过，只以彼此的侧面相互贴合。

　　我们的注意力被不断引向房间四周的表面，目光聚焦于向各个方向敞开的巨大门窗以及门框和窗框的黑、白、

红三色线条——这些线条形成了动态的不规则组合。我们经由大门通往室外的露台，露台分别设置在建筑的东、南、北三个外立面上。悬挑的露台就像是悬空的水平面，站在这里，我们也获得了同样的悬浮感。然而，整个房间中最令人惊叹的地方其实是洒满阳光、完全透明的东北角。❺ 我们看到连续的水平向高窗紧贴着天花板的底部绕过转角，从而得到了天花板从室内向室外飘移的错觉。高窗下方是另一组绕过转角的水平向窗子，其底部设有一条薄薄的黄色窗台板。柱子，作为房间这个部位唯一可见的承重构件，并没有设在转角上，而是位于稍微向西偏移的位置。这一精妙的设计造就了仅由两个玻璃面相接而成的透明转角。当我们推开下方的窗子（其铰链设在外侧），任它们向外荡去，高高悬挑在草地上方的白色窗框就构成了我们刚才在室外看到的浮动的面、线组合中的一部分。如果我们再推开柱子旁边较小的窗子，房间的整个角落便完全向室外敞开了。

　　在这个不同寻常的房间中，通过一系列连续的非结构性连接和对节点的隐藏，我们能够感受到重力已被有效地消除。我们还看到，材料本身个性化的色调和肌理也被色彩强烈、具有统一性的表面所覆盖，由此它们才能共同组成貌似失去重量感的三维体。我们还在这里体验到了室

❸

❹

内外空间相互渗透的方式：二者通过水平面和垂直面的飘浮、扭转与叠加而交织在一起。与传统住宅相比，轻盈、通透的平面大大削弱了房间中的围合感，它们建立起了复叠的模糊边界，由此为我们带来了独特的栖居体验：施罗德住宅中的这个房间仿佛是用悬挂在动与静之间、内与外之间、天与地之间的线和面塑造而成的。

❺

约翰逊制蜡公司总部大楼

Johnson Wax Building

美国，威斯康星州，拉辛

1936—1938年

弗兰克·劳埃德·赖特

❶

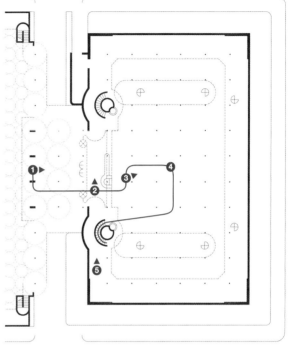

房
间

约翰逊制蜡公司总部大楼是赖特为专营家居清洁用品的庄臣公司（原名约翰逊制蜡公司）在美国总部设计建造的办公楼，至今仍为该公司使用。大楼的内部空间几乎完全被位于中央的"大工作室"所占据。舒适的办公环境让每天在此上班的员工能够充分发挥创造力与想象力，以致庄臣公司长期以来一直是美国雇员保留率最高的公司之一。这是现代建筑中最伟大的空间之一，它富有新意地运用了光线、结构和材料，成功地营造出了一个大世界中的小世界。

初见约翰逊制蜡公司总部大楼，我们获得的总体印象是一个水平向分层、转角呈圆弧形的低矮的矩形砖砌体块。它正对着四个基本方向，北面是"科研塔"（加建于1949年）——建在低矮的、带有外墙的停车场内部，南面是办公楼的主体——由两层水平向的砖墙（下面较矮，上面较高）组成，两层砖墙的顶部均设有通长的水平向玻璃窗。南北两座大楼之间由低矮的过街楼连接，过街楼由四根造型独特的柱子支承。这些混凝土圆柱自下而上逐渐变粗，然后逐级向外扩展，最后在顶部托起一个略微呈倒锥形的巨大圆盘——这一造型奇特的结构贯穿于整座建筑之中。❶ 入口门廊的柱子仅有 2.6 米高。进入大楼前，我们在这里仔细地观察了立柱的形状，也通过手指感受到了它表面的材质。

❷ 穿过玻璃大门，我们来到门厅。经过刚才刻意压低的入口门廊之后，空间在此处变得豁然开朗，柱子陡然升至 9.5 米的高度。与入口门廊不同，门厅柱子的圆盘形顶部之间并没有用混凝土填实，而是装上了玻璃。明亮的阳光透过玻璃，从顶部照进门厅。门厅左右两侧是对称的圆弧形楼梯和圆柱形开放式电梯（外围封以垂直向的细钢条），它们通往楼上的阶梯礼堂和行政管理办公室。正前方，我们看到一座带有砖砌栏板的天桥，天桥横跨在门厅的另一侧，其后方便是宽阔的中央工作室。

从天桥下方向内部望去，我们首先感受到了工作室的巨大体量。整个空间的进深为 36 米，宽度为 60 米，外缘环绕着一圈浅浅的夹层，夹层之外是砖砌的实墙。随后我们注意到了地面的材质：这是用地板蜡（约翰逊制蜡公司的产品）染成红色的现浇混凝土，它像加工过的皮革一般，经过抛光后而带有一种淡雅的光泽。混凝土地面不仅颜色温暖，也会在冬季为我们的双脚带来真正的热度，因为混凝土中设有预埋的辐射式发热管。

❸ 走进大工作室，我们的目光立刻被引向天花板以及支承它的众多立柱。60 根柱子排列成了一个与房间等长等宽的网格，柱间距为 6 米，柱高 6.6 米。这座混凝土

❸

立柱森林无疑是工作室中最不同寻常的元素：柱子均呈伞状结构，柱身为修长的杆状，顶部则在天花板上形成了具有庇护性的圆形顶面。每一根空心圆柱自下而上逐渐加粗，其直径在钢制杯形基脚中的底部为 22.5 厘米，在紧贴天花板的多层圆环的底部增加到 45 厘米。继续向上，柱顶的多层圆环呈阶梯式逐层扩大并向外倾斜，最后在顶部与直径为 5.6 米的圆盘相接。和柱身一样，柱顶圆盘的厚度也以一种几乎令人觉察不到的方式发生着变化：它从外缘向位于中心的多层圆环逐渐增厚，形成了一个极其微妙的倒锥形。每个圆盘与相邻的四个圆盘之间留有 45 厘米宽的缝隙，圆盘在缝隙处以细薄的横梁相连。

❹ 在天花板的中央部分，柱顶圆盘之间的空间填满了特制的天窗。天窗由透明玻璃管排列而成，玻璃管的材质与实验室试管相同。这种特殊材质的天窗使人们无法看到外面的景物，因为光线通过玻璃管而发生了扭曲变形，被分解为一条条更亮或更暗的线条，组成了一层密密交织的肌理。工作室内的立柱异常坚固，其底部牢牢固定在红色混凝土地面上，顶部则相互连接。然而在我们的体验中，这些柱子却显得不可思议地细长和纤弱，它们仿佛仁立于光线中，浮动在空气里。在地面处，立柱几乎收缩为一个点。随着高度不断增加，它在顶部像花儿一般绽放，

周围环绕着交织的光线。为了与之呼应，房间的上下两道砖墙的顶部（分别位于大工作室的天花板之下和夹层的地板之下。在古典主义建筑中，这里本应是坚实厚重的檐口部位）设有用玻璃管制成的连续的水平向采光带，就像是外墙被明亮的光之线条划开的两道口子。在这个房间中，"重量……似乎被抬升了起来，飘浮在光和空气中"，[1] 从而实现了赖特的设计意图。

栖居于这个房间之中，我们感受到了一种清晰的距离感，它来自顶部采光以及天花板和外墙上的弧形玻璃管散发出的折射光。这些光线使我们从日常生活中抽离出来，置身于另一个世界。❺ 红砖和玻璃管组成的水平线条、天花板上交织的光芒、地面上泛出的液体般的微光以及立柱上奇特的倒锥形，这一切都强化了空间中简洁光滑的平面和弧形线条的转角，突出了房间本身内向的品质和神秘的气息。间距紧密的柱子营建出了一座现代的"大柱厅"，却几乎在每个方面都与其古埃及原型产生了巨大的反差：柱子轻巧修长，而不是笨重粗大；柱身自上而下收窄，而不是自下而上收窄；房间中充满了光，而不是漆黑一片或阴影重重。柱子仁立在光线中，托起了天花板，组成了空间中的主要结构。而为房间赋予生命的，是来自天空的明亮而均匀的光线，它微妙地显示出一天中的时间变化和一

年中的季节更迭。阳光经过玻璃管的过滤而披上了条纹的外衣，它从顶部洒入房间，令我们既能感到平静和专注，又能保持清醒的头脑和充沛的精力。在这里工作犹如在森林中漫步一般，令人心旷神怡。

约翰逊制蜡公司总部大楼

西雅图大学
圣依纳爵教堂

Chapel of St Ignatius

美国，华盛顿州，西雅图

1994—1997年

斯蒂文·霍尔

圣依纳爵教堂是为西雅图大学（一所小型的天主教大学）建造的校园宗教活动中心。清晰有力的屋顶造型为教堂内部赢得了七种不同品质的光线，每一种光线都经过了调节和校准，力求为不同的礼拜仪式提供恰当的照明。在我们的体验中，室内多样化的光线与精心雕琢的材料及礼拜仪式相互配合，使这个空间散发出一种远远超越其谦卑尺度的超凡力量。

❶ 初见圣依纳爵教堂，我们得到的第一印象是一个低矮的实墙体块，体块上面冒出一些造型突兀的曲面形体，形成了一条节奏鲜明、活力十足的屋顶轮廓线。教堂的外墙由巨大的混凝土板组成，呈现出斑驳的金棕色，上面的屋顶则覆以浅灰色的金属板。混凝土墙板复杂地锁扣在一起，在接缝的转折处设有若干比例和尺寸各异的矩形窗。用于墙板吊装的卵形金属锚固件轻微地向外凸出，在墙上投下了一个个小巧的影子。❷ 入口庭院位于南侧。在这里，我们看到一座巨大的水池，水面上倒映出建筑的影子。水池边缘设有木质的长椅，人们坐在长椅上，尽情享受着太阳的温暖光照。庭院的一角伫立着一座高高的混凝土钟楼，其顶部采用了与教堂屋顶相仿的弧线造型。从钟楼望去，教堂的入口位于矩形水池的斜对面。

巨大的入口退缩在一片具有保护性的悬挑屋顶之下。

我们抓起门把手——门上一块弯曲的铜板。这扇门用金黄色的实木制成，足有12.5厘米厚，垂直木板条的正反两面都带有凹陷的凿痕，凿痕形成了独特的肌理。入口大门右侧是一扇尺寸更大的、安装在偏心枢轴上的正门，正门供典礼使用。这两扇门及其周围的墙面均由带凿痕肌理的木板条制成，上面还设有一系列椭圆形的孔洞。孔洞的倾斜角度各不相同，阳光通过孔洞穿透木板，在门内创造出变幻无穷的光影图案。打开大门，我们首先来到低矮的天花板之下。紧接着，我们看到天花板陡然增高，一下子拔升到了教堂的最高点。教堂的南墙上设有一扇半透明的高窗，透过它，明亮的光线洒满了面前的行进空间。此刻，右侧是前厅的水平向空间，其上方覆盖着略微拱起的低矮屋顶；左侧是一系列嵌入厚厚墙体的线型凹槽和窗口，它们把我们的视线引向头顶上方的垂直空间，继而引向前方内殿的空间。

❸ 沿着坡道上行，顶上的天花板也随着我们的行进向下弯曲，直到撞上一层更加低矮的、从左到右缓缓向上拱起的天花板。在这两层天花板交接处的下方，我们看见一个木刻的半球形洗礼盆，它坐落在正方形的木质基座上。阳光从半透明的大窗射入，从侧面照亮了水盆和基座，由此我们看出二者均带有和入口大门同样的凿痕肌

❷

❸

理。脚下的地面是用地板蜡染黑的混凝土，它经过抛光而显得极为光滑。阳光通过玻璃窗以及挂在头顶的玻璃吊灯的过滤，在地板上反射出缤纷的色彩。反光的深色地面之上，四周的墙面和顶部的天花板均采用掺有水泥的白色石膏抹灰覆面。在这层亚光表面上，我们看出了砖瓦匠的抹泥刀留下的不规则抹纹。抹纹在光线的照射下产生了纵横不定的图案，随着我们的行进时刻发生着微妙的变化。

❹ 走入前方的教堂内殿，我们看见沿着后墙设有一条与墙壁等长的木质长椅。随后我们右转，面向东侧的祭坛。❺ 祭坛下方是架高的木质平台，平台仿佛悬浮在黑色的混凝土地板之上。放眼放去，这个房间就像是一连串发光的器皿，或一系列白色的贝壳——里面装满了来自四面八方的强烈的自然光和令人叹为观止的丰富的彩色光。教堂的礼拜空间可分为三部分：中厅和两边的侧厅。中厅为室内最高（其东侧为祭坛），侧厅则较矮。侧厅的照明来自天花板拱顶上的采光天窗。在中厅和侧厅之间，空间通过大型半透明玻璃窗孔得到了清晰的刻画，其中的一个窗孔正好把光线投向我们刚才看到的洗礼盆。中厅的照明来自东西两面高墙上形式各异的洞口，洞口被其前方形状复杂的局部墙体所遮掩。光线射入，为这些向空间内部出挑的局部墙体勾勒出清晰的轮廓，将它们烘托在一片耀眼

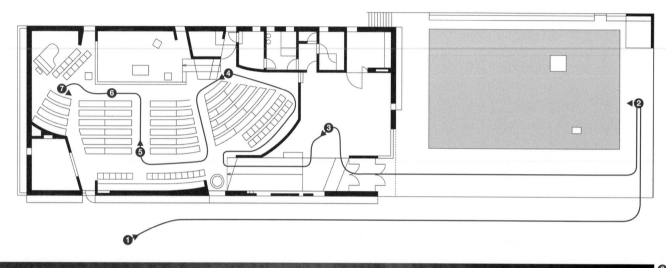

❼

房
间

的光海之中。

在这个房间中，直射光并不常见，大多数时候我们看到的都是反射光。阳光从层次丰富的飘空式局部墙体背后弹回，照亮教堂内部，或是以偏斜的角度从墙体表面掠过，突显出水泥抹纹的痕迹。光线为教堂渲染出黄、红、绿、蓝等缤纷的色彩，时而是因为它从彩色玻璃中透过，在墙上留下了一道道小巧而浓烈的七彩条纹；时而是因为它打在局部墙体背后被漆成五颜六色的表面上，经过反射进而为整个空间染上了一层绚丽的光芒。随着太阳在天空中的移动，我们能够看见种种特性不断变化的光线——彩色的或白色的、直射的或反射的——同时洒进房间，相互混杂和融合。在混合光中，较为强烈的直射光往往会将较为柔和的反射光一分为二，划出一道明亮的光条。照亮祭坛的光源就有三种：从上方落入的温暖的黄色光晕，从两侧半透明窗口射入的白色光线，以及祭坛背后的蓝色冷光——它掠过墙面，刺破了那片黄色的光晕。两侧的空间中，光线的颜色也各不相同：左边的唱诗席中是被红色光线切断的绿色漫射光，❻ 而右边的主殿里则是被黄色光线切断的蓝色漫射光。

❼ 坐在简洁而优雅的木长椅上（木椅靠背顶部采用了与教堂拱顶相同的弧线造型），我们感到自己仿佛正悬浮在闪着微光的黑色地面之上。坐在这里，我们回想起一路上触摸到的做工精美的门把手、洗礼盆、栏杆、烛台和礼拜仪式用品；倾听着回荡在内凹的天花板表面上的音乐之声；嗅到香线燃烧的味道和木雕制品散发出的幽幽芬芳。环绕四周的光线呈现出丰富多变的品质，随着云影的飘过渐明渐暗，变幻莫测。这是一个由肌理丰富、层次复杂、光线四溢的白色外壳所组成的庇护所，它为我们带来了强烈的悬浮感和围合感，令我们感到自己正栖居在一个无比神圣的空间之中。

西雅图大学圣依纳爵教堂

空间　时间　物质　重力　光线　寂静　居所　房间

记忆　地景　场所

仪式

人想要找到自己在这个世界上的位置，世界必须是一个和谐宇宙。在一片混乱之中，没有什么位置可言。[1]

——马克斯·舍勒
（Max Scheler，1874—1928 年）

每个社会都会参与到一个社会政治的集体想像域（imaginaire）中。它代表了那些可以对它的成员起到激发和引导作用的神话性或象征性论述的总和……一个社会，按照从过去回想起来的、理想化的自我意象，将它的经验加以仪式化（ritualize）和规范化，从而为其自身提供一种意识形态上的稳定性：一种集体想象的一致性。如果不这么做，我们可能会从（那个）社会的日常现实中丢失掉这种稳定性和一致性。[2]

——理查德·卡尼
（Richard Kearney，1954 年—）

我目前对叙述的研究，把我精确地放置在（这一）社会与文化创造性的中心，因为讲故事……是社会的最永久的行为。各种文化通过讲述自己的故事而把自己创造出来。[3]

——保罗·利科
（Paul Ricoeur，1913—2005 年）

仪式的形式

所有建筑化的结构体都将信念、思想和行为模式加以具体化和物质化。路易斯·康曾说："房间应该不需要名称就能够体现出它的用途。"[4] 学校的空间结构将学习的环境加以便利化，而教堂的空间结构则是对礼拜仪式以及上帝、牧师和教会这三者关系的一种物质化。法院或国会大楼将个人的等级、角色和关系以及他们符合司法和政治程序的行为模式加以具体化。博物馆为艺术品的观赏提供恰当的聚焦式环境并为展品营造出必要的氛围，而图书馆则应该能够使读者与书籍之间的关系更加亲密。甚至一处居所也可以被看作是某种生成装置，因为它能够为日常活动及其相互关系建立一种专属的模式。有些建筑物是专为举行仪式而建的，但实际上，任何日复一日的活动，不管是世俗的还是宗教的，都倾向于将建筑加以仪式化。建筑能够助长

仪式的套路化，因此一个建筑结构体会逐渐地——有时甚至是令人难以觉察地——沦为仪式的工具。

大多数仪式都诞生于人类想要弄懂我们这个世界的需求：它的起源、它的本质、它的运作方式，还有它的最终命运。对世界的理解也是我们自我理解的前提。近代科学出现之前，人们对世界的理解建立在宇宙起源观、神话传说、宗教信仰的基础之上，凡此种种，到今天也仍然是与科学知识并存的人类意识的一部分。这些昙花一现的知识和信念来源通过仪式和仪典得到巩固，并且经常能够在空间形式中得以具体化；反过来，空间也总能引发新一轮仪式的创造。正如卡斯腾·哈里斯所说："建筑帮助我们把无意义的现实取而代之以一种通过戏剧化手法——或者不如说是建筑化手法——转化了的现实。这一被转化了的现实引诱我们进入其中，而

当我们臣服于它时，它便赐予我们一种意义的错觉……我们无法生活在混乱中。混乱必须被转化为秩序……当我们把人类对庇护的需求简化为一种物质需求时，就忽略了那种可以称之为建筑伦理功能的东西。"[5]

通过这种转化，日常生活的空间变成了一种对形而上世界的反射和隐喻。仪式的重复将时间和周期性（四季的进程、日月的循环、星辰的隐现），社会等级体系，以及社会、家庭与个人生活中的事件加以具体化并对其作出表达。仪式还能调和人与更高的超人类力量和神明之间的关系，保证人能获得神的青睐，为人的日常奋斗带来好运。

这种思想能够激发仪式、神话和仪典的产生，它与我们在梦中所见的意象和联想相互关联：弗洛伊德把这些意象与联想称为"思维的原始残留物"，而荣格后来则把它们命名为

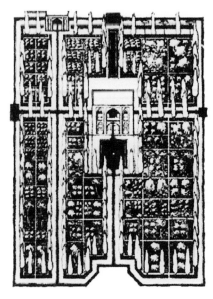

"原型"[6](archetype)。这些深层的历史关联在知性和无意识之间起到了一种纽带作用。荣格把原型定义为倾向于生成某些联想和意义的模式和情感。因此,原型并没有固定的、封闭的象征性意义,相反,它起到开放式联想生成器的作用,不断激发出新的演绎。正如荣格所指出的,原型属于生活本身,它通过情感与个人极为复杂地连接在一起。

对于可以非常简单却具有非凡力度的建筑语言来说,原型也是必不可少的素材。苏格兰建筑师辛克莱·高尔第(Sinclair Gauldie, 1918—1996年)还曾专门设想过一种原型式建筑语言的存在:

"当某个时代的流行风格早已退化为陈词滥调之后,能够继续为人类生活贡献一些难忘品质的建筑物,是那些从建筑语言始终不变的情感关联中汲取了自身传播力的建筑物,是那

些最深地根植于人类的日常知觉体验中的建筑物。"[7]

阿德里安·斯托克斯的论述也指向了建筑语言这种浓缩的原型性和隐喻性意义:"建筑形式是一种用于把少量具有无穷衍生含义的表意符号连接起来的语言。"[8]这种对意义的浓缩使某些建筑可以对心灵产生猝不及防的深层冲击。英国建筑师科林·威尔逊(Colin St John Wilson, 1922—2007年)曾这样形容它:

"就好像我正在被某种无法转译成文字的潜意识代码所操纵,这种代码直接作用于神经系统和想象力,同时又用生动的空间体验来激起对意义的暗示,仿佛这两者是同一个事物。我相信,这种代码能够如此直接而生动地作用于我们,是因为它让我们感到不可思议地熟悉;事实上,它是我们远远早于文字之前所学会的第一语言,这种语言现在通过艺术又被召回

到我们身上,因为唯有艺术掌握着唤醒它的钥匙……"[9]

建筑单体的形式和建造,以及建筑单体之间相互关系的设计,都会引发人类的思想和更广阔世界之间的联结。人类聚落(settlement)和特定建筑物所采用的象征性结构的形式(例如宗教圣所)为神话故事和宗教信仰赋予了具象化的实体。"曼荼罗"(mandala,打坐时心中观想的对象,它代表了与神灵力量相关的宇宙)是一种对基本几何形式的组合与并置。我们往往将"曼荼罗"与东方文化联系起来,但其实它也出现在基督教艺术中。印度的庙宇显然是三维空间上的建筑曼荼罗,然而在欧洲经典建筑——如文艺复兴时期和巴洛克时期的教堂——的平面图中,也呈现出了与冥想的图形有几分相似的图案。在建筑和市镇规划中,"曼荼罗"也具有重要的意义。事实上,所有建筑结

图 3

把基准线作为一种实现比例和谐的隐形手法来使用（勒·柯布西耶）。米开朗基罗，卡比托利欧广场"元老宫"（Senate Building），意大利，罗马，1538—1650 年。

图 4

勒·柯布西耶和皮埃尔·让纳雷（Pierre Jeanneret，1896—1967 年），欧特伊住宅（House at Auteuil，现称"拉罗什－让纳雷别墅"），法国，巴黎，1924 年。

仪式

构都可以被看作是某种形式的"曼荼罗"——在人的领域和形而上维度之间起到调和作用的寓言式结构体。建筑中的对称轴线、几何关系和其他隐藏的组织系统及暗含的秩序系统，例如毕达哥拉斯的和声法则或勒·柯布西耶的"基准线"（regulating lines），都可以被视为建筑曼荼罗的特性和不可见的（常常是潜意识的、个人化的）建筑仪式。

自原始时代以来，聚落和建筑的实际建造过程就引入了专门的仪式以保证重要工程能够顺利进行并得到神灵的庇佑。这些仪式涉及的内容十分广泛：从神庙选址和定向的古老方法，到具有象征性的圆形和放射形建造序列，再到古希腊作家普鲁塔克（Plutarch，约 46—120 年）描述的罗马城（urbs quadrata，拉丁语中意为"方化之城"，详见《城之理念——有关罗马、意大利及古代世界

的城市形态人类学的新描述》，刘东洋译，北京：建筑工业出版社，2006 年。——译注）的奠基仪式。据普鲁塔克记载，奠基仪式是指用犁挖出一条深壕来标出罗马城的边界，这个边界采用了圆形的几何关系。然而，正如罗马城的拉丁文名字所示，这座城本身是长方形的。无数其他城市也拥有和罗马城相似的奠基仪式和早期地图，无论此处的地理特征如何，它们都体现为基于复叠的圆形和方形的几何意象。罗马城的奠基仪式，从本质上而言，是把圆形化为方形的一种示范（这也曾是一个令炼金师为之着迷的难题）——在宇宙和人类建成世界之间的象征性连接。[10] 基本形式中所具有的同样的原型意义，通常也是宗教建筑的定向与选址仪式中所固有的意义。这些仪式实现了宇宙和人类的仪式化结合，以及对神灵中心的边界（建筑的基本方位）的勘定。

在当代的理性文化和世俗文化中，我们仍然会在建造过程的不同阶段举行某些庆祝性仪式，尤其是在破土、奠基和"上梁"等具有象征意义的时刻。建筑的每个部分都有它自己的演变历史，其中附着了不同的信仰、迷信观念和仪式化行为——这一点尤其体现在门和窗这两个元素上。希腊人把沥青涂在门框和窗框上，以阻挡邪灵和恶魔的入侵；中国人通过吉祥的文字或门神像来达到驱邪纳福的目的；欧扎克山区（Ozarks，位于美国中部）的居民则会在门上钉一块马蹄铁，或者用三根钉子钉成一个三角形以象征圣父、圣子和圣灵。[11] 近年来，古老的中国风水术（用于建筑选址并为建筑及其各部分确定方位的仪式性程序）也在西方世界得到了广泛传播。

建筑的定位以及建筑之间相互关系的设计也具有同样的特点，即对仪

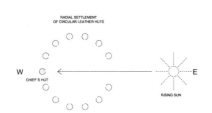

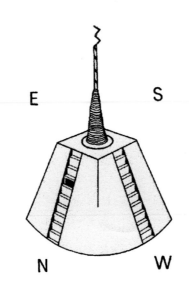

式感的关注。早期的奠基典礼通常基于圆形，它是象征宇宙、太阳、整体和融合的符号。这种做法在游牧文化中最为常见，因为游牧民族没有永久性的居留地，所以也无法将他们的心理世界加以永久性的物质化。然而，为了记住他们的神话传说和宇宙信仰的重点内容，他们不断地重复建造着关于这些心理假设的象征性表现形式。肯尼亚的伦迪尔（Rendile）部落以游牧为生，终年处于迁徙之中。每天早晨，妇女把棚屋上作为骨架的弓形树枝和作为覆面的皮革拆卸下来，装到骆驼背上，向着他们无尽旅程中的下一个目的地出发。到了夜晚，妇女卸下棚屋的构件，重新建造他们的聚落。伦迪尔人的聚落总是呈现出圆环形的村落格局：其东侧设有一个宽敞的开放式空间，正对升起的太阳；部落首领的棚屋建在圆环上与村口相对的位置，房门朝向

升起的太阳。这些传统的游牧部落将他们记忆中的宇宙结构代代相传，并且每一天都重建着他们的世界意象（imago mundi，拉丁语）——一天中的时间周期、他们的场所感和他们的社会秩序。这些重复的仪式将他们的空间感、场所感和时间感以及社会等级加以具体化，这种具体化正是通过聚落的结构形式实现的。在其他文化中，关于宇宙的传说、仪典、仪式和建造也达到了同样的目的。

仪式和结构之间的相互作用为一些现代建筑师带来了启发。颇具传奇色彩的多贡人——生活在马里的邦贾加拉峡谷附近——拥有一套极其复杂的多重宇宙起源观，这种观念把传说中关于世界的起源和运作法则的方方面面及无数细节延伸到日常生活中的仪式、程序和行为中，例如编织、煮饭和睡觉。[12] 他们的全部生活

是对他们的神话的一种重演，他们的世界也因此每天都被象征性地重新创造。重大的仪式性事件和庆典，例如"成人礼"，也是对神话中宇宙起源的仿效。这种对神话传说、村落结构和生活方式的整合，在 20 世纪 50 年代启发了阿尔多·凡·艾克等一批荷兰建筑师。他们采用了符合已由人类学确立的人类空间感知和行为模式的空间几何关系，力图发展出一种能够为其空间赋予意义的当代建筑。凡·艾克在荷兰设计的 700 个儿童游戏场（1948—1961 年）和阿姆斯特丹市立孤儿院（1955—1960 年）都利用了套叠和重复的几何关系，仿效了非洲传统聚落的组织原则。荷兰建筑师赫尔曼·赫兹伯格（Herman Hertzberger，1932 年—）的结构主义建筑方案，例如阿珀尔多伦（Apeldoorn）的中央比希尔保险公司总部办公楼（Centraal Beheer，1970—1973 年），

图 8
几何关系与人的行为。阿尔多·凡·艾克，儿童游戏场，荷兰，阿姆斯特丹，20 世纪 50 年代。

图 9
阿尔多·凡·艾克，阿姆斯特丹市立孤儿院，荷兰，阿姆斯特丹，1955—1960 年。

图 10
结构主义建筑：领域上的区分和融合是对人类学模型的仿效。赫尔曼·赫兹伯格，中央比希尔保险公司总部办公楼，荷兰，阿珀尔多伦，1970—1973 年。平面图展示了成簇布局的集体空间和个人空间。

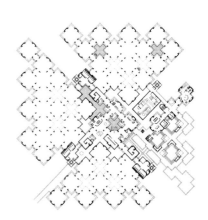

仪式

也延续了这种原始传统，通过刻意的空间几何关系来建立建筑的意义。

有些现代主义建筑试图把建筑从它所根植的神话性和仪式性土壤中解放出来，转而主张建筑语言的绝对艺术自主性。这一思路中最具代表性的论断来自菲利普·约翰逊："国际式风格就是它自己存在的理由"。[13]然而这种思想其实是被误导了。一种脱离了人类历史真实性和人类思想的深层积淀的自主性语言，会导致意义和情感共鸣的逐渐丧失。承认仪式所传递给我们的众多意义并与之协作，会把我们引向更好的建筑和一个心理上更为健康的社会。"现代社会中的疏离感的症状之一，是广为传播的无意义感……现代人最为迫切的需要，是去发现内在的主观世界的现实和价值，去发现'象征生活'……这种表达灵魂需求的象征生活，在某种形式上，是心灵健康的一个前提条件。"[14]

图拉真市场

The Markets of Trajan

意大利，罗马

100—112年

阿波罗多罗斯

（Apollodorus of Damascus）

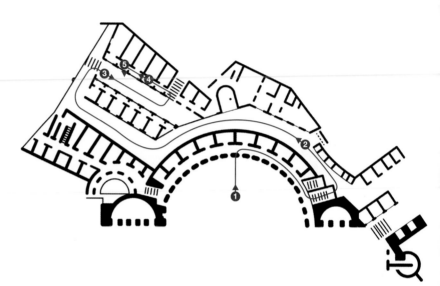

❶

图拉真市场坐落在奎利那雷山（Quirinal Hill）的山坡上，位于图拉真广场（Forum of Trajan）——古罗马城的正中心——的东北面。该市场与政治仪式、皇家庆典或宗教崇拜并无关联，它是为日常购物这一再平常不过的生活仪式而建造的场所。虽然与之毗邻的图拉真广场、乌尔比亚教堂（Basilica Ulpia）和图拉真神庙也都出自阿波罗多罗斯的设计，但图拉真市场才是古罗马场所创造艺术在城市内部的巅峰之作。

❶ 图拉真市场完全嵌在倾斜的山体之中，从图拉真广场的铺地算起，它高达 35 米，共有 6 个主楼层。在原有的 200 个房间中，170 个基本保存完好。沿着图拉真广场后方的弧形店铺外墙向前走，我们看到弧形街道上的大块铺地石，继而看到上下两层店铺被包裹在外覆红砖的半圆形围护墙内。市场的墙面由很薄的长条砖砌成，分为内外两层。双层的砖墙起到了两个作用：一方面为浇筑于其空腔内的结构性混凝土提供了模板，另一方面也构成了混凝土的永久性表面。和大多数古罗马公共建筑不同，市场的砖墙没有使用大理石覆面，这些造型优雅的砖面从建造伊始就是暴露在外的。在二层的立面上，我们看到一排圆拱形的洞口，洞口外围饰有较浅的砖砌壁柱和檐口。壁柱和檐口也不是用大理石制成的，而是采用了和墙面相同的

赭红色陶砖。

市场的每家店铺都以一个巨大的正方形门洞为出入口，门框采用了刻有线脚的长条形石灰华板材，门框顶部的门楣上设有另一个较小的方洞。每家店铺的平面都呈矩形，平均开间和高度都是 4.5 米，只是进深各不相同。迈过石灰华的门槛，我们进入一家典型的店铺：头上是半圆柱形的混凝土筒形拱顶，脚下是铺成人字纹图案的红砖地面。有些店铺没有嵌在山体中，便在后墙上开设了巨大的矩形窗，由此为室内送入了过堂风和自然光。石灰华门框内原本装有向内开启的木门——我们现在依然可以在门槛和门楣上看见铰链的安装孔。关上木门后，店铺内部可以通过门楣上的小方洞获得通风和采光。

我们登上楼梯，走入二层带拱廊的半圆形走廊。走廊上方覆盖着混凝土筒形拱。沿着弧形走廊的内侧，我们可以透过圆拱窗望向下方的广场。弧形走廊的外侧是店铺的大门，大门呈现出了相同的尺寸和细部，规律地排列在砖墙上，让我们在每家店铺的门槛处感受到了强烈的场所感。❷ 再向上走一层，我们便从室内来到了室外。这是一条露天的街道，街道靠山坡下方的一侧是两层高的砖墙，靠山坡上方的一侧是三层或四层高的砖墙。街道中央的路面铺着灰色的大石块，两边各有一条加高的石灰华走

道——店铺的大门就开设在这两条走道上。在临街店铺的砖墙上，我们看见门顶小方洞的上方设有弧形的砖砌减重拱；减重拱把墙体的重量向下传递到大门两侧，同时也把店铺内部筒形拱顶的形状标记在了沿街的立面上。紧挨着店铺的上方，我们看到一根根石灰华砌成的扶壁。扶壁架起顶部略微拱起的砖砌雨棚，原本可以为店铺入口的客人遮风挡雨。楼上的店铺在后墙上设有巨大的矩形窗，矩形窗顶部带有砖砌平拱。

❸ 我们沿着楼梯又往上走了一层，来到这座市场的主空间，即大家所说的"图拉真大厅"。这是一个两层高的巴西利卡式房间，宽9米、长33米，高度接近12米。沿着东西两侧的长边设置的是7米高的、以红砖覆面的厚厚墙体。❹ 这两面墙上分别设有六扇带有石灰华门框的正方形大门，大门上方是弧形的砖砌减重拱留下的痕迹。在这两面墙的顶部——正对着减重拱与承重墙（墙体位于店铺之间，没有在立面上留下标记）交接点的上方，排列着14根又短又粗、带有石灰华拱基石（impost block）的墩柱，墩柱支承起十字交叉拱形的混凝土屋顶结构。❺ 洒入大厅的光线来自上层的走廊。走廊宽3米，顶部不设屋顶，在靠外的墙上设有成排的店铺。在走廊上，我们可以俯视下方的主空间。这是一个极具城市特性的公共房

间，它嵌在山体中，向上方的天空敞开。作为献给"购物"这一日常仪式的建筑，它在我们内心激起了一股强烈的在场感。

与附近由石柱支承的图拉真广场和巴西利卡式教堂不同，图拉真市场（包括具有首创性的主厅）全部采用粗壮的混凝土承重墙，它的砖砌外层为建筑的表面及其形成的空间赋予了一种无以伦比的统一感。此外，市场中也充满了光和空气，正如美国建筑历史学家威廉·麦克唐纳（William MacDonald，1921—2010年）所言："无处不在的巨大洞口把室内空间从被压倒性重量包围的感觉中释放出来。"[1] 穿行于主厅和两侧成排的店铺之间，我们能够不时望见天空和周围的城市景观。这座市场也完美地适应了罗马的炎热气候。在它的空间中行进，我们能够时刻感受到从洞口迎面吹来的微风，以及巨大墙体的阴影带来的阵阵清凉。

如今，这座市场不再具有购物的职能，只是偶尔迎来少许参观者。尽管如此，我们的脚步声和说话声反射在顶部的弧形拱顶上，依然能够产生巨大的回响。不难想象，在古罗马时代，每逢熙熙攘攘的赶集日，这里定然是一片人声鼎沸的繁华景象。在便利设施方面，由于有些商铺售卖新鲜活鱼，因此市场内部配有持续换水的淡水箱以及通

❺

过管道引入海水的海水箱。整座市场规模巨大、结构复杂，却体现出了亲密宜人的尺度。其主厅——连同它墙上和走廊上整齐划一的店铺门面——为我们提供了一个舒适的聚集场所。此外，图拉真市场也是一个完美的公共生活空间。当我们投身于购物这一日常仪式时，却不想它还为我们提供了无数与友人碰面和分享体验的机会。

伊势神宫

内宫和外宫

Ise Shrines, Naiku and Geku

日本，三重县

自685年始，每20年重建一次

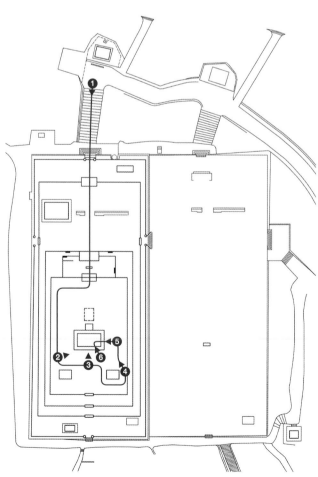

❷

伊势神宫的内宫（Naiku，即"皇大神宫"）和外宫（Geku，即"丰受大神宫"）位于名古屋附近，是对古老的高床式谷仓建筑的一种高度提炼的理想化反映。自第一座神宫建成以来，它已被原样重建了至少 61 回，每次建造过程长达 20 年之久——这个 20 年的建造周期本身就是一场持续的、精确定义的仪式。不同于世界上的任何宗教建筑，伊势神宫永远保持着崭新的样貌，但同时它又是历时千年的筑造成果，从古代起就以不变的方式存在着。

伊势神宫建造中的每个环节都是一场仪式：从宫域林中树木的栽种和培植周期，到秘密培训新一代木匠所需的七年时间，再到建造神社所用的七年工期，皆是如此。在神宫"式年迁宫"仪式之前的七年里会举行一系列的仪式。第一年的典礼在偏远的木曾山脉（Kiso Mountains）举行，它标志着木材砍伐的开始。第二年的一系列典礼用以纪念木材的迁移——巨大的原木沿着五十铃川（Isuzu River）逆流而上，被运送到建造神社的基地。第三年，在新神社的基地上会举行一场破土动工的典礼。第六年，在挖土立柱、搭建施工脚手架和给屋顶盖草的时候，分别会举行相应的典礼。到了第七年，需要给宫社神域撒播白色砾石、安装大门，把神祇的象征物放入新打造的木匣中，在新神社的地板下方安置神圣的木柱……这些场合都

会举行专门的典礼。在神社重建的竣工典礼上，祭司会用柏树枝捶打木柱以求地基稳固。最后还会在黑暗中举行一场庄严的迁宫仪式：人们从旧神社把神祇的象征物转移到新建的神社中。之后便会迎来一段短暂却又神奇的时光：两座神社，一新一旧，并排站立在相邻的两个地块上。随后，旧神社被恭恭敬敬地拆卸下来，它的木构件会用于建造其他的社殿。

参拜伊势神宫也是一种祭典性的仪式，一场精雕细琢的空间性和物质性的体验。这种体验让我们与自然界及其无休止的生死轮回融为一体。首先，我们经过一座横跨于五十铃川上的木桥，穿过第一"鸟居"（Torii，日本神社门前的牌坊），来到"御手洗场"的几级宽阔的石阶上，在清澈的河水中洗手漱口。从第二鸟居下经过，我们穿过宫社神域周围的柏树林，来到一组宽大的石砌台阶前。❶石阶的顶部伫立着南大门，它标志着环绕内宫的四道木围墙（或木栅栏）中的第一道。宫社神域的围墙精准地正对着四个基本方向，正殿设在南北向的中轴线上。我们踩着光滑的铺地石，走进宫社神域。四道围墙层层嵌套，每层的地势都比外面一层略高一些，木围墙变得越来越密实。内侧的三层围墙均设有门楼，门楼的巨大木柱撑起了茅草屋顶，屋顶遮蔽着我们所穿过的木门。

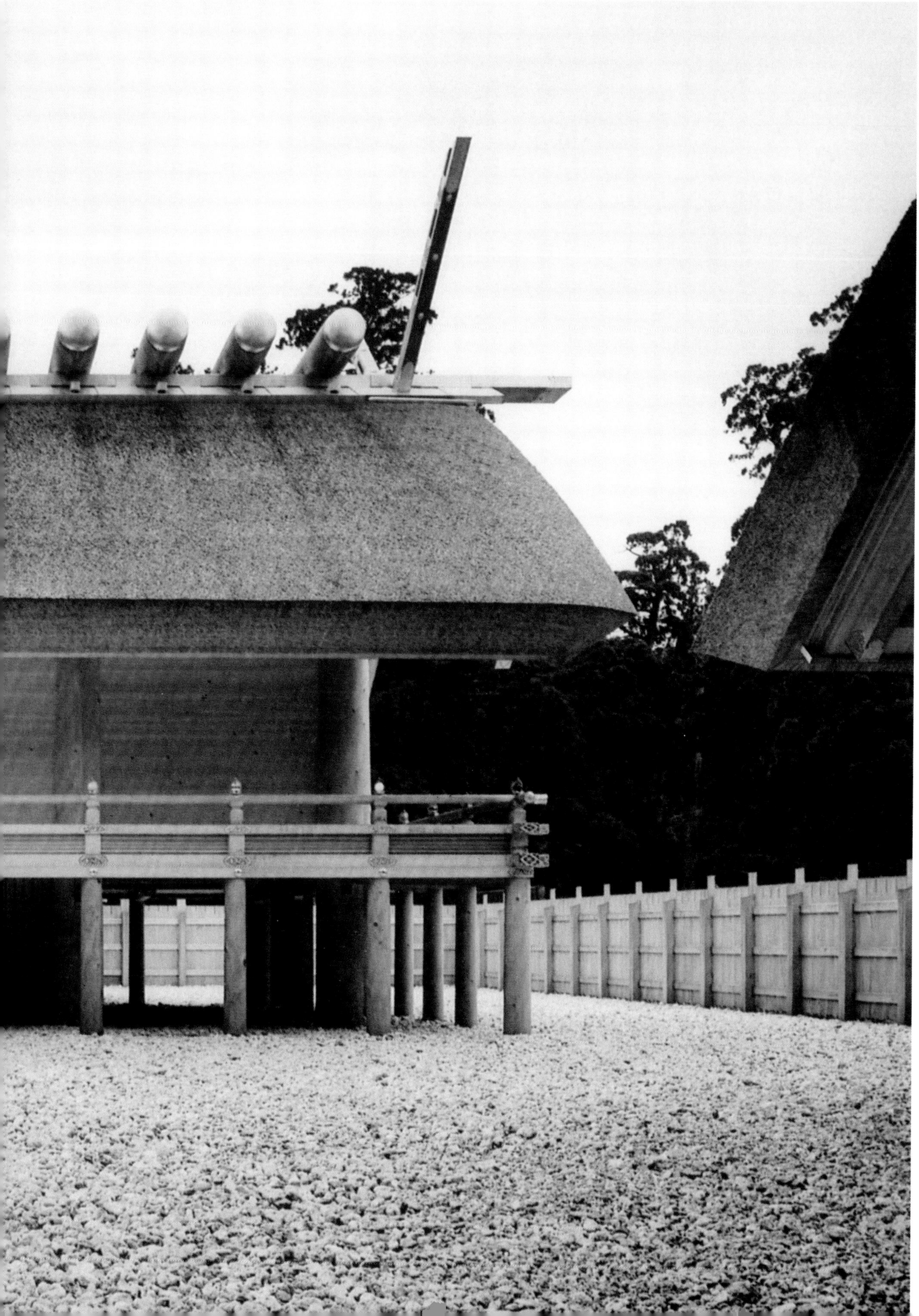

❺

❻

❷ 穿过最里面的木围墙，我们踏上一块铺满白色砾石的矩形地面，地面上伫立着三座形状相似的木质结构体。其中，较小的"东宝殿"和"西宝殿"并列设在靠近围合体北端的位置，而正殿则位于正中心。❸ 正殿的中心结构是以实墙围合而成的空间，空间的长边上立着四根木柱，短边上立着三根木柱，四周环绕着一圈走廊，顶部覆盖着出挑深远的屋顶。正殿的木地板是架空的，距地2米多高。地板下方有一座楼梯，楼梯背后出现了一个围合体，那面神圣的镜子（即"八咫镜"。——译注，下同）就嵌在围合体的地面上。❹ 正殿巨大的屋顶以厚厚的茅草铺设而成，茅草经过修剪而被塑造出锋利的棱角。屋顶的尖顶上是两层相互锁扣的木压顶板（称为"甲板"），压顶板通过上面的十根粗壮的圆柱形短木（称为"坚鱼木"）得以固定。❺ 两根高大的顶梁柱耸立在两端山墙的中央，支承起屋脊的大梁。屋脊大梁的上方伸出一对交叉的椽子（称为"千木"），侧面伸出两组榫条（称为"鞭挂"），每组四根。木构件的端头均以金属盖帽封口，因为木材的横断面最为薄弱，如果暴露在空气中，特别容易因雨水的侵蚀而朽烂。在这座全木建筑中，每一个复杂锁扣的节点都得到了突出和颂扬，每一个必要的元素都经过了千锤百炼，力求完美，然而整个结构体

仍然是极度简单和纯净的。

❻ 正殿和东、西宝殿采用柏木和松木建成，其表面被打磨得极为精细。它们呈现出了精准的弧线和平面以及整齐划一的锋利边缘，这些造型元素在整座建筑中得到了节奏性的重复，显示出了木匠大师对木材天性的深入理解和处理木材的精湛技艺——他们用木头这种并不完美的天然材料塑造出了完美的形式。我们甚至觉得，61次重建过程都被载入了建筑的形式之中，持续了上千年的建造仪式历历在目。重建行为渗透于神社本身，也贯穿于代代相传的工艺技术之中，因为只有掌握了精准的工艺技术，才能制造出完美无瑕的木工制品。当下的这一次式年迁宫仪式和上一轮重建后的景象似乎并无差别，然而我们十分清楚，从来不会有两块木头是一模一样的——这包括它们在雕刻过程中呈现出的品性和特点，也包括它们在不同的光照和气候条件下做出的反应。在我们的体验中，伊势神宫体现了对自然诸神的仪式化崇拜，体现了对尽善尽美的人造自然形式的仪式化重复，体现了工艺技术的仪式化重生。这些工艺技术通过"木"这一媒介将我们融入了大自然的循环更替过程之中。

切尔托萨修道院

Certosa di Firenze

意大利，佛罗伦萨，加卢佐

1342—1568年

❷

❸

切尔托萨修道院是为佛罗伦萨的加尔都西会建造的隐修院（Carthusian Monastery of Florence，曾对青年时代的勒·柯布西耶产生过深刻影响并在他的旅行书简中被多次称为"艾玛修道院"。——译注），它位于佛罗伦萨南城墙外不远处，坐落在加卢佐镇一座山丘的顶部。修道院的选址刻意远离了日常世界，其主要功能是为投身于神学事业的虔诚僧侣提供住所。它是由一系列空间组成的综合体，其中每个空间的形式都是由修道院每日例行生活中严格执行的仪式决定的，包括礼拜、就餐和讨论等集体活动，也包括修士个人的隐居式冥想。

❶ 我们先从远处望向切尔托萨修道院，它的地势明显高于周围的地景。一个个隐修单元（或称"修士小屋"）沿着修道院的三个立面整齐地排列着，形成了节奏鲜明的建筑序列。单元之间以带围墙的花园加以分隔。经过一条长长的坡道和一组缓缓升起的台阶，我们进入前院。这是一个水平向的空间，长 70 米、宽 22 米，地面铺着人字纹图案的红砖，四壁采用带有圆柱和拱券的白粉墙。❷ 随后，我们走向教堂的南立面。立面正中央是两层高的结构体，以当地出产的灰绿色塞茵那石建成。

走上台阶，步入教堂，我们发现自己位于正方形唱诗厅中，这一场所专供做杂役的俗家修士使用。❸ 唱诗厅

左侧是狭长的庭院，庭院四周环绕着带有列柱的两层高的回廊，俗家修士居住的小单间就被安排在二层。回到唱诗厅中，我们在前方看到一个圆拱形的门洞，由此可以通往教堂。门洞下半部分的木墙和木门挡住了视线，但我们却能透过其上方的开口听见教堂里传出的咏唱。教堂是一个长条形的空间，顶部覆盖着三个大小不等的十字拱，祭坛设在空间尽端，位于架高的司祭席上。脚下的大理石铺地呈现出了大胆的几何图案，由六角形和三角形组成，闪耀着金红色、灰绿色和亮白色等斑驳色彩。❹ 教堂内部最大的空间元素是唱诗席的靠背长椅：它们巨大的木质结构占满了墙面的下半部分。雕花的木椅背和木扶手摸上去带着暖意，长椅下的木平台使我们的双脚远离冰冷潮湿的石砌地面——在寒冷冬天的早晨和夜晚，这是相当必要的。修士们每天坐在这里进行礼拜活动，教堂中回荡着悠扬的歌声。

❺ 紧邻教堂的是一个狭长的矩形房间，名为"修士讨论室"（colloquium）。讨论室的顶部布满了十字交叉拱，地面铺着红色的陶土砖，两侧沿墙设有连续的、带靠背的木长椅。光线穿过墙上的八扇玻璃彩窗，照亮了整个房间。修士偶尔会被允许在这里碰面，参与即兴式的谈话——这可能是他们唯一的集体休闲活动。空间的两端各

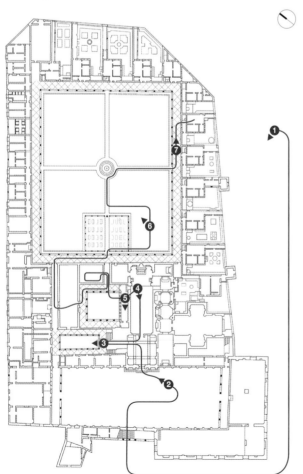

有一扇门，它们都通向讨论室外的正方形内部庭院。讨论室里的陶土砖铺地从室内延伸到室外，铺满了环绕在庭院三面的回廊。这座小小的回廊庭院是修道院集体生活的中心场所，紧邻它的建筑分别是教堂、俗家修士的小回廊、饭厅和例会厅。

例会厅的入口处设有一扇雕刻精美的木门，由此显示出了这个房间在修道院生活中的重要性。这是一个立方体状的房间，大门的正对面是祭坛，四周是白色的粉墙。天花板由八个位于转角的弦月拱组成，弦月拱在屋顶中央形成了一个单穹顶。铺地采用了深绿色、灰色、白色和浅玫瑰色的大理石板，石板组成了由矩形和方框相互锁扣而成的几何图案，颜色十分醒目。沿着室内所有的墙面设有连续的木长椅，长椅带有高高的木靠背以及为我们的双脚而设的架高的木平台。这里是修士举行每日集会的地方。开会时，修道院院长朗读会规中的某一章节，修士对此展开讨论，做出决定，并采取相关的措施以改善修道院的群体生活。

饭厅呈长条状，其长度是宽度的四倍。地面的赭红色地砖上打了蜡，铺设成了人字纹的图案。拱形的白色石膏天花板上设有18个半圆形的弦月拱，弦月拱与天花板交接处的边沿略微向下延展，形成了一条条格外明亮的弧形

细线。房间的墙面包覆着木质护墙板，护墙板的高度超过了头顶，在底部与架高的木平台相连。木平台和护墙板之间设有固定的木长椅和木餐桌。这是修道院公共空间中唯一带有斜靠背的长椅，供修士在用餐和聆听经文朗读时获取适度的舒适感。

❻ 走出室内，我们来到修道院的主回廊。这是一个宽 50 米、长 70 米的开阔空间，四个角部与四个基准方向对齐。庭院的空地上长满了青草，上方向天空敞开。庭院中心被一座蓄水池所固定，周围环绕着一圈连续的拱廊，拱廊后方升起了 18 个隐修单元的陶瓦屋顶。❼ 我们在回廊上慢慢踱步，观察着头顶上方边沿锐利的白色石膏交叉拱顶。在面向庭院的一侧，拱顶从一根根塞茵那石圆柱上跃起。圆柱仃立在矮墙上，它们富有节奏感的间隔和圆拱在地面上的弧形投影在不经意间调节着我们的步伐。在拱廊另一侧的墙面上排列着修士单元的大门，门边设有带木门的小窗口，供食物存取之用，以免打扰在房内闭关的修士。每个单元的内部由三个房间组成，分别用于进餐、研习和休息。这组房间在两个立面上设有开窗，透过窗口，我们可以看到一座带围墙的 L 形花园。三个房间的下面一层设有可以从花园进出的柴房和手工作坊。单元之间通过一条狭窄的敞廊加以分隔，敞廊通向花园的尽端，厕所也设在花园的这一头。每个隐修单元都是一个自给自足的小世界，生活在其中的修士看不到修道院里的其他任何人。然而在闭关冥想时，只需抬眼北望，便可看见远处佛罗伦萨圣母百花大教堂的穹顶。

修道院中的生活仪式恪守精确的时间表：修士的礼拜、进餐、会面、祈祷和就寝都听命于钟声的召唤。据说时钟就是在修道院这一远离尘嚣的庇护所里诞生的发明。在这里，严格的生活流程、规章化的日常仪式和修士的同步行动摆脱了修道院之外"世俗生活中的……惊诧、疑惑、心血来潮与离经叛道"。[1]

神圣家族大教堂
Sagrada Família Cathedral

西班牙，巴塞罗那

1882年至今

安东尼·高迪

❶

建造这是一座献给"圣家"（Holy Family，指由耶稣、其母玛利亚与其养父约瑟组成的神圣家庭。——译注）的赎罪教堂，迄今尚未完成。一旦竣工，它将成为人类历史上最宏伟的圣殿之一。圣家堂的建造始于1882年，此后不久便由高迪接替了前任建筑师的工作。在高迪着手该项目的44年间，教堂的设计发生了戏剧性的演变。近年来，随着施工方法和建筑材料的改善，建造速度也有所提高，因此今天的我们可以看出这座教堂是多么精准地预言了当代建筑的特点。圣家堂集中体现了与建筑密切关联的两种仪式：一种是宗教信仰的仪式——信仰是这座教堂存在的理由；另一种是更为普遍的建造本身的仪式——建造是一个新的起点，它通过奠基过程中的每一个步骤得以体现。

❶ 从城市的另一端远远地望向圣家堂，我们首先看到两个立面上成簇的、修长的、逐渐收细的塔群。它们像手指一样从天际线上升起，标志出这片神圣的领域。走向教堂，我们继而看到这些高度超过90米的圆塔均以花岗岩建成。随着高度的增加，它们向内收细的速度也逐渐加快，从而揭示出了建筑设计中所采用的抛物线式的几何关系。入口的大门极具造型感，上面雕满了密密麻麻的圣经人物像。高塔就是从大门富有动感的体块中脱胎而出，直

仪式

神圣家族大教堂

❷

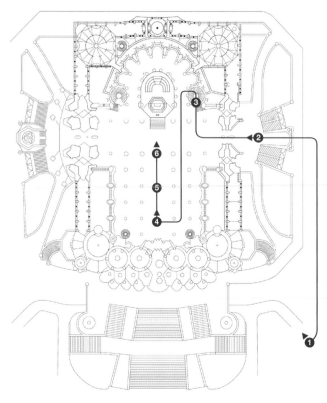

❸

冲云霄。塔身上设有长长的纵向狭槽，狭槽通过塔内盘旋而上的螺旋形楼梯编织在了一起。❷ 在最高的几座塔上，塔尖部位的灰褐色石头上包覆着三角形的彩色釉面砖。砖块拼接成了棱面状，呈现出黄、白、红的缤纷色彩。塔尖的中部设有椭圆形的孔洞，最高处顶着一个瓷砖做成的十字架，十字架的周围环绕着白色的圆球形装饰。这些形式如此奇特，具有极高的可识别性，仿佛是大自然孕育出来的生物而非人工制造的无机体。

由于南面的主入口目前正在建造之中，我们只能从东面或西面的四座高塔下方进入。教堂内部的巨大空间令人叹为观止。和外面的塔群一样，它既有很高的辨识度（令人隐约联想到哥特式教堂），但同时又有些怪异：无处不在的曲面和分叉等奇特造型使它看上去更像是有机体而非人造的东西。事实上，这个独一无二的结构设计出自一种纯粹的对重力作用的倒映。❸ 在教堂的地下室，我们可以看到高迪最初的构思。为了制定受力线和梁柱的形状，他建造了一座模型。模型顶部的天花板上垂吊着一系列的金属线，在需要附加荷载的位置挂着重物，于是整体便形成了一个由下弯式抛物线组成的网络。对这个模型加以翻转或镜像反射，就得到了与教堂非常接近的结构形式：基座异常宽阔，几乎与地面垂直，然后随着曲率的不断变化

而越收越紧，整体结构慢慢向内弯曲，最后在顶尖处以一段急转的弧线作为收头。正是这个别出心裁的设计理念使这座庞然大物得以支承在看似没有承受任何重量的柱梁之上。在我们的体验中，这是一座结构不断变化的建筑，它的重量仿佛融化在了薄薄的空气中。高迪的设计奇迹般地解决了建筑中的固有难题——负重与承载之间的冲突。

❹ 随后我们在教堂内部缓慢绕行。从主入口到半圆形后殿的长度为 95 米，耳堂的宽度为 60 米，中殿、双排的侧殿和耳堂共同组成了一个拉丁十字形。❺ 在 15 米宽的中殿、耳堂和十字交叉部共有 22 根立柱，柱子均以坚实的花岗石雕刻而成。它们粗大的柱身上饰有凹槽，凹槽在基座位置又深又宽，粗放地张开，然后随着高度的增加而逐渐变浅，变成密密排列的细条。花岗石柱头由一簇向外鼓出的椭圆形体块组成，柱头之上，柱子如树枝一般开始分叉。向外倾斜的分枝继续上升并再次分叉，支承起侧廊上方 30 米高的天花板；同样，向内倾斜的分枝上升并分叉，支承起中殿上方的双层天花板（距地高度分别为 45 米和 55 米）。外侧廊的顶部设有坡度很陡的挑台，而在挑台的背后（挑台地面与教堂外墙相接的地方），倾斜的分枝向上升起，稳固地托起天花板。❻ 教堂顶部的棱面状天花板呈现出各种戏剧性的转折，它由许多星形放射

状的小拱顶组成。小拱顶从分枝的顶部冒出来，跨设在相对的两组分叉之间。每个小拱顶的中心都有一个小圆孔，透过圆孔，光线得以照进教堂内部。在挑台上下，教堂的围护墙几乎全部被巨大的双联窗穿透，窗子里布满了格栅般的窗棂，其上方设有圆形或椭圆形的玫瑰窗。教堂内部的每一个表面都为了回应结构受力而做出了棱面状的转折和弯曲，从而形成了一种特殊的肌理，将透过墙壁和天花板进入空间的光线加以捕捉和反射。

　　和教堂中的每个元素一样，天花板亦是结构性的，对建筑起到支承作用。然而与花岗石柱子和围护墙这些与地面相连的元素不同的是，由于天花板是在最近几年才建成的，因此它采用了轻质的纤维混凝土（fibre-reinforced concrete）和数字化的计算与制造——在高迪的时代难以想象的材料和方法——以实现建筑师在 1925 年的设计定稿中所要求的复杂的几何关系。虽然圣家堂中最大的部分尚未建成，例如位于十字交叉部上方的、高度将达 170 米的中心塔，但是这场开始于地基的建造仪式却延续至今并以 130 年来最快的速度进行着。

　　站在圣家堂内部，我们深深地为它显示出的神性所打动，它以耳目一新的方式让我们重新认识了它所服务的宗教仪式。同样打动我们的，还有凝聚在其中的巨大的人类

心血、非凡的道德奉献以及宝贵的公共资源的投入。这一切已经贯穿了几代人的生命历程并在仪式化的建造行为中得到了体现。从最根本的基础性开端至今，它持续在每一代人手中得到发展和更新，因此圣家堂是属于全体人类的伟大建筑。

❻

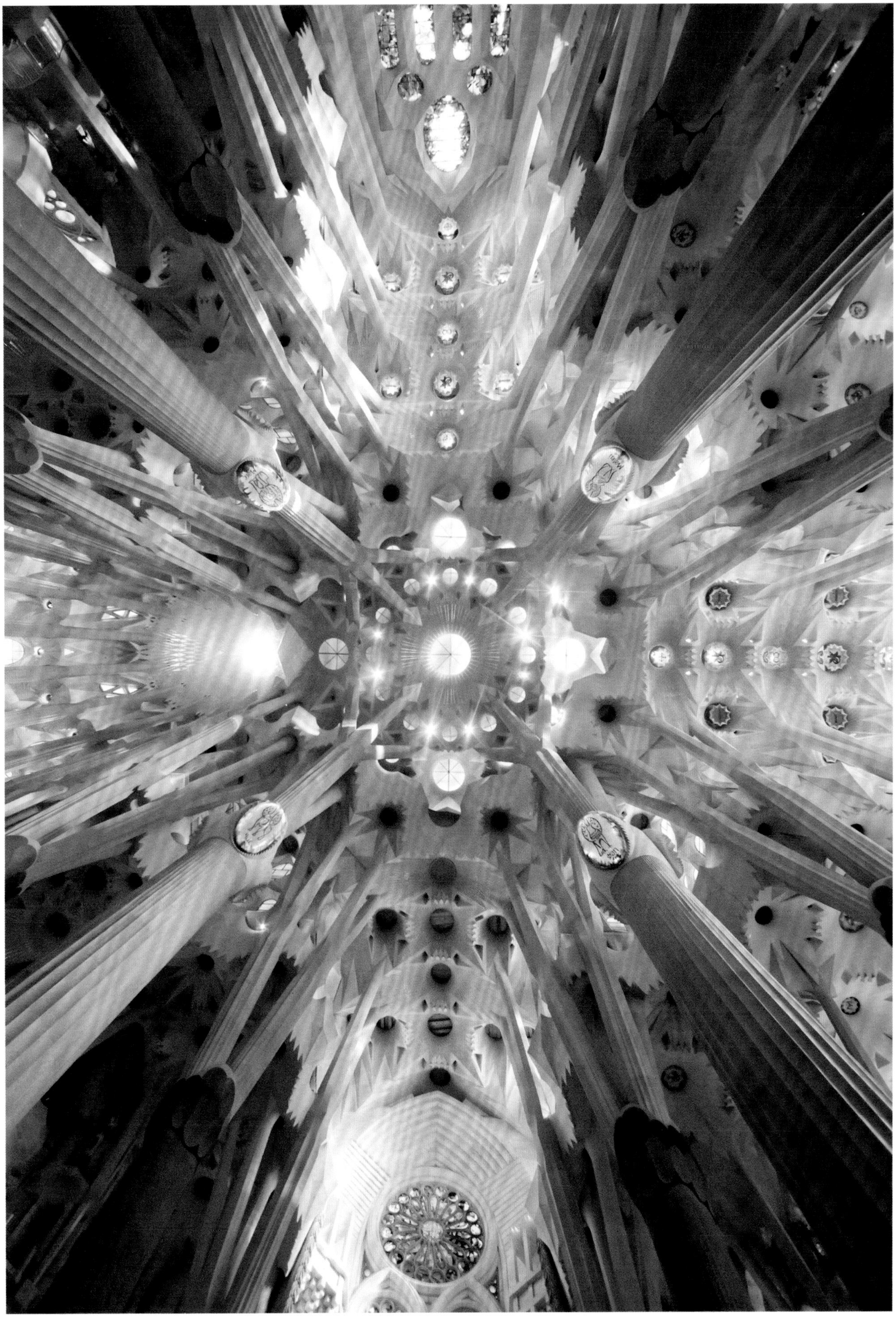

纽约中央火车站
Grand Central Terminal

美国，纽约

1904—1913年

沃伦和韦特莫尔建筑事务所

（Warren and Wetmore）

❶

纽约中央火车站建于宾夕法尼亚火车站落成之后不久，是纽约市的第二座大型火车站。幸运的是，它的建筑得到了完好的保留。中央火车站建于 1904 年至 1913 年，由惠特尼·沃伦（Whitney Warren，1864—1943 年）和查尔斯·韦特莫尔（Charles Wetmore，1866—1941 年）主持设计，运营范围包括城郊铁路线、快速通勤铁路线以及纽约大都会的地下铁路线，每日客流量高达 25 万人次。作为纽约市最大的公共进出口，中央火车站对普通人乘车出行这一日常交通仪式加以颂扬并致以敬意。

❶ 中央火车站的正立面朝南，它位于公园大道的尽端，亦即公园大道与 42 街的交汇处。这座庞然大物伫立在一层高的、勒脚般向外凸出的基座之上，基座支撑着一对对饰有凹槽的圆柱，圆柱在顶部托起一道高高的檐口。圆柱之间设有宽大的圆拱窗，除圆拱窗外，整个立面都被石灰石和花岗石的板材所覆盖。我们走进位于公园大道中轴线上的拱形中央入口，沿着一条低矮宽大、带拱顶的斜坡通道一路下行，来到候车大厅。

候车大厅十分开阔，宽 63 米、深 20 米、高 14 米。室内空间被五扇巨大的朝南的钢框窗照亮，窗子就设在我们背后的墙上，位于大门的上方。粗壮的墩柱将大厅划分为五跨，它们沿着两面长墙整齐地排列着，使空间向左右

❷

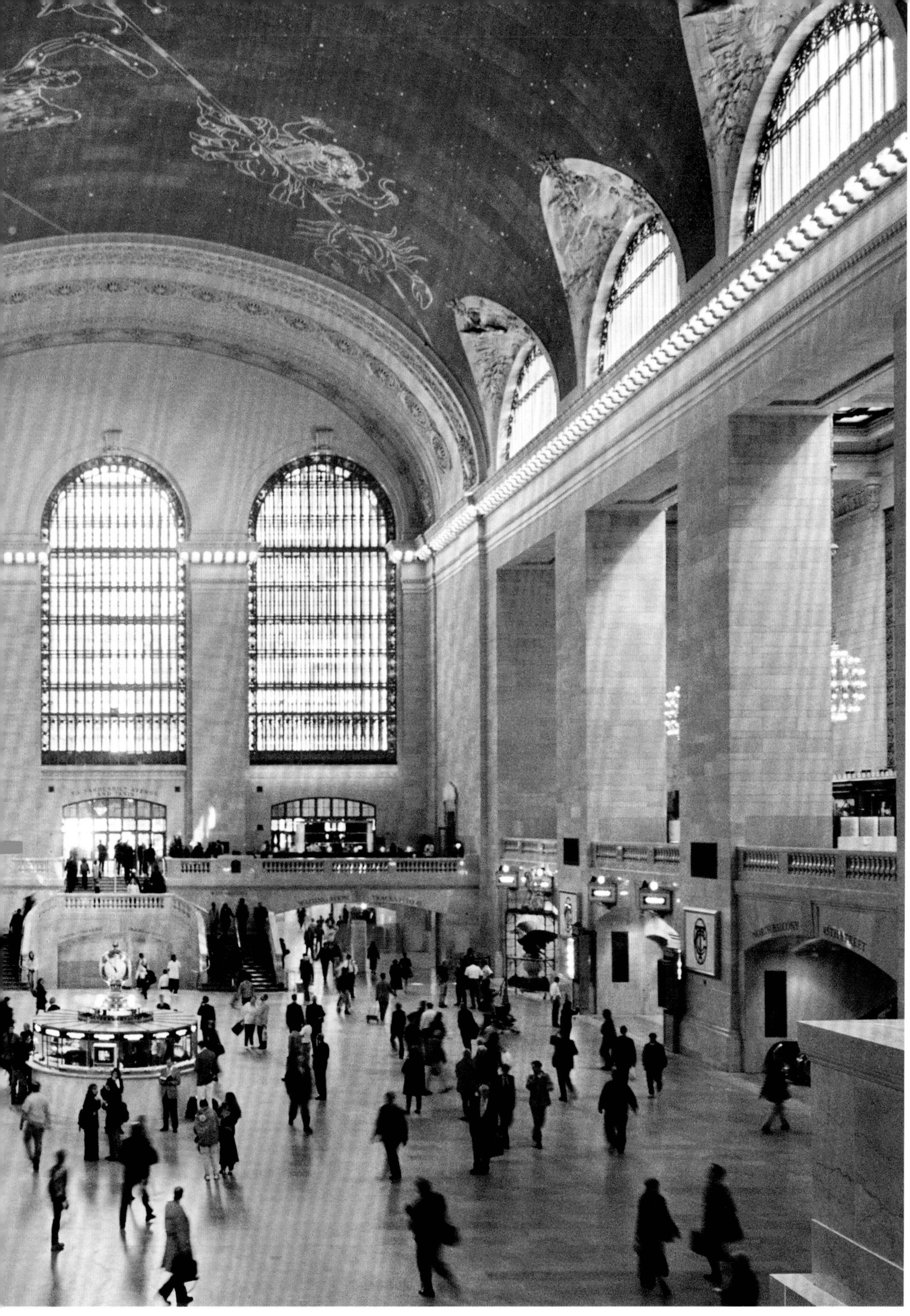

纽约中央火车站

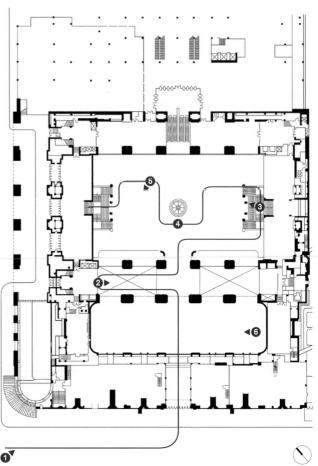

① ▼

④

两侧横向展开。然而两端的墙角却被处理成了内凹式的弧形，因此空间又产生了向内收缩的聚拢感。墙壁和墩柱伫立在基座之上，基座由经过抛光的意大利大理石制成，与头顶等高。墙壁和墩柱的表面覆以灰泥预制的仿造石板，石板以一道宽、一道窄的方式上下交替排列。天花板和横梁由饰有雕花的白色石膏制成，铺地采用的是经过抛光的田纳西大理石。室内原本设有一排排巨大厚重的高背木长椅供乘客休息，而如今我们只能在角落部位看到四分之一圆形的嵌入式长椅。

❷ 穿过宽敞的拱形门道，我们进入一条两边围着栏板、顶部敞开的通道，它通向主集散大厅南面的侧廊。南侧廊同样也是水平感强烈的空间（开间大而进深浅），由五个正方形空间相互贯通而成。两侧的巨型墩柱中心间距为 12 米，边长为 4 米，高达 20 米，直抵天花板。天花板上设有大型钢框采光天窗，每一扇天窗的中心位置悬挂着巨大的球形吊灯。此刻，我们看见集散大厅的北侧廊里也悬挂着一组相似的球形吊灯，灯光与前方更为明亮的阳光结合在一起，吸引着我们向前走去。于是我们走出南侧廊，进入主集散大厅。

现在，我们来到了世界上最宏伟的空间之一，它是为了颂扬上下班通勤这一谦卑的日常交通仪式而建造的场所。集散大厅的内部空间十分壮观，在二层走廊高度（与西侧街道的标高对齐）的长和宽分别为 82 米和 60 米，而在较低的主楼层（比街道标高低 4 米）则分别为 63 米和 36 米。❸ 站在这个空间的中心，身处步履匆匆的人群之中，我们不禁感到精神抖擞；与此同时，我们也获得了一种平静安宁之感，仿佛重心已经降至地下，随着地平线一起下沉。❹ 头顶上方的天花板不断吸引着我们的目光：这是一个断面呈椭圆形的筒拱式蓝色天花板，高达 40 米，上面画满了夜空中的星座，每颗星星均以金箔和灯泡装点而成。拱形天花板的南北两条底边支撑在高高的檐口上，檐口与下方的墩柱相接，巨大的墩柱伫立在经过抛光的大理石地板上。在天花板的尽端，宽大的拱券横贯大厅南北，其下方是架高的走廊。在天花板拱顶的侧面，即南北侧廊墩柱的上方，设有半圆形的弦月拱，弦月拱内安装了巨大钢框窗。阳光透过窗子照进房间，在地上投下轮廓分明的影子。

❺ 东西两端的短墙上分别设有三扇窗子，它们是集散大厅中最大的窗子，宽 8.5 米、高 18 米，上面镶嵌着以钢框固定的透明玻璃。钢框的横向间距为 2 米，而纵向间距仅为 50 厘米，这种设计为巨大的窗口赋予了细密的肌理和宜人的比例。突然，钢框玻璃窗上出现了走动的人

❺

❻

影，好像悬浮在集散大厅端墙的内外两侧之间，令我们大吃一惊。继而我们才明白，窗子是双层的，两层钢框玻璃之间设有玻璃地面的通道。人们可以由此进入窗子内部，打开玻璃窗扇，为集散大厅导入自然通风。

　　大厅主楼层的南侧是一排采用大理石贴面的售票窗口，北侧是设在墩柱之间的拱形门洞，由此可以通往火车轨道。大厅东西两侧的中心位置各有一座宏伟的对称式楼梯，它们向上通往二层的走廊，向下通往集散大厅的负一层。楼梯的左右两边是带有宽大圆拱的通道。走进大理石铺地的通道，我们沿着宽阔的斜坡下行，抬头可见正方形的天窗、球形的灯具和巨大的墩柱。这时我们才发现自己正位于早先为了进入主集散大厅而穿过的南侧廊的下方。来到集散大厅的负一层，我们面前出现了一个截然不同的空间。它低矮而宽阔，上方是平顶天花板，天花板支承在宽宽的横梁上。支承横梁的正方形墩柱的纵横间距均为 12 米，与主楼层墩柱的位置一致。北墙上，每根墩柱的后面都设有门道，从这里沿坡道下行便可抵达站台。❻ 在南面，一条坡道向上通往位于等候大厅下方的车站主餐厅。主餐厅的顶部是用古斯塔维诺陶砖建成的拱顶（Guastavino tile，将薄薄的陶土砖平铺，彼此以侧边相接，交织成一层整体，上面再复叠以若干同样的砖层），

它仿佛为这个空间赋予了某种神奇的魔力。坐在这里，吃一餐牡蛎，听着谈话声回荡在弧形的拱顶上，我们感到坐火车通勤这种再普通不过的日常行为在这座建筑中得到了应有的尊重。

萨伏伊别墅

Villa Savoye

法国，普瓦西

1928—1931年

勒·柯布西耶

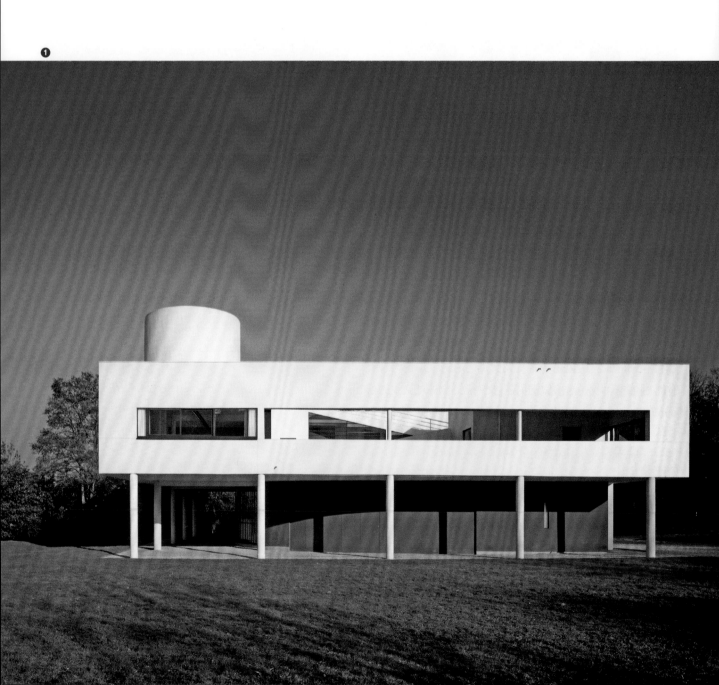

❷

萨伏伊别墅位于巴黎郊外的普瓦西镇（Poissy），是为皮埃尔·萨伏伊及其夫人埃米莉（Pierre and Emilie Savoye）建造的周末度假别墅。在这座房子中，勒·柯布西耶成功地结合了乡村别墅的设计传统与当代建筑中的自由空间理念，为终日浸淫在都市文化中的城市居民打造了一个地处农耕文化背景中的隐居场所。此外，通过精心编排的空间对比，建筑师也为栖居者献上了一种仪式性的、精确组织的行进序列，使得这座别墅能够表达并实现人类在自然中栖居的永恒心愿。

我们驱车前往萨伏伊别墅。从路边一面石砌围墙上的大门进入，沿着碎石车道穿过树林，慢慢地转过弯道，这座房子便逐渐出现在视野之中。它坐落在坡度缓和的小山丘的顶部，四周是平坦的大草坪。❶ 远远望去，我们首先看到的是一个架空的白色灰泥抹面的长方形单层体块，其下方由间距宽大的细圆柱支撑，上方伫立着嵌入式的波浪形墙体。仔细端详过别墅的四个立面之后，我们不禁被它的三个特性所打动：一是环绕建筑的连续条形窗为其赋予的持续的水平性；二是由于主体块与地面脱离、底层退缩在阴影中而造成的常规式正面的缺失；三是建筑在青草地上方所呈现出来的悬浮感。碎石车道并没有沿着房子的中轴线通向对称式的北立面，而是从右侧将我们引入悬挑

式体块的下方。在底层北端，我们看到一道半圆形的墙体，它由通高的纵向钢框玻璃组成，中间即是入口。

打开黑色的金属门，我们进入光线明亮的门厅。门厅的铺地采用了浅褐色的正方形瓷砖，瓷砖沿对角线方向排列。❷ 面前是一条通往二楼的长长的坡道，左边是一座富有雕塑感的、带有白色灰泥栏板的旋转楼梯，楼梯穿过天花板中的开口，盘旋上升。坡道旁边的圆柱上设有一张小小的桌子，桌面呈黑色，一端与圆柱相连，另一端下方以一根细细的钢质桌腿支撑。圆柱的另一侧连着一个白瓷洗手盆。正如肯尼斯·弗兰姆普敦所说，这些雕塑性元素的组合在光线中"与坡道的起始段一起，为别墅入口赋予了浓郁的仪式感，邀请人们在上行至房子主体部分之前先洗净他们的双手"。[1]

我们沿着坡道缓慢上行。脚下是黑色地面，两侧是白色墙壁，光线从右侧的窗口射入。窗子采用了和门厅入口处类似的钢框，不过这里的钢框是水平向设置的。在休息平台处，我们向后转身，继续上行，来到位于主楼层中央的过厅，过厅的地面也铺着斜向排列的地砖。❸ 此刻，明亮的光线从左侧的玻璃窗照射进来，把我们的注意力引向室外宽敞的露台。❹ 露台是萨伏伊别墅真正的中心。它是一个边长为 9.5 米的正方形空间，上方向天空敞

❸

❹

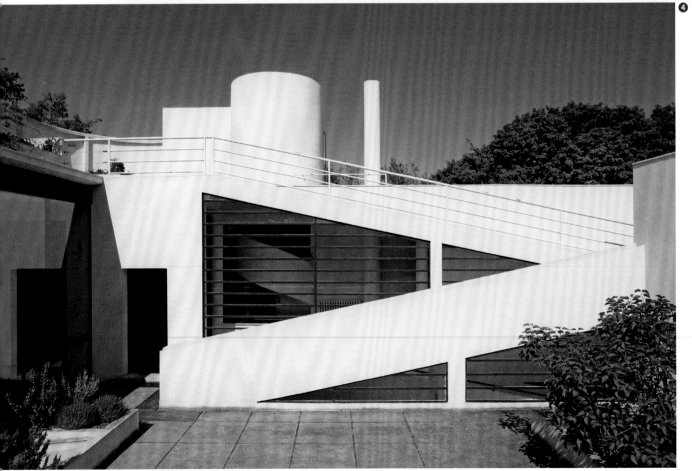

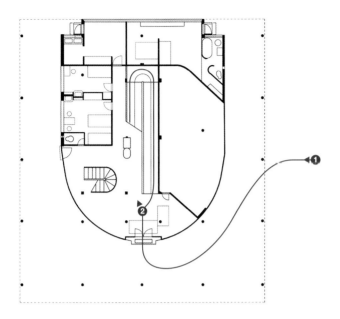

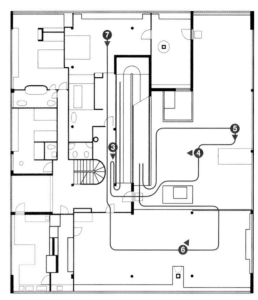

开，地面铺着大块的正方形石板，石板的排列方向与墙面平行。露台南侧通向一座有顶盖的小露台，北侧借由通高的大玻璃墙与起居室相连。❺ 这三个空间（露台、小露台、起居室）通过西墙上连续的水平向开口连接在一起。西墙正中心的立柱上设有一张矮桌，桌面向外挑出，伸入露台空间之内。透过水平向开口，我们看到了四周成荫的绿叶，就像是欣赏一幅挂在白粉墙上的、连续的、带状的风景画。这道风景从室外延伸到室内，绕过房间转角，贯穿于北面的起居室和餐厅之中，形成了一条只属于栖居者的地平线。我们沿着露台上的室外坡道继续上行，再转过一座休息平台，来到屋顶的日光浴室。日光浴室带有一面通高的弧形墙，用来遮挡寒冷的北风。在坡道的顶端，透过日光浴室墙上唯一的洞口向外望去，我们看到了一片茂盛的树冠。

　　❻ 回到主楼层，我们进入起居室和餐厅。这里的铺地采用了正方形瓷砖，和露台的石板一样，瓷砖的铺设方向与墙面平行。当起居室的玻璃墙向侧面推开时，连续的水平窗便占据了我们的视野。在我们的体验中，住宅空间和栖居活动的日常仪式相互交融，形成了自由流动的序列——从室内到室外，从阴影到光亮，从封闭到露天，各个部分都顺畅地衔接在一起。水平窗一直延续到厨房，窗

❺

台下方连续的搁板把厨房和餐厅、起居室连接在一起。❼采用天窗采光的主卫生间（这一层唯一一没有靠设在围护墙上的房间）通过设在其边缘的、铺着瓷砖的波浪形躺椅与主卧室分隔，却又以此与之相连。即便在这里，我们也可以透过连续的水平窗看到外部树林的风光。

　　萨伏伊别墅的栖居体验让我们参与到一系列的家居仪式之中。一进入别墅，我们便能深切地感受到它为城市文化携带者来到乡村隐居这一行为所赋予的仪式感，而住宅中的栖居方式也确实让我们实现了与大自然的零距离接触。更微妙的一点是，这座住宅处处都在倡导健康的生活模式：它不仅为我们提供了健身、露天日光浴和边观景边沐浴的机会，也让大自然通过视觉、听觉、触觉和嗅觉体验在空间内部得到了连续呈现。最后，从空间运动的角度来说，萨伏伊别墅实现了勒·柯布西耶称之为"漫游式建筑"（promenade architecturale）的设计理念，让我们能够在自然地景中感到家一般的安心，也能够体验到以大自然为背景的日常生活的仪式感。无论是在房间里穿行，还是在长长的斜坡上行进，或是在窄小的旋转楼梯间里上下移动，我们随时都能看到围绕在身边的自然风光，并且也有机会与其他栖居者发生非正式的碰面。我们在空间中自由地游走，在光影中任意地徘徊，在彼此融合的室内与室外空间中逗留，或聚集在厨房里享受烹饪的乐趣，或坐在露台上与家人共进午餐，或躲在某个阴暗的角落里专心读书，或围坐在壁炉前与友人倾心交谈，又或者静静地凝视那遥远而无处不在的地平线——日常生活的一切行为都在建筑赋予的仪式感中得到了升华。

空间
时间
物质
重力
光线
寂静
居所
房间
仪式

地景
场所

记忆

我是那座房子的孩子，心里充满了对它的气味的回忆，充满了它走廊里的凉意，充满了那些给它带来生机的说话声。那里甚至还有池塘里青蛙的歌声。它们都来到这里，和我作伴。[1]

——圣埃克苏佩里
（Antoine de Saint-Exupéry, 1900—1944 年）

我们称作开始的，往往就是结束。而结束就意味着一个新的开始……我们不应停止探索。我们一切探索的尽头，都是为了抵达我们的出发点并重新认识这个地方。[2]

——T. S. 艾略特

记忆与生活世界

我们常常从未来主义的角度来理解建筑，认为重要的建筑可以探究和投射出未曾预见的现实，确信建筑的品质与它的新奇和独特程度直接相关。在今天这个全球化的世界中，对新奇性的沉迷不仅体现了审美和艺术上的价值观，也是消费文化的内在需求，并因此而成为我们当下物质主义文化中不可或缺的一种策略。

不过，这只是人类建造职责中的一部分。建造职责还必须保留对过去的理解，使我们能够体验并把握住文化与传统在时间上的连续。我们不仅生活在空间性和物质性的现实中，也栖居在文化性、心理性和时间性的现实中。我们所体验到的世界是一个不断在过去、现在与未来之间摆动的多层次环境。除了为我们提供空间与场所设定，建筑还表达出我们对历史真实性、持续性和时间性的体验。地景和建筑这二者与文学和艺术的语料共

同构成了我们最重要的外化的记忆。我们之所以能够理解自己是谁，记得自己是谁，主要是通过物质和心理层面上的场景和建筑。我们对已逝文化和异己文化的评判在很大程度上也有赖于它们建造并流传下来的建筑结构所提供的证据。约瑟夫·布罗茨基曾说："……和上帝一样，我们本着自己的意象创造着一切，因为我们缺乏更为可靠的样板；我们制造出来的产物比我们的自白更能说明我们的本质。"[3]

古代演说家曾运用想象中的建筑结构作为辅助记忆的工具。即便在今天，现实中的建筑物以及记忆中的建筑意象和隐喻也依然具有类似的功能，它们以三种不同的方式起到记忆工具的作用：首先，对时间的进程加以物质化和保存，使之具有可见性；其次，通过对记忆的承载和投射而对回忆加以具体化；第三，激励和启发我们去追忆和想象。记忆和幻想，正

如追溯过去和畅想未来一样，是相互关联的；一个不会记忆的人也不会想象，因为回忆正是孕育想象的土壤。记忆也是自我身份认同的基础，因为我们是谁取决于我们记得什么。正如路德维希·维特根斯坦所言："我就是我的世界。"[4]

有些特定的建筑类型，例如纪念碑、墓地和博物馆，是为了保存和唤起具体的记忆与情感而专门设计建造的。其实，所有的建筑都维系着我们对时间深度和绵延的感知，记录并暗示出文化的叙事性与人类的历史感。我们无法把时间作为单纯的物理维度来加以构想，而只能通过它的真实化（actualization）去理解它，例如时间性事件留下的痕迹、发生的场所和进程等。

这些痕迹，即建筑与其遗迹，暗中讲述着人类命运的故事。这些故事既有真实的，也有想象的。它们激发

图1

建筑唤起情感和回忆。1930 年的斯德哥尔摩博览会标志着现代主义在北欧国家的突破，甚至连博览会的照片都散发着一种团结一致、朝气蓬勃和乐观主义的气息。贡纳尔·阿斯普隆德，斯德哥尔摩博览会，瑞典，斯德哥尔摩，1930 年。

贡纳尔·阿斯普隆德，斯德哥尔摩博览会，瑞典，斯德哥尔摩，1930 年。

我们去思考那些已经消逝的文化和生命，去想象这些被遗弃和被侵蚀的结构体中早已不复存在的栖居者的命运。不完整性和碎片化拥有一种唤起情感的特殊力量：残垣断壁和千疮百孔的场景都促使我们去追忆和想象。在中世纪手抄本插图和文艺复兴绘画中，对建筑场景的描绘通常仅限于一道墙或一扇窗的边缘，但这些孤立的建筑片段足以唤起我们对完整建筑场景的体验并激发一种文化感。达·芬奇曾经鼓励艺术家仔细观察朽烂的墙壁上呈现出的随机性图案，以企及一种灵感迸发的精神状态：

"当你盯着一面污迹斑驳或石材混杂的墙壁时，如果你正需要设计一些场景，你可能会从中发现形似各式风景的东西……你可能还会看到战争的场面和作战中的人形，或是奇怪的面孔和新颖的服饰以及其他五花八门的物体，你可以把它们简化为完整而清晰的形式。这些东西杂乱地出现在墙面上，就好像摇摆的铃铛响个不停。在它们的叮当声中，你会找到任何你愿意想象的名字或词语。"[5]

建筑既可以激发想象，也在我们的想象中占有一席之地。布罗茨基曾经写道："（记忆里的城市）是没有人的，因为对于想象来说，召唤建筑比召唤人要容易一些。"[6] 或许这就是为什么作为建筑师的我们在思考建筑时更倾向于采取其物质性和形式性存在的角度，而不会考虑在我们设计的空间中将要展开的生活。但其实，我们对生活的记忆是与场所、空间和场景紧密关联的，甚至我们的童年也要借助小时候住过的房子和去过的地点才能留存在记忆中。我们会把自己生命的一部分投射和隐藏到我们曾经生活过的地景与房子中，正如古希腊的演说家会把演讲的主题置于他们想象出来的建筑背景中一样。对这些场所和房间的回忆生成了对事件和人物的回忆。

我们在家里拥有的物品并不全是为了满足实用的目的，它们通常也具有社会性和心理性的功能。这些物品在记忆过程中产生的意义，往往就是我们喜欢收集类似的物件或特别的纪念品的原因。它们扩展和增强了记忆的领域，并最终扩展和增强了我们自我认识的领域。美国现代主义诗人华莱士·史蒂文斯（Wallace Stevens，1879—1955 年）有言："我是我周围的一切。"[7] 法国诗人诺埃尔·阿诺（Noël Arnaud， 1919—2003 年）也声称："我是我所在的这个空间。"[8] 来自两位诗人的论断固然简洁，却强调出了世界与自我之间以及记忆的外化基础与身份认同之间的纠结关系。

我们习惯把记忆力视为一种大脑的思维能力，但其实记忆行为需要整个身体参与其中。回忆不仅是一个

图2

艺术性意象能够引发回忆和联想，它将我们从此时此地的现实引入一个非现时性的想象的世界。阿诺德·勃克林，《死亡之岛》，1880 年，木板油彩，74cm×122cm，美国，纽约，大都会艺术博物馆。

图3

通往雅典卫城和菲洛帕波斯山（Filopappos Hill）的石板道激起一种对历史真实性和层叠的人类命运的强烈感受。季米特里斯·皮吉奥尼斯，步行通道，希腊，雅典，菲洛帕波斯山，1954—1957 年。

心理性事件，它还是一种身体化和身体投射的行为，因为记忆不仅隐藏在大脑的电化学反应中，也储存在我们的骨骼、肌肉、感官和皮肤之中。我们所有的感官和器官都能够记忆和"思考"，因为它们会根据我们的背景环境和生活情境做出有意义的反应。嗅觉就具有一种特别强大的唤起场所记忆的力量。在《追忆似水年华》的第一卷《贡布雷》中，普鲁斯特曾做过一段著名的描写：通过一块蘸在柠檬花茶里的玛德莱娜蛋糕的香味，叙述者渐渐地将回忆蔓延到整个贡布雷镇。[9] 美国哲学家爱德华·凯西（Edward S. Casey，1939 年—）在他的著作《记忆：一种现象学式的研究》（Remembering: A Phenomenological Study）中提出："任何关于记忆活动的切合实际的陈述，其中心必然是身体记忆。"他还总结道："没有任何记忆是不带有身

体记忆的。"[10] 我们甚至可以再进一步说，身体不仅是记忆的集中地，也是包括建筑作品在内的所有创造性作品发生的场所和媒介。

地景和建筑不仅是记忆装载工具，还是情感的扩大器，它们可以增强人的感觉：归属感或疏离感、融入感或排斥感、安详感或绝望感。然而，一处地景或一座建筑并不能"创造"情感。它们通过诗意意象、权威感和环境氛围唤起并增强我们自身的情感，同时把这些情感抛回给我们，仿佛这些情感有一个外在的来源。只有当建筑能够在观者或栖居者的记忆和无意识中唤醒熟悉的东西时，它才可以传情达意。因此，深刻的建筑意象和建筑冲击力都建立在深层的回忆之上。当我看到贡纳尔·阿斯普隆德设计的已被拆除的斯德哥尔摩博览会建筑（1930 年）的照片，我所体验到的鼓舞和希望是被它那乐观主义

的建筑意象所唤起的。在同样由他设计的斯德哥尔摩林地公墓中，山丘上的追思林承载的意象既是邀请，也是承诺，从而引发了一种渴望和怀旧并存的心理状态。地景的建筑意象能够共时地唤起回忆和想象，这与瑞士象征主义画家阿诺德·勃克林（Arnold Böcklin，1827—1901 年）的作品《死亡之岛》（Island of the Dead，1880 年，现藏于纽约大都会艺术博物馆）中的绘画意象有着异曲同工之妙。所有富含诗意的意象都是联想和感情的凝结。这些意象只能从情感上得以体会和面对，而不能从理智上加以分析和理解。

米兰·昆德拉曾说："在缓慢和记忆之间，在速度和遗忘之间，有一条秘密的纽带……慢的程度直接与记忆的强度成正比；快的程度直接与遗忘的强度成正比。"[11] 速度和透明感一直是现代艺术所热衷的两个最基本的

图 4

通过使用圆形露天剧场和废墟的母题以及建筑拼贴画技法，阿尔瓦·阿尔托唤起了人们对古代建筑的潜意识回想。阿尔瓦·阿尔托，赫尔辛基理工大学（Helsinki University of Technology，现为阿尔托大学奥塔涅米校区），芬兰，赫尔辛基卫星城埃斯波的奥塔涅米（Otaniemi），1949/1953—1966 年。图为带有采光天窗的大礼堂。

图 5

带有历史主义色彩的建筑意象，形似骑士佩戴的头盔，从而唤起了人们对中世纪比武大会的回想。伊姆雷·毛科韦茨（Imre Makovecz，1935—2011 年），露营地，匈牙利，维谢格拉德（Visegrád），1978 年。

理念，但正如昆德拉所指出的，它们会造成记忆的消减。如今，随着整个时代令人眩晕的加速度以及体验性现实飞速的更新换代，我们正普遍遭受着文化健忘症的严重威胁。在快节奏的生活中，我们最终只能感知，却无法铭记。在"奇观社会"里，我们只会对正在进行中的当下发出赞叹，却不能在记忆中保留分毫。英国历史学家弗朗西斯·叶芝（Frances Yates，1899—1981 年）曾就此做出如下残酷的评论："我们现代人根本就没有记忆。"[12]

有些建筑结构丝毫不能使人回忆起过去，而另一些却能唤起人们对时间深度和连续性的感知。也有建筑寻求的是过于直白和刻板的记忆，比如 20 世纪 80 年代的后现代作品。还有一种建筑，它强迫我们以特定意识形态下的方式去记忆和思考，例如极权统治时期的建筑。深刻的建筑能够创造出深层的时间感，那是一种史诗式的连续性，不带有任何直接的形式上的或具体的指涉，就像季米特里斯·皮吉奥尼斯（Dimitris Pikionis，1887—1968 年）和卡洛·斯卡帕的作品中所呈现的那样。这些作品，用巴什拉的形象化说法来讲，是"诗化"的产物。[13] 皮吉奥尼斯为雅典卫城设计的步行通道以回收的石料建成，建筑材料中既有天然的石块，也有古代建筑物的残片。这条通道既不是建造时代的缩影，也不是设计师的个性表达，而是体现了一种深层的历史传统。这些残片在地面上铺设出不断变化、出人意料的图案，成为带有史诗式联想的独特的建筑叙事。

每一件真正有意义的作品，都把自身置于一场与过去（或远或近）之间充满敬意的对话当中。在这件作品显现为一个独特而完整的微观世界的同时，它也使过去以及前人的作品得

图 6
当代建筑中层叠的时间和记忆。斯维勒·费恩（Sverre Fehn，1924—2009 年），海德马克教堂遗址博物馆，挪威，哈马尔，1967—1979 年。

图 7
水唤起对绵延、回忆和感伤的体验。卡洛·斯卡帕，布里昂家族墓园，意大利，阿尔蒂沃莱，圣维托，1970—1975 年。

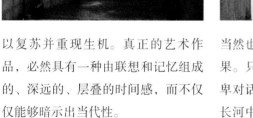

记忆

以复苏并重现生机。真正的艺术作品，必然具有一种由联想和记忆组成的、深远的、层叠的时间感，而不仅仅能够暗示出当代性。

　　阿根廷作家豪尔赫·路易斯·博尔赫斯（Jorge Luis Borges，1899—1986 年）有言："从来没有一个真正的作家想要成为当代作家。"[14] 这一观点为我们看待回忆的意义和角色提供了另一个重要的视角。所有创造性的作品在本质上都是与过去和传统智慧的协作。米兰·昆德拉曾说："每一位真正的小说家都会聆听那种超个人的智慧（小说的智慧），这就解释了为什么伟大的小说总是比它的作者更加知性一点。那些比他们的作品更加知性的小说家应该转行去写其他类别的作品。"[15] 他的告诫在建筑领域也同等真实有效：伟大的建筑物是建筑智慧的果实，它们是与历史上的伟大先驱合作（通常是下意识的）的产物，

当然也是今天它们各自的创造者的成果。只有那些不断与过去积极进行谦卑对话的艺术作品才有能力在时间的长河中留存下来，并且在未来继续激励观者、听者、读者与栖居者。

克诺索斯宫

Palace at Knossos

希腊，克里特岛

公元前1600年

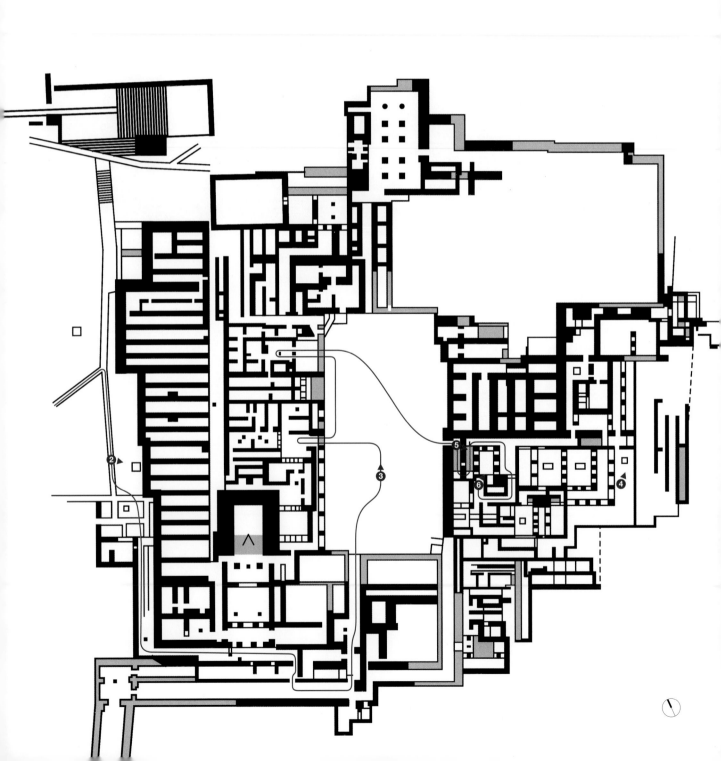

　　建在克诺索斯（位于地中海上的克里特岛）的米诺斯王朝（Minoan）的宫殿如今已成废墟，但在古代，它不仅是城市的中心，也是十万居民的日常生活中心。克诺索斯宫是典型的迷宫式的空间，其内部的房间根据使用功能、与自然地形的结合以及与地景的持续联系进行编排。这种组织方式将独立的房间复杂地交缠在一起，使宫殿成了一个必须用记忆来指引方向的场所。

　　克诺索斯宫是以石墙为界的矩形体块，东西向长达150米，南北向宽达100米，坐落在一座山丘的顶部。❶ 走向宫殿，我们发现它并没有精确的、整片式的外部形式或统一性的立面，而是一种独立式体块的集合，各个体块仿佛通过某种内在的引力汇集在一起。宫殿的围护墙时而凹进，时而凸出，似乎即将解体，但也因此与四周复杂多变的地形融为了一体。宫殿深深扎根于地基的地形之中，看起来就像是从大地中生长出来的天然岩石露头。建筑外缘曾经做过微妙的调整，以充分利用地势的每一条走向。

　　❷ 西侧的门廊深陷在两道厚厚的石墙所形成的内夹角中。这是一个处在阴影中的空间，中心有一根单独的立柱，立柱支承起一根宽梁。和宫殿里所有的柱子一样，这根柱子略呈倒锥形，上宽下窄，顶部是巨大的扁圆形柱头。柱子的底部原本是用经过涂饰的木头建成的，它嵌

在石板地面上浅浅的圆形凹口里。穿过门廊，我们立刻置身于一条细长的内部走廊之中。整座宫殿中蜿蜒着一系列类似的走廊，它们迂回曲折，通常不设任何开口或交叉点，也不给人留有任何从这看似漫无尽头的路径中退出的机会。我们沿着这条通道走了将近30米，然后沿直角向左转，再走45米，继而再沿直角向左转，又走了30米。这一段通道被称作"队列走廊"（Corridor of the Procession），因为灰泥墙的湿壁画所组成的连续的双条饰带上绘有列队献礼的场景。我们留意到，湿壁画上的波浪形线条在墙壁转角处并没有中断，而是随着墙面转过来，在我们身边继续向前延伸。随着空间的不断转折，湿壁画也不断展开；我们穿行于空间之中，画中那些双手献礼的人物形象也陪伴我们一路前行。沿着漫长曲折的走廊前行，我们很快便失去了方向感，无从辨明自己所处的位置。

　　❸ 终于，我们从走廊中走了出来，步入宫殿中央的巨大庭院——这就是我们刚才感觉到的那种把互不相干的体块汇集一处的内在引力。庭院南北长50米、东西宽25米，地面被夯平后铺上了石板。站在庭院的中心，我们可以看见南方的朱克塔斯山（Mount Juktas）。这是一座双峰山，山顶的轮廓线像牛角般在两端微微翘起。宫殿立面顶

部原本设有牛角形石雕，它与山峰的形象遥相呼应。参观过程中，我们在庭院的南端也看见了一尊类似的石雕。沿着庭院西侧展开的分别是御座大厅、神庙和巨型楼梯的立面，它们的两侧各有一座门廊，门廊中心立着一根独柱。每一个面向中央庭院的空间都有属于它自己的中心。宫殿中的各个房间以一种不规则的、聚合式的秩序簇集在庭院周围，每个房间都因其特有的功能而与相邻的房间略显不同。然而，整个建筑由于一致采用了抹灰石墙而合为一体，墙面上穿插着木框窗和带圆柱的门廊。

站在中央庭院，我们从封闭的内廊回到了开放的户外，比刚才更加清晰地意识到了这个结构体以怎样的方式随着地形层层叠落，破土而出，仿佛我们是从隐藏于地下的内廊里钻出来的。在这里，我们发觉这片地面与地景工程别无二致，它被刻写在大地的表层，成为建筑中最古老的元素。环绕在地面周围的宫殿也可以被视为一个镶嵌在大地之中的、呈阶梯状的地景工程。这两者都对自然地形做出了修整，但又与地形的每一个微妙变化相契合。

我们在宫殿中探索，沿着狭窄的迷宫般的甬道行进，最终每次都会回到中央庭院，却从来没有感觉到任何空间上的重复，因为我们进入的每个房间都与先前参观过的房间有所不同。所有空间通过我们在"迷宫"里的行进路线

连接在一起，但又不时地向外部打开，因此我们可以透过
内部带有柱子的庭院从不同的角度获得面向天空的垂直向
视野，也可以透过门廊和连廊 ❹ 在水平方向欣赏周围多
变的风景。宫殿里达到水平向和垂直向平衡的最佳范例是
位于水平向中央庭院东侧边缘的垂直向楼梯，❺ 这座楼
梯绕着一座高高的矩形露天庭院展开。在围绕着垂直向庭
院的回廊的另一边设有走廊，走廊通向每一层的王室居住
套房。❻ 庭院的三边都被伫立在庭院边缘矮墙上的短柱
所框限，阳光射入它巨大的石造结构深处，照亮了三个楼
层上的全部房间。

　　从空间的复杂性和多样性来说，克诺索斯宫殿几乎
具有了城市的特征。所有的房间通过我们的行进路线交织
在一起并由此获得了生命，绝妙地验证了阿尔多·凡·艾
克的主张："一座房子是一个小城市，一个城市是一座大
房子。"¹ 克诺索斯宫殿是世界闻名的"迷宫"，然而，当
我们无法在它的空间里辨明方向的时候，却应该记得这座
"迷宫"本是作为生活场所而建造的。它只能通过栖居者
每天穿行其间所留下的记忆而被认识和熟悉，因此，对于
陌生人而言，它永远是谜一样的存在。住在迷宫里的人从
来不会迷路，因为空间能够以其特有的方式在栖居者的记
忆中引发共鸣并将记忆加以结构化，从而使栖居者感受

到在家中的安心。在他们对空间的熟悉感与总是迷路的
外来者所感受到的错乱感之间，建筑的空间体验达到了
一种平衡。

阿尔罕布拉宫

The Alhambra

西班牙，格拉纳达

1238—1391年

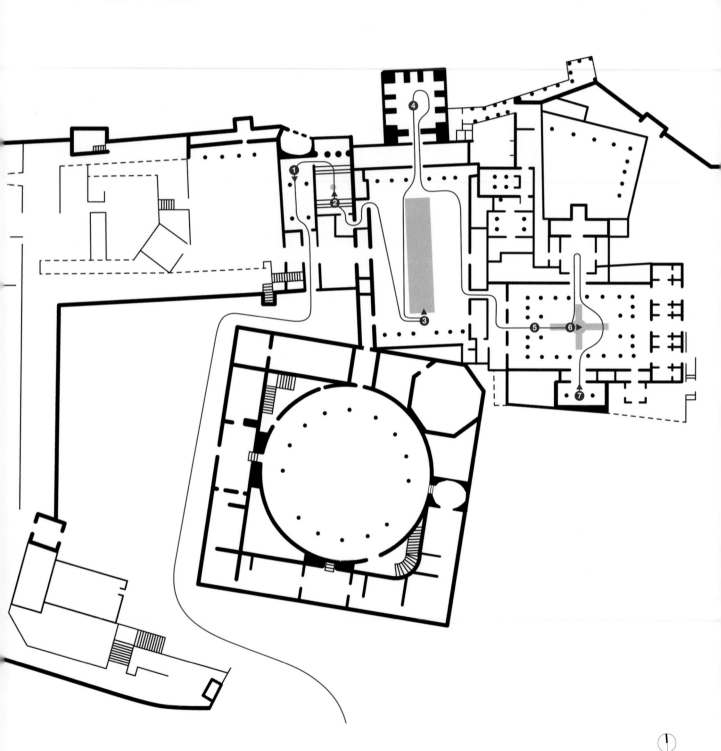

❶

阿尔罕布拉宫是西班牙现存的唯一一座大型纳斯瑞德（Nasrid）建筑。在1238年至1492年之间，这里曾是格拉纳达王国统治者的宫殿。阿尔罕布拉宫成功实现了一种适合于西班牙南部温暖气候的、室内外空间相互交织的组织方式，同时又刻意与周围的地景保持距离，形成了对天国乐园的内向化复现。在我们的体验中，阿尔罕布拉宫似乎是一场对梦境中的场所展开的精心编排的回忆。

阿尔罕布拉宫坐落在格拉纳达城中的一片高地上，宫外设有围墙。我们沿着一条长长的坡道上行，首先来到"公正之门"（Gate of Justice）。这是一个巨大的砖砌立方体，表面采用了灰泥覆面。穿过这道门，我们便进入了阿尔罕布拉宫的外花园。❶ 参观路线开始于梅斯亚尔厅（Mexuar）。这是一个长长的矩形房间，采用陶土砖铺地，地上伫立着四根经过抛光的大理石圆柱。柱子承托着雕刻精美的牛腿（bracket）和高悬的深梁，它们共同框限出了一个立方体状的空间，形成了"大房间中的小房间"。梅斯亚尔厅紧邻阳光明媚的"黄金庭院"（Court of the Cuarto Dorado），❷ 庭院中央有一座浅浅的半球形水钵，其外缘呈扇贝式卷边状。泉水漫过水钵的边沿，落入装载水钵的八角形浅池里，而八角水池就嵌在庭院的大理石地面上。流水轻溅的声响在四周高墙的表面得到反射，

传出了轻柔的回声。我们对面的墙体位于三级大理石踏步之上，高于庭院的地面，门洞周围和墙裙部位都贴满了瓷砖，上方则采用带有细密雕花的石膏加以装饰。

❸ 我们穿过左边的门道，进入"桃金娘庭院"（Court of the Myrtles）。这是一个由北向南沿纵深方向展开的空间，采用大理石铺地，两端是深深的敞廊。庭院中心有一座矩形深水池，其宽度为庭院宽度的三分之一，两端与敞廊相连。沿着水池的两条长边排列着两行修剪齐整的桃金娘树篱，树篱的外缘设有嵌入式的大理石浅水槽。水槽里的水面与中央水池的水面齐平，造成了桃金娘树篱在水中漂浮的错觉。在水池两端的敞廊的边缘各有一座圆钵状的浅浅的喷泉。泉水从中源源不断地涌出，注满了圆钵，随后沿着一条伸进水池并紧贴水面的长长出水口注入水池。通过这种方式，水占据了这片大理石的地面，而大理石的喷泉出水口又把地面延伸到了水中。深池和浅泉的水面上，周围建筑的倒影融合在了一起，从而使地面和水面之间的相互交织变得更加完整。

穿过北面的敞廊，我们进入"使节厅"（Hall of the Ambassadors）。这是一个边长为11米的立方体空间，采用陶砖铺地，三面墙上分别设有三个小小的凸窗式房间，由此我们可以看见下方城市的景色。❹ 不过最引人注目

❷

❸

的还是上方的天花板。这是一个复杂交织的木拱顶结构，它分为七个部分，渐次向上收拢，由超过 8000 个多边形木构件组成。天花板中互相锁扣的星形组成了几何式集合图案，共同描绘出了一片神秘的苍穹。它散发出柔和的亮光，这亮光来自四周紧贴着天花板底部设置的一系列小小的圆拱窗，窗上镶嵌着雕刻精美的透光花格。

❺ 穿过桃金娘庭院南侧的一条通道，我们来到"狮子庭院"（Court of the Lions）。这是一座东西向设置的长方形庭院，四周环绕着一圈由单根和双根大理石圆柱组成的拱廊（类似修道院回廊），圆柱上方支承起饰有浮雕和透雕的石膏拱。拱廊转角处的大理石地面上设有嵌入式的圆形喷水池。❻ 庭院中央是一座巨大的十二边形的钵状喷泉，喷泉坐落在 12 头口吐清泉的石狮上，而石狮则立在嵌入大理石地面的浅水池里。从庭院的中心伸出了四条大理石铺成的小径，它们沿着两条正向的轴线设置。每条小径的中轴线上都设有狭窄的凹入式水槽，水槽将泉水引向庭院中央的水池。庭院的东西边缘坐落着两座正方形凉亭，它们由柱子组成，位于拱廊的前面。在凉亭的中心及其后方拱廊的大理石地面上各嵌有一座圆形的喷水池，喷水池之间通过嵌在地面上的水槽相连。水槽中的流水在凉亭的台阶处跌落，然后穿过庭院，汇入庭院中心的喷泉。

❹

❺

我们沿着细细的水槽行进，穿过庭院北侧的拱廊，走上三级踏步，来到"两姐妹厅"（Hall of the Two Sisters）的圆形喷水池前。喷水池嵌在边长为 8 米的正方形大理石地面的中心，水面映出了上方天花板的倒影。抬头仰望，我们看见了被八对小圆拱窗照亮的八边形拱顶，拱顶上布满了成千上万细小的尖拱。小尖拱排列成一簇簇星形，不断地合拢、分开、再合拢，最后在中心处汇聚成一个八角的星形。转身走下踏步，回到庭院，我们沿着水槽反向行走，来到对面的"阿文塞拉赫斯厅"（Hall of the Abencerrajes）。这是一个边长为 6.5 米的正方形房间，其天花板结构的复杂程度更加超乎想象。❼ 穹顶支承在八角星形的鼓座上：鼓座下方是八个支承拱，它们从每面墙的中间和转角部位挑出，由繁复的小圆拱组成；鼓座上方设有 16 扇小窗，阳光从窗口射入，照亮了布满石膏雕刻的中心穹顶。穹顶上细密交织的几何关系极其复杂，单凭肉眼根本无法理出头绪。

我们所体验到的阿尔罕布拉宫由一系列独立的房间组成。在这里，每个房间都自成一体，每个房间的天花板都暗示出了垂直空间的无限延伸，并由此引发了观者与天堂之间的直接对话。虽然每个房间都以各自的垂直轴线为中心，但它们之间却通过水平方向上连续出现的水面而紧密地连接在一起。水是地面上最有存在感的元素，似乎所有房间下方都有流水经过，甚至我们在空间中的栖居和位移也要对它礼让几分——这其中包括线型水槽、喷泉和水池。水面倒映出闪着微光的天花板，令人不禁想起《古兰经》对天国乐园的描述——文中提到过"有泉水从下方流过的凉亭"。[1] 在阿尔罕布拉宫，我们找到了一个不属于尘世的场所，一个由梦境组成的场所，这些梦境激起了我们对从未真正涉足其中的场所的回忆。

神圣裹尸布小圣堂

Chapel of the Holy Shroud

意大利，都灵

1667—1690年

瓜里诺·瓜里尼

（Guarino Guarini，1624—1683年）

❶

神圣裹尸布小圣堂（Santissima Sindone，意大利语）加建在圣乔瓦尼大教堂（Cathedral of San Giovanni）的唱诗席和祭坛的后方，是为存放都灵裹尸布（一块麻布，据传曾被用来包裹受难后的耶稣，上面留有他身体的印痕）而特地建造的场所。设计者瓜里尼既是一位建筑师，也是一位神学家。作为一名经过授职的神父，小圣堂中保存的这件圣物对他来说是探寻灵魂的缘由所在。这座小圣堂并没有呈现出平静祥和的气氛，相反，它是一个令人不安、艰涩难懂的空间。在这个空间中的栖居体验迫使我们在想象中追忆耶稣所遭受的苦难。

走进圣乔瓦尼大教堂，透过中殿尽端高大的圆拱门，我们便能隐约看见祭坛后方的神圣裹尸布小圣堂。圆拱门原本是朝向大教堂敞开的：在进行礼拜仪式时，教徒本应可以持续地意识到这块神圣裹尸布的在场。然而，在19世纪，圆拱门及其两侧的入口大门都装上了玻璃，如此便把小圣堂的空间从大教堂中分割了出来。❶ 大教堂的两条侧廊都可以通往小圣堂。在两条侧廊的尽端各有一个大门洞，门框采用的是经过抛光的弗拉博萨（Frabosa）黑色大理石。门洞里吐出了一级级呈弧形外凸的台阶，台阶同样也以黑色大理石制成。

❷ 楼梯十分陡峭，从大教堂的地面径直通向小圣堂。

❷

❸

走上楼梯，我们即刻被两侧高大墙体的黑色大理石覆面所包围。两面墙都被壁柱分为三跨，每跨中间饰有一个空壁龛。梯级从上方向我们涌来，仿佛在威胁着要把我们推回楼梯下方。在这种压力下，我们不由地紧紧抓住了嵌在侧墙里的光滑的大理石扶手。但是扶手在每一根壁柱的位置都断开了，于是我们不得不暂时松手，只凭双脚登上接下来的几级台阶。楼梯间内全部采用黑色大理石覆面，如隧道一般幽暗，为参观者带来了身处地下的强烈感受。然而，在楼梯的顶端——这段艰难的攀登之路的终点——等待我们的并不是光明，而是一间矮小昏暗、同样以黑色大理石覆面的圆柱形前厅。进入小圣堂前，我们在这里稍作停留。前厅周边伫立着三组经过抛光的黑色大理石圆柱，指尖从石柱上划过，我们便能感受到光滑冰冷的触感。圆柱以三根为一组，每组圆柱支承起一个浅浅的拱券，三个拱券在天花板上共同形成了一个三角形。

从前厅踏入全部采用黑色大理石覆面的小圣堂主厅，我们只能沿着圆形空间的边缘行进，而无法像通常那样站在空间的中心位置参观，因为那里伫立着体量巨大的祭坛和架设于黑色大理石基座之上的圣匣——圣匣中存放着神圣裹尸布。大理石地面呈现出星形图案，这些星形嵌在一个个断裂的矩形框架中，从隐藏在基座下方的圆心开始，

呈放射状向外排列。❸ 与地面相连的下半部分墙面同样覆以黑色的大理石，墙面上设有成对的小圆柱。圆柱伫立在高大的壁柱之间，柱头上的石雕装饰以耶稣受难时佩戴的茨冠为原型。壁柱及其顶部的第一道檐口支承起三个向内倾斜的巨大拱券，拱券共同承托起穹顶底部圆环状的第二道檐口。❹ 在拱券的内部和拱券之间的帆拱上共设有六扇圆窗，圆窗周围的墙面上布满了形状各异的凹格装饰：拱券内是六角星形和六边形，帆拱上则是十字形；拱券内的凹格形成了大小均匀的图案，而帆拱上的凹格却发生了扭曲变形，以顺应帆拱两侧拱券外缘的弧形走向。

❺ 顺着圆环形的檐口抬头仰望，我们似乎看到了另一个世界的景象。穹顶的鼓座上开设了六扇黑色大理石饰面的大窗，从每扇窗子上方的拱券开始，穹顶开始逐渐分解。随着一组组复杂交织和层叠错落的圆拱形洞口，穹顶逐级向上收缩，仿佛正在加速飞升，变得深不可测。穹顶由一层层叠置的黑色拱券组成，每层有六个拱券，每个拱券的两个起拱点都落在下面一层拱券的拱顶位置。这种排列方式为穹顶赋予了动势，使穹顶看似正在扭动或盘旋上升。紧接着，我们注意到拱券正面的装饰线脚。它并没有简单地从一个起拱点弯向另一个起拱点，而是在拱

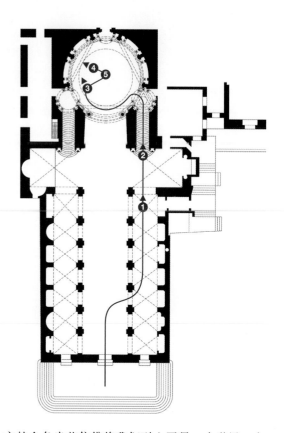

④

券的中心处发生扭转，继而同上方的拱券连接起来。这些带有半圆形断面的线脚沿着穹顶的内表面忽左忽右地攀缘上行，一直到达这些六个一组的拱券的顶部才调过头来，蜿蜒而下，再次回到下方的鼓座。向穹顶的最高点望去，我们看见位于中心的金色光芒及其外围被照得格外耀眼的几何形茨冠。虽然穹顶设定在持续的垂直轴线上，我们却只能从偏斜的角度来仰望它，因为我们永远不能站在穹顶中心的正下方——那里是神圣裹尸布的领地。

小圣堂的穹顶以一系列彼此繁复锁扣的砖拱组成，可以称得上是一件杰出的结构实验作品。它否定了结构上的逻辑与功效，因为它所企及的终极目标是对无限的感知与神的在场。关于无限的概念，虽然在数学领域有理可寻，但在现实生活中却无法得到感性的认知。因此，尽管穹顶看似向上无限延伸，我们却依然难以相信眼前这一幕的真实性。小圣堂有效地调动着我们的记忆，调动着我们基于过往经验所期待看到的景象。穹顶呈现出三个共时性的意象：我们期待看到的——一个半球形的穹顶；我们真正看到的——一个圆锥形的穹顶；以及我们在知觉中把握的透视原理暗示我们看到的，即我们相信我们所看到的——一个无穷高的穹顶。[1]

我们的体验在看似无穷高的穹顶顶部达到了高潮，茨

冠及其上方的金色光芒仿佛将我们引入了另一个世界。在参观神圣裹尸布小圣堂的过程中，我们无法找到任何予人慰藉的、脱离苦难的出口，反而陷入了矛盾重重、不可逆转的困境。这座小圣堂不是一个抚慰人心的场所，相反，它是一个令人畏惧的场所，每一处细节都迫使我们在记忆中搜寻并在想象中体验耶稣殉难时的惨痛场景。这一场所具有压倒性的情感力量，它把耶稣的苦难强有力地呈现在观者面前，使我们在此处的体验中饱受忧虑的折磨，心情久久难以平复。

记忆

神圣裹尸布小圣堂

图尔库复活小教堂

Resurrection Chapel

芬兰，图尔库，市立公墓

1938—1941年

埃里克·布吕格曼

（ Erik Bryggman，1891—1955年 ）

❶

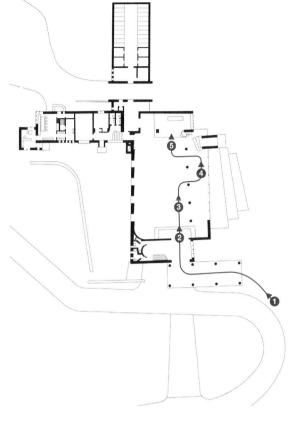

复活小教堂是专门用于为图尔库（芬兰西南部最大城市）市立公墓中长眠的逝者举行葬礼的场所。在这里，我们向逝者留下的回忆致以敬意，感悟生命的短暂与时间的有限，最终通过在大自然中的沉浸而重新振作起来。作为一个纪念性场所，这座小教堂也与触动了我们对其他地方的回忆，唤起了蕴含在此刻之中的永恒。

小教堂坐落于山丘顶部，四周围绕着露出地表的花岗岩。我们途径西面的老墓园，沿着一条蜿蜒的道路向上走，慢慢地登上一段宽大而平缓的台阶，走向小教堂。❶ 教堂高大的粗面灰泥实墙仁立在低矮的门廊的左后方，门廊支承于前后两排共八根圆柱之上。圆柱的柱身贴满了垂直排列的长条状瓷砖，以此作为一种对古典柱身凹槽的复现。在门廊的右边，一座瘦高的钟楼仁立在山坡边缘。在门廊的左边，紧邻小教堂大门的是一面砂岩制成的壁饰，壁饰上的浅浮雕呈现了耶稣复活日的场景。壁饰上方是向外凸出的巨型十字架，横竖两臂均由三条薄薄的金属板组成。在略偏右下方的墙面上浅浅地刻着一个同样大小的内凹的十字形。当阳光照在墙面上，我们便能同时看到三个"十字架"——一实、一虚和一个影子。门廊偏向小教堂的南侧，采用石块铺地。在进入小教堂之前，我们从这里眺望室外的树林。

入口大门全部用铜板制成，它们经过常年的风吹雨淋而染上了一层深深的铜绿。铜板呈水平向排列，上下错缝，上面带有凸起的接缝和螺钉。我们握住波浪形弯曲的铜把手，抚摸着上面微微凸起的藤蔓花纹，随后便拉开了大门。我们首先来到了教堂的前厅，它采用石头铺地，四周是白粉墙，顶部的白色石膏天花板和外面门廊的天花板位于同一高度。此刻，我们右侧是一扇水平窗，阳光透过窗子温柔地照亮了前厅。左侧是一面内凹的弧形墙，墙后隐藏着功能房。在左后方，我们看到一座带有锯齿状台阶的混凝土楼梯，它悬挑于后墙之上。❷ 前方的四扇玻璃门上布满了藤蔓般纤细的铁制卷须装饰，透过玻璃，我们看见明亮的礼拜堂内部。抓住圆盘状的铜把手，我们打开大门，走进小教堂。

此刻，我们站在略微架高的石砌入口平台上，头上是低矮的天花板，它从门廊和前厅延伸进来，从头顶上掠过，沿斜向呈弧形向左侧延伸。❸ 面前展开的是一片宁静安详、向内聚拢的空间，藏匿在阴影中的高墙和顶部的天花板以平缓的弧度融为一体，将我们置于天堂与大地这一纵向联结的中心。然而这个空间同时又是富于动态、向外展开的，侧廊的列柱使室内外的空间得以连通，透过通高的玻璃墙，我们迎向南面的明亮光线，视域中的地平线

也由此而变得更加辽远开阔。❹ 走出入口平台，我们来到抛光的白色水磨石地板上，在阳光的吸引下走向南侧的玻璃墙。视线下移，我们看到了嵌在地上的 V 形铜条和斜向排列的黄铜暖气送风管的圆形断面所构成的精致图案。

回到教堂中央的空间，我们在简朴的木长椅上坐下。长椅斜向设置于小教堂的北侧，因此我们能够同时看到祭坛和布道台所在的东墙以及大玻璃墙所在的南侧廊。中殿左右两侧的白粉墙被分成了几跨，与南侧廊上造型简洁的圆柱对齐。每一跨的垂直墙面在平面上略微外转，与下一跨墙面形成错级。在北墙（左侧）的下半部分，每一跨内设有正方形的窗子。在南墙（右侧）的上方也设有一排正方形的高侧窗，窗口高高地位于列柱之上，紧挨着弧形天花板。小教堂东端的高坛设在一个带拱顶的缩入式小空间中，地面略高于水磨石地面，采用了和入口平台同样的大块铺地石。❺ 祭坛空间中的所有元素——祭坛、左墙上的曲线型枝形烛台、后墙上的爬藤和大十字架——都通过南墙上高大的钢框玻璃窗得到了戏剧性的光照。这扇垂直向的大玻璃窗与南侧廊长长的水平向玻璃墙形成了一种对位关系。略呈倒圆锥形的布道台和悬浮在其上方的云形声学反射板都采用不同颜色的木块和薄木板镶拼而成，表面

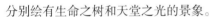

④　　　　　　　　　　　　　　　　　　　　　　⑤

分别绘有生命之树和天堂之光的景象。

　　在葬礼的最后一个环节，逝者的遗体不是被送往黑暗之中，而是通过一条以石墙围合而成的正方形门道被抬入光明之中。门道与南侧的玻璃墙相连，其下沉式地面位于侧廊的尽头。门道的外墙上饰有以新生、重生和复活为主题的浅浮雕。从小教堂通往门道的三级下行踏步呈扇形展开，第一级面向教友席，然后微妙地依次向外旋转，最终与门道的正方形体块对齐。走下最后一级台阶，铺地便从白色的水磨石变为灰色的石头。石径穿过门道，伸向室外，顺应着外面地景的走向一路下行。地景依次跌落，形成三个慢慢向外转开的扇形部分，把小教堂通透的南侧廊与树林及其后方的墓园融为一体。

　　坐在斜向设置的长椅上，我们看到东侧的祭坛被戏剧性地照亮，形成一个传统的视觉焦点；南侧则是出人意料的开口，它与树林和阳光亲密无间地相拥，为我们提供了自由开阔的视野。处在这两者中间，我们感受到了小教堂呈现出的两种性格：一种是向内凝聚和向上提升的抚慰人心的围护感以及处在阴影中的锚固感，另一种是面向地平线和大自然敞开的沐浴在阳光下的新生感和生命轮回感。借用哲学家斯宾诺莎（Baruch Spinoza，1632—1677年）的定义来说，这座教堂将我们置于人的领域（人生活在

"时间的相下"）和神的领域（神存在于"永恒的相下"）之间。[1] 通过这种方式，图尔库复活小教堂为我们营造了一个过渡的场所，一个生死相交的场所，一个感受永恒存在的场所。

布里昂家族墓园

Brion Cemetery

意大利，阿尔蒂沃莱，圣维托

1970—1975年

卡洛·斯卡帕

布里昂家族墓园位于意大利北部阿尔蒂沃莱的圣维托（San Vito d'Altivole），这里是布里昂家族——布里昂 - 维加（Brion-Vega）电器公司的创办者——的故乡。作为小镇公墓的加建项目，墓园建在了原有公墓的外围。由于地处威尼托地区，建筑师在设计中着重利用了水的传统功能和意象，如灌溉、运输、洪涝和反射性表面等，借此激发观者对生命旅程的感悟和对死亡彼岸的想象。在我们对墓园的体验中，时间仿佛停下了脚步，将布里昂家族的记忆融入了当地的历史之中。

布里昂家族墓园有公共和私用两个入口。我们选择了较为隐蔽的方式：首先穿过公路上的大门，进入原有的公墓，然后一直走到路径的尽头，在家庭停灵房之间找到了一条混凝土门道。❶ 我们踏上几级台阶，来到一个洞口前。洞口像是某种门和窗的混合体，由一对预埋在混凝土墙中的圆环组成，圆环在其相交处形成了一个近似椭圆的鱼鳔形（vesica piscis，拉丁语）。圆环的边缘镶着一圈玻璃砖，从我们进来时的角度看，左边为粉色，右边为蓝色，它们象征着长眠在墓中的妻子和丈夫、女人和男人。透过洞口，我们看见了水道、草坪和墓园的围墙。

向右转，我们沿着一条混凝土通道前进，只听得脚步声在狭窄的空间内发出沉闷的回响。通道尽端是一扇玻璃门，我们把玻璃门向下推入混凝土地板，这时才发现地板下有流水轻淌。走出封闭的通道，我们踏上一条悬浮在大水池上的步道，随即听见身后的玻璃门向上滑动、回归原位时发出的声响。回过身来，我们看见玻璃门上的流水不住滑落，还看见玻璃门逆向平衡装置上的轮子在墙的外壁上转动。脚下的步道通向冥想亭——一座以钢柱托起的小岛，小岛的混凝土平台上设有几级台阶，平台上方是以木板围合而成的空间。受限于上方木板的高度，我们必须弯腰才能进入。进入亭内，我们就可以直起身来，但是只能看见位于视平线以下的两样景物：水和浸没在其中的台阶式混凝土结构——这令人不禁联想到了威尼斯的季节性水涝。❷ 在亭中坐下，我们与草坪尽端的布里昂夫妇墓室隔水相望，既能看见墓室的弧形曲线轮廓，也能看见新建墓园外围的内倾式混凝土墙。墙上嵌有一条玻璃砖，玻璃砖位于视线高度，构筑起一条内在的地平线。向围墙上方望去，我们还能看见远处圣维托教堂高耸的尖塔。

返回入口处的混凝土通道，我们从通向墓室的另一头钻了出来。❸ 由于上方覆盖着低矮的混凝土拱顶，乍看之下，墓室好似半埋在土中。不过我们很快便意识到，这

❷

种错觉来自脚下被抬高的草坪（类似威尼斯建筑中被架高的花园）。墓室坐落在一片下沉式的硬地上，与墓园外围和内部的墙体处于同一平面。刚刚进入墓园时遇见的那条水道就发源于此，最终流入大水池。躬身走进墓室，我们发现天花板上镶嵌着玻璃砖，玻璃表面反射出幽暗的绿光，从而掩饰了混凝土顶盖原有的沉重感。布里昂夫妻二人的墓碑伫立在跌级式的白色大理石基座上。它们以镶有象牙字母的桃花心木薄板制成，略微呈八字形斜向而设，相互依偎，含情脉脉，令人感动不已。

新建墓园的公共入口位于原有公墓的旁边。在这里，我们被一面厚重的混凝土墙挡住了去路。墙体下方装有轮子，可以移动。于是我们把它向一边推开，来到了园内。进入小教堂（由布里昂家族捐赠，供小镇全体居民使用）之前，我们穿过位于原有公墓围墙和小教堂之间的空地，通过一道 T 形门洞，进入一条带顶盖的走廊。❹走廊的墙上是一系列嵌在跌级式窗框中的纵向长窗，窗外是水池和草地的景致。通过这条走廊，我们可以直接从布里昂家族墓室来到小教堂。在这一穿行过程中，我们要沿着坡道缓缓地从低处走向高处的地面。小教堂的大门是由钢、混凝土和经过抛光的灰泥组成的一面厚墙，用手一推，它便绕着枢轴转动起来，轻松得令人惊讶。

我们来到三角形的前厅，从这里穿过一个圆形的门洞，进入小小的教堂。小教堂在平面上呈正方形，相对墓园围墙的方向旋转了 45 度，漂浮在一潭池水之上。它的混凝土墙上同样设有嵌在跌级式窗框内的狭长高窗，透过窗子，我们可以看见小教堂四面的水景。❺教堂的一角伫立着一座祭坛，它由黄铜制成，坐落在加高的平台上。祭坛前方的铺地采用了黑白两色的条状大理石，祭坛两侧的墙上排列着若干嵌有雪花石镶板的小方窗。祭坛背后墙体的下半部分可以绕着枢轴向外打开，由此，阳光经过水面的反射进入室内，投向上方的天花板。天花板上设有金字塔形的四方穹顶，穹顶内的细方木呈阶梯式不断上升，在顶部形成了一个小方洞。教堂内部的空间很小，它由多重的对称关系和纯粹的几何形式组织而成，让人感到专注且平静。我们观察得越细，逗留得越久，便能越发深入地感受到它所蕴含的复杂层次与丰富动态。

小教堂的西墙上设有一扇混凝土大门，大门外是建在水面上的混凝土步道。步道如踏脚石一般分为几段，将我们引入一座小花园。花园中几乎全是高大的柏木（意大利墓园中常见的传统树木），它们看似排列成网格状，但其实在锯齿状的行列里留下了几处空缺，仿佛经

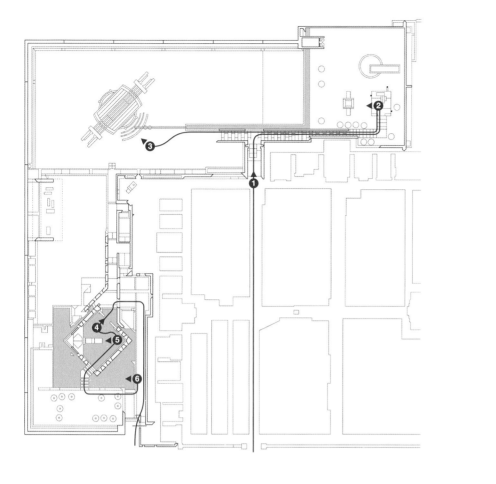

❸

4

5

❻

历了岁月的无情摧残。❻ 站在步道上，我们看见水中呈梯级状层层展开的混凝土墙体和平面，它们就像是这座建筑的根部，深深埋藏于水下。墓园中，水无处不在，它承载了无数隐喻的废墟意象。微风穿过柏木林，园中传出阵阵追忆逝者的挽歌。在我们的体验中，新与旧、光与水、生与死合为一体，现时场所与往昔回忆在这里实现了完美的融合。

美国民俗博物馆

American Folk Art Museum

美国，纽约

1998—2001年

托德·威廉斯和钱以佳

（Tod Williams and Billie Tsien）

❶

美国民俗博物馆致力于保护和推动民间艺术，其馆藏通常来自创作者本人及其亲友，我们很难在其他博物馆中见到类似的展品。民间艺术作品承载了无数日常事件、家居仪式和家庭生活的记忆，因此它是极其个人化的艺术，显示出了创作者在实践中练就的精湛的手工技艺，并且几乎总是带有私密的属性。作为这些手工艺品的归宿，博物馆的建筑空间亦采用了亲密的尺度，拉近了观者与展品之间的距离，同时融合了手工制作感，借助艺术的力量为观者打开记忆的大门。

❶ 初见这座博物馆，是在我们沿着纽约第 53 大街漫步的时候。建筑的南立面在材料、尺度和仪态上是如此的独特，从而吸引了我们驻足凝视。南立面上没有任何能够让人觉察到的窗口，它更像是一面具有防护性的坚实盾牌，与典型的建筑正立面截然不同。虽然仅有 12 米宽和 26 米高——对于位于纽约的公共建筑物来说，这样的尺寸实在是微不足道——博物馆的立面却呈现出了一种强大的纪念性。这种纪念性来自它简洁且富于雕塑感的形式：它是由三片形状各异的金灰色拼接面构成的棱面组合，三个棱面全部向内转折，因此可以终日享受光照。上前观察，我们才看出这三个棱面是用矩形镶板制成的，镶板之间在水平向和垂直向均留有缝隙。这些镶板经过了特殊的

❷

工艺处理：首先把围成方框的模壳放在铸造车间的混凝土地面上，再将液态的铜镍合金直接注入模壳中，待凝结之后便产生了一种既像金属又像石头的表面肌理。我们继而发现，看起来无比沉重的立面其实是垂挂在空中的，它悬浮在地面之上，并没有触碰人行道。立面虽然厚重，但它的金属板在色泽和肌理上却呈现出了多样性。这种拼接手法让人立刻联想到了被子的制作，即把不同的布片缝制在一起而形成连续表面的组合方式。

我们走向立面上最低的悬垂部分，在其后方找到两扇玻璃门，玻璃门通往两层高的退缩式前厅。走进门厅，我们不禁驻足，抬头仰望上方开敞的空间。一个个长条状的空间向上展开，仿佛穿透了屋顶，垂直感十分强烈。阳光从高不可及的顶部射入，在各个表面上得到反射。❷ 门厅的一侧是垂直向的混凝土墙，另一侧被水平向的深灰色钢板墙包裹起来，带有玻璃栏板的天桥和带有木质栏板的挑廊纵横贯穿于头顶上方的空间之中。我们感受到了来自两侧的压迫感，同时又被悬浮在空中的表面所吸引，朝着前方看到的明亮光线走去。

❸ 从天桥下走过，我们来到两层高的画廊，画廊的光源来自后墙上一扇巨大的采光天窗。在天窗的下方，我们登上一座宽阔的石砌楼梯，楼梯的木扶手固定在透明的玻璃护栏上，护栏则嵌在石砌踏步中。在楼梯的休息平台处抬头仰望，视线可直达建筑的顶部。同时，我们也看到了上方更小、更轻盈的钢质楼梯。上方楼梯的休息平台与外缘的现浇混凝土的围护墙之间留有缝隙，其内缘设有一面浅绿色的悬挂式屏风。屏风由长条状的半透明加纤合成树脂板组成，它从建筑的顶部垂挂下来，宛如窗帘一般落入一楼双层高的画廊中。

石砌楼梯终止于夹层的天桥前，我们从这里走上钢制楼梯。楼梯的每一座转弯平台都向外悬挑，伸入空间内部，像是被建筑中央的垂直混凝土实墙所吸引并被锚固在上面。我们到达的每一楼层都各具特色，画廊和通道的线型空间与建筑的两面长墙相互平行，贴合并围绕着建筑中央垂直的混凝土墙、设在楼板和天花板上的条状开口以及蜿蜒的楼梯。在每一层的南端，画廊的空间被棱面状内折立面的内表面围合起来。在立面的拼接处及其边缘设有狭长的纵向玻璃窗，透过窗子，我们能够望见外面的街景。

快到建筑的顶部时，我们看到了另一座楼梯。这座楼梯较宽，它嵌在画廊中央的悬挂式混凝土墙内部，墙壁两侧是长条状的垂直空间。在楼梯下方，我们能够看见每一级混凝土踏步的底面。在它的上方，我们看到屋顶上朝北的高侧窗。蓝色的光线从窗口射入，如流水般倾泻而入，

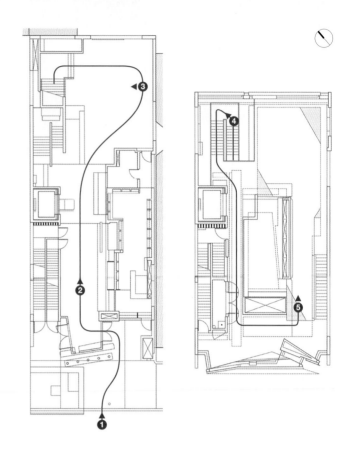

❹

❺

直抵地面。同时，我们还看到建筑顶层的楼板均与墙体脱开——它们悬浮在狭窄的空间之上，使日光可以沿着墙面洒入空间内部。

建筑师成功地在博物馆中营造出了亲密无间的空间尺度，它不时将作品带到我们面前，鼓励我们与每一件展品发生近距离的接触。博物馆的设计理念与藏品中所蕴含的特性协调一致：通过精心显露出来的建造印迹，每一种材料的品质特性和制造方法都清晰直观地呈现在了观者面前。博物馆的建造方式也与藏品的制作手法颇为相似：多种多样的材料通过"编织"或"缝制"而连为一体，各个表面则借由我们在空间中的行进路线而被拉拢到一起。

在上下楼梯和沿着通道行走的时候，我们会发现陈设在角落里、凹龛中和墙面上的每件手工艺品都是独一无二的，它们全都拥有某种不容置疑的尊严感。❹ 展品随处可见——楼梯上、走廊旁、画廊里，它们被衬托在混凝土、白色灰泥、木头、金属、石头等不同材质的背景上。我们可以随机选择观赏路线，把每件展品当作独立的艺术品来细细品味。❺ 此外，鉴于建筑在空间上的通透性和各个视角带来的不同景观，我们也可以把展品当作组群来加以体验——把每一件作品置于其周遭作品所组成的环境中加以审视，观察它们在性格上展现的异同。我们想象作品在原场景中的样子，在脑海中再现它们的制作过程，追忆它们曾经在场的生活片段，进而重拾记忆中那些曾为我们带来无数美好瞬间的私人物品。

间间质力线静所间式忆

空时物重光寂居房仪记

所

场

地景

我们人类的景观相当于我们的自传，它以可触、可见的形式反映着我们的品味、价值观、志向，甚至恐惧。我们很少从这个角度思考地景。因此，我们书写在地景中的文化记录，肯定要比大多数的史书都更为真实地体现了我们的面貌，因为我们很少那么在意如何在地景中描述自己。[1]

——皮尔斯·刘易斯（Peirce F. Lewis, 1927 年—）

纪念性建筑堪称自然景观中最耐久的形式。在自然景观中，不可变的元素总是对变化着的元素起到支配作用。[2]

——奥利斯·布隆斯泰特（Aulis Blomstedt, 1906—1979 年）

让建筑以及大规模的都市规划服从于地景，是当下的根本问题。如果这个问题能够得到正确而系统的阐述，那么它本身也已包含了正确的答案。一处地景的固有价值一旦失去，便再也无法重新建立。它的毁灭是不可逆转的。[3]

——奥利斯·布隆斯泰特

造一处地景，造一处有趣耐看的景致细节，就等于在创造好的建筑。[4]

——奥利斯·布隆斯泰特

内化的地景

我们往往会低估地景（landscape）和人造场景对于人的性格、行为和思想的重要性。通常，我们认为地景仅仅是为事件发生提供的空旷舞台，或是具有自然美或人造美的美学欣赏和精神冥想的对象。美国人类学家爱德华·霍尔（Edward T. Hall，1914—2009 年）曾经指出，我们不具备强大的能力去阅读地景和空间的语言，也很难理解外在的地景和我们内在的心理地景之间的相互作用。"西方思想大厦的奠基石，即最具有普遍性和最重要的假设，是隐藏于我们意识之外、和个人与环境之间的关系有关的假设。很显然，在西方的观点中，人类的进程，尤其是人类的行为，是独立于环境的控制和影响的。"[5] 谈到生态心理学中的研究，霍尔如下论述："某些行为属性，在同一场景中因个人差异所造成的差别，要小于它们在不同场景中的差别……环境提供一个场景，这个场景根据一些具有约束力但尚未成文的规则引出规范的行为。比起像个性这样的单独变量，这些规则具有更大的强制性和不变性。"[6] 确实，心理学家已经引入了"情境性人格"（situational personality）的概念，以此为基础来讨论场景对于人类行为的影响力。

可见，地景是我们体验中的一个关键组成部分。人文地理学研究表明，我们通过隐喻性的方式来理解地景，由此在我们的身体和地景之间感受到一种无意识的一致性：地景被解读为一个隐喻性的身体，而身体也被解读为一处地景。因此，地景并不仅仅是生活的背景环境，它也被内化为一种心理地景，对我们的体验、思想和情感过程加以结构化。正如巴什拉指出的，地景是一种心理状态。[7]

地景还为大规模的建筑提供了空间、形式、节奏、材料和色彩上的背景环境。建筑与自然或人造的地景环境发生对话和对位，这种对话可以采取许多不同的形式。一个使用几何式语言和还原式材料的建筑结构体可以与一处乡村式场景形成刻意的对比，比如勒·柯布西耶的萨伏伊别墅和密斯的范思沃斯住宅。通过对场地特征加以仿效的建筑主题和建筑材料，一座建筑物可以与周围的环境交融在一起：在赖特设计的位于熊奔溪的流水别墅中，垂直向的毛石墙和水平向的悬挑式混凝土露台与岩石遍布的基地形态形成呼应；费·琼斯（Fay Jones，1921—2004 年）设计的位于尤里卡泉的荆棘冠教堂（Thorncrown Chapel，音译为索恩克朗教堂）则延续了森林背景的线型节奏和致密的空间感受。

不管建筑与地景之间的对比程度如何，一件深刻的建筑作品总是能够让人们对周围地景的解读变得更精彩、更清晰、更有力，并为其赋予具体的含义。地景与建筑交织为一体：地景对建筑加以框限，而建筑作品也框限并强调出地景。库尔齐奥·马拉巴特和阿达尔贝托·利贝拉（Adalberto Libera，1903—1963 年）设计的马拉巴特别墅向地中海的辽阔无际和基地中几乎垂直的岩石地层同时致意，它使我们对地平线、垂直性和重力做出了更为戏剧化的解读，增强了这一场景中令人敬畏的崇高感，但同时又给予我们一种具有保护感的家的意象。阿尔瓦·阿尔托设计的建筑总是处于与周围地景的微妙对话之中：玛丽亚别墅将周围森林那垂直向的断音（Staccato，指短促而富有弹跳力的音符。——译注）节奏

引入其室内空间中，而位于吉耶纳河畔巴佐什镇的卡雷别墅（Maison Carré）则以一大片单坡的石板瓦屋顶与波浪般起伏的法国农场地景取得协调。赖特设计的位于亚利桑那州的西塔里埃森（Taliesin）工作室和住所仿佛是从沙漠基地中生长出来的机体，它歌颂着荒芜壮阔的地景，述说着美洲大陆上悠久的人类文化与建筑传统。

建筑有时可以直接从地景中获取形式。芬兰建筑师雷马·皮耶蒂莱（Reima Pietilä，1923—1993 年）就在形态学研究的基础上刻意追求一种从地景中脱胎而出的建筑语言。他设计的许多作品都体现了这一点：马尔米教堂（Malmi Church）竞赛方案看起来像是一块露出地面的巨大岩石；新德里芬兰大使馆的非几何形式和节奏出自对芬兰湖泊地景的分析；赫尔辛基的芬兰总统官邸

图 4
建筑处在与地景的永恒对话之中：地景对建筑加以框限，而建筑也为地景的解读创造了框架。莱昂·巴蒂斯塔·阿尔贝蒂，皮克罗米尼宫（Palazzo Piccolomini），意大利，托斯卡纳，皮恩扎（Pienza）。

图 5
建筑与背景中的森林融为一体。费·琼斯，荆棘冠教堂，美国，阿肯色州，尤里卡泉，1980 年。

的设计也源于对当地地理形态的研究。不过，更为常见的方法是，建筑依靠起到调和作用的庭院和花园与更为广阔的自然景观产生联系。这种联系可以扩展建筑的几何领域的范围，或者成为建筑与自然之间的一种过渡。由轴线主导的法国古典主义园林一直企图把几何关系的控制力凌驾于未被驯化的大自然之上，而许多现代建筑的志向却是要把建筑结构亲密而温和地织入大自然的主题和肌理之中。

景观建筑和园林设计是建筑学领域的延伸，这两者的筑造和形式需要特殊的思维方法加以指导，因为它们与材料的性质、生存的模式、时间的流逝和生长的周期等因素密不可分。相应地，在以可持续性发展为目标的前提下，越来越多的建筑设计和市镇规划开始以景观建筑的柔性和动态策略为模板。

除了作为建筑与自然之间的调和者，园林和景观设计还具有其自身的生命力。建筑是对世界和人类存在的隐喻，它被建造出来并为我们所体验。正如所有深刻的艺术作品，任何重要的建筑作品都是一个微观宇宙，是属于它自己的完整而自主的世界。这种完整和单一是所有伟大的艺术作品都具备的属性，不管它们的实际尺寸是大是小。以绘画为例，意大利画家乔治·莫兰迪（Giorgio Morandi，1890—1964 年）曾以桌面上的小瓶子为主题反复进行创作，这些小静物画是对经验世界所做出的诗意化呈现，与任何尺度宏大的建筑或地景作品相比都毫不逊色，而是具有同等的说服力和完整性。园林也能够以同样的方式表述自己的职能，比如在中国和日本的传统园林中，建筑师会借用山峦、沙滩和溪流等自然意象来组成富有寓意

的人造景观。这些微缩景观（京都龙安寺的禅宗庭园或许是最好的代表）作为一种对更为广阔的宇宙秩序的隐喻，其本质接近静物画的艺术理念。

自然与建筑之间的微妙关系不仅限于建筑单体的范畴。欧洲传统城市中心的建筑大多是作为村庄、乡镇和城市的人造几何布局的一种延续而发展起来的，而北欧的建筑绝大多数则是对当地地形和自然景观的一种回应。可想而知，正是不同的基本地景类型造成了建筑在空间、几何关系和形式等方面不同的敏感度。除了单纯的审美偏好，地景也造成了精神世界的差异。通过比较两种文化中墓园的特征，我们或许可以最为真切地体会到两种截然相反的地景对人类精神世界所产生的影响：在城市文化中，墓地通常被设计成供逝者居住的高密度城市，而在森林文化中，墓园则被置于带有鲜明的"泛神论"（pantheistic，一种将自然界和神等同起来、强调自然界的至高无上的哲学观点。——译注）氛围的自然环境中。

所有的自然景观都有自身的特征、氛围、情绪，以及从可怖、壮丽和巍峨，到浪漫、抒情和感伤等诸多唤起情感的成分，尽管如此，我们对地景的认知以及对其性格和特征的感受始终是受文化的影响而形成的。在这一形成过程中，风景画家起到了一定的作用。通过描绘理想世界中天堂般的田园风光，抑或真实世界中充满力量与威胁的荒蛮景观，他们可以改变我们对地景的认知。不过，很明显，我们在童年时代接触过的自然景观的特征以更为微妙的特定方式调节着我们对空间、尺度、材料和光线的感觉。地景、气候和循环往复的四季也直接

图 7
芬兰建筑师雷马·皮耶蒂莱的建筑设计经
常以芬兰地景和地质的形态学研究为基
础。雷马·皮耶蒂莱和拉伊利·皮耶蒂莱
（Raili Pietilä），芬兰大使馆，印度，新德里，
1963/1980—1985 年。

地
景

塑造着人的性格与行为方式。研究表
明，甚至我们的五官感受也会根据童
年环境的具体特征进行微调，以适应
生活环境中的某些细微变化。举例来
说，视野中的开阔性或封闭性在悄
然调整着人们视觉感知的方式。我
们的所见其实是不同的，因为每个
人对景物的感悟总是受到其久居地
（domicile）的地景特征的濡染。[8]

哈德良离宫

Hadrian's Villa

意大利，蒂沃利

118—138年

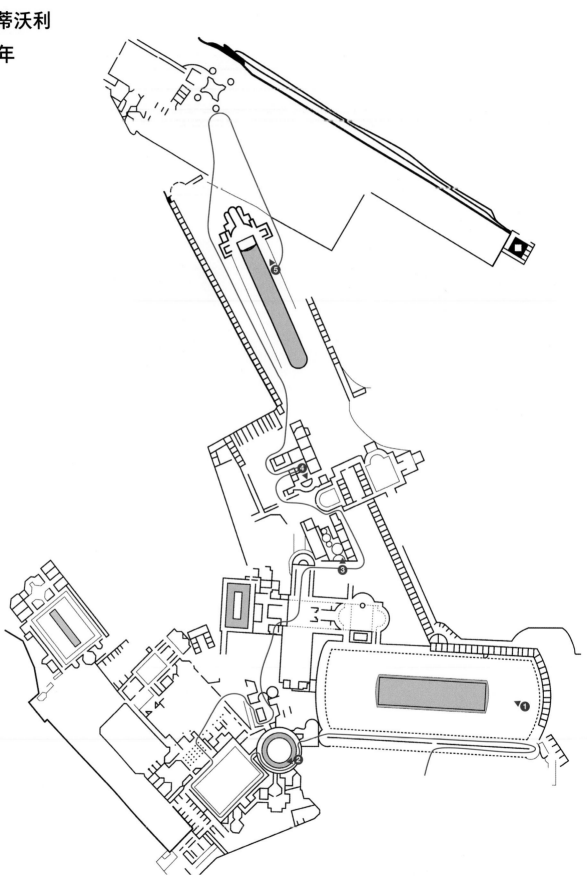

哈德良离宫是哈德良皇帝在罗马城外的乡村地区建造的大型建筑群，由 900 多个单独的空间组成。这些空间聚集成一系列独立的结构体，为各种各样的活动提供特定的场所。每个结构体都深嵌在地景之中，在地势高度、日照时长和视野范围等方面达到了理想的栖居条件。虽然整体规划看似随意无序，但其实哈德良离宫的建筑与其所处的地景精准地契合，二者合而为一，形成了一个整合式的统一空间。这种空间的统一性只有通过切身体验才能得以充分理解。

哈德良离宫位于罗马平原东沿的山坡上（罗马平原，Campagna，罗马城所在的宽广平坦的平原）。走向离宫的西面，我们首先看到的是"东西向露台"（East-West Terrace）。露台下方内嵌四个楼层的空间，其外围巨大的混凝土高墙采用了砖砌表面，略呈弧形外扩，伫立在辽阔的平原之上。

❶ 爬上一条长长的坡道之后，我们从北侧进入露台。这是一座平整得近乎完美的巨型花园：四边精确地与四个基本方向对齐，中央是一座巨大的水池，水池周边环绕着一圈树木。露台长 230 米、宽近 100 米，无疑是整座离宫中面积最大的空间。站在露台的西侧边缘极目远眺，我们可以俯瞰罗马平原的乡村风光，远方的田野和果园景色

尽收眼底。露台北侧设有通长的"回廊墙"（Ambulatory Wall）。这是一座又高又厚、一眼看不到尽头的独立式墙体，内外两侧曾经都带有柱廊。我们沿着墙体外侧向前走，在圆弧形的端头转身，再沿着内侧往回走——从一端走到另一端，如此反复七次，就相当于走了一个罗马里（Roman mile，古罗马长度单位，约等于 1.48 公里。——译注）。回廊墙和露台面向太阳的弧形轨迹敞开怀抱，将离宫牢牢固定在广阔的田野之中。与此同时，它庞大的尺寸也形成了建筑和地景之间的一种过渡，在宫殿内部的私密空间和下方一望无垠的平原之间起到了调和作用。

在露台东侧，我们穿过弧形砖墙上的门洞，进入"海洋剧场"（Maritime Theatre）。❷ 这是一个非常奇特的结构体，其中心是一座小岛，岛上是圆形建筑物，岛的外围环绕着一圈圆环形的水池。在水池外缘和圆形围护墙之间设有一圈柱廊，柱廊上原本带有筒形拱顶。在柱廊中环行，我们被包裹在层层保护之中，获得了强烈的空间围合感。层层展开的环形空间将视觉焦点引向位于核心的岛式建筑，同时又连续地向着水池上方的天空敞开，令我们感到自己仿佛正站在世界的中心。近旁，穿过矩形的"图书馆庭院"（亦称"喷泉庭院"，Fountain Court），我们在直线型的"单人房大厅"（Hall of Cubicles）中找到了与"海

❷

❸

洋剧场"的圆形空间截然相反的空间格局。单人房大厅的中央走廊两侧排列着 12 间一模一样的 T 形卧室，每一间卧室的地面上都饰有不同的马赛克几何图案。图书馆庭院的西北面是"拉丁文图书馆"和"希腊文图书馆"，它们也采用了直线型的空间形状。这是一连串通过十字形相互渗透的正方形和立方体，其多层式墙体（这里指建筑物采用了在两层砖壁之间灌注混凝土的建造方法。——译注）的边缘设有垂直向的洞口。强烈的侧向光从洞口射入，漫过室内的墙面。

我们在离宫的残垣断壁中游走，在脑海中想象着建筑曾有的风貌。❸ 在小浴场，我们看到了带有穹顶的弧形室内空间，空间四周以实墙为界，采光来自穹顶中心的圆孔。停留片刻之后，我们从室内来到室外，看到嵌在地面上的浴池。我们走入露天的矩形庭院，庭院四周设有列柱。❹ 在大浴场，我们看到了一座半圆形的浴池，浴池上方覆盖着半穹顶，通过两根巨大的圆柱与中央大厅相连。另一座圆形浴池则采用带圆孔的半球形穹顶，它直接通向室外。在小浴场以及"学园"（Academy）的中心空间，四周的墙体向内呈曲面鼓出，使空间产生了收缩和膨胀的感觉。在"黄金广场"（Piazza d'Oro，亦称"奢华大厅"），巨大的墙体和柱廊交替外凸和内凹，形成了波动

起伏的连续表面，使整个空间产生了近乎液体般的流动感。这种流动感在毗邻的"水池庭院"（Water Court）中得到了呼应，它与水池和喷泉上波动的水面相得益彰。

在离宫内的每一处，室内和室外的空间都相互关联，彼此锁扣，同时也牢牢固定在地形之中。在被称作"拱廊餐厅"（Arcaded Triclinium）的宴会馆，三座半圆形的开敞式拱廊（exedra）面向正方形的硬地庭院而设。宴会室位于东侧拱廊的后方，平面呈矩形，四周以墙壁为界。宴会室的另一端通向其后方的"竞技场花园"（Stadium Gardens）。

"观景餐厅"（Scenic Triclinium）是一个以半穹顶覆盖的房间，带有一系列层层展开的圆弧形水池和座椅。水池和座椅都嵌在山坡里，依地势而建。整个空间在平面和剖面上双向弯曲，通过一个又深又窄、仅由筒拱天花板上的洞口提供采光的暗间被牢牢固定在背后的山坡上。它的正面向南敞开❺，正对着一座被称作"水渠"（Canal）的长长的水池，水池的周围环绕着一圈柱廊。在这个空间里走进走出，其实就是在地下和地上之间穿梭：只要在砖砌半地上行走几步，我们就从深埋的大地中来到了开敞的天空下。在对这些房间的体验中，我们感受到了空间的连续性和流畅感。通过无处不在的水池和沟渠穿插而成的切分

节奏，空间的内部和外部相互交汇，建筑与地景彼此交融，形成了流动的乐章。

哈德良离宫与它所在的地景紧密结合，但却丝毫不是自然主义式的模仿。它的室内和室外的空间全部采用纯几何形（正方形、立方体、矩形、圆形、圆柱形、半圆柱形和半球形）以每一种可以想到的方式复杂地搭配在一起。不过，在我们的体验中，这些通过几何关系形成的空间浑然天成地融入不规则的地形之中，它们对大地加以重塑，建构出适合栖居的空间。穿行在大厅和花园中，我们的尺度感不断地发生变化；我们不断地转身，调整行进方向，以顺应每一组空间的不同走向。每个结构体都被赋予了特有的、独立的几何关系和内部焦点，也都通过精心的选址而获得了独特的视野、日照方位以及在地形中的精确位置。这些空间依偎在此起彼伏的地形中，仿佛是自然的造化使然。它把我们惯常的生活模式刻写进大地的表面，让我们在室外收获了安稳的归家感。

桂离宫

Katsura Imperial Villa

日本，京都

约1615—1656年

❶

桂离宫位于日本古代皇城京都附近的桂川（Katsura River）河畔，被誉为建筑与地景相互融合的典范之作。桂离宫的设计涉及了对地景的重构和对栖居者在室内外行进的编排，借助全部感官体验的交结对整体栖居体验加以校准，最终获得了人与自然之间的和谐。

我们穿过一系列竹篱笆和带有屋顶的大门，步入离宫的领域。小径两旁，树木、绿篱和地被植物的颜色和尺度都在不断地发生着变化。小径上铺满了蓝黑色的石子，石子的形状让人觉得它们像是取自地面的天然素材。❶ 在"中门"的外侧，碎石地转变为矩形的底座，底座上放置了一块不规则形状的大石头——它被安放在这里作为门道的门槛。在中门的内侧，我们踏上正方形的门槛铺地，它由切割成正方形的石块组成。在前方布满青苔的地面上，我们看到了两组路径：由方正的踏脚石组成的长条形路径以及由不规则形踏脚石组成的回游路径。我们小心翼翼地踩在石头上，谨慎地迈出每一步，仿佛正在池塘的水面上穿行，需要不断对自身平衡进行微妙的调整。随着踏脚石的走向，我们沿着房屋的东缘行进，同时也注意到了其他石径的存在。它们发端于书院，越过一座座小桥，通往分散在池塘边缘的六间小小的茶室。

❷ 书院由一系列矩形四坡顶房屋组成，面向东南和

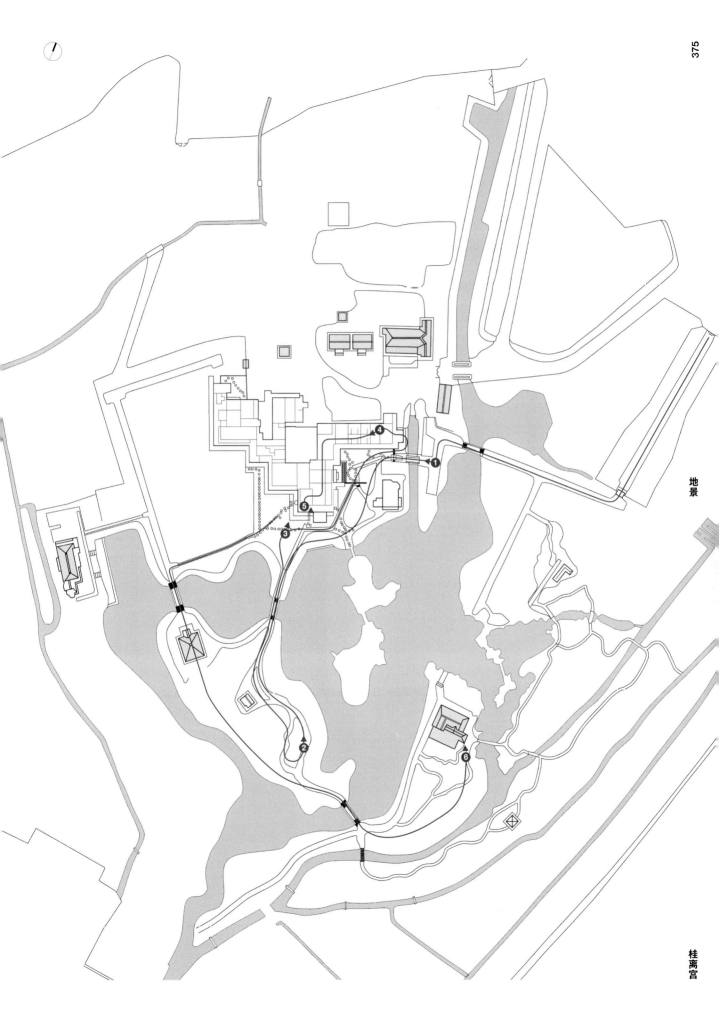

❷

❸

❹

西南两个方向。这些房屋呈雁阵式转折、后退，逐渐远离池塘的边缘。悬挑的木框架屋顶在上方被薄片状的木瓦覆盖，在下方遮蔽着紧绷的、编织而成的白色"障子"（shoji，在木框上糊以通草纸而做成的间隔墙或推拉式门窗。——译注）隔墙，每块"障子"以细细的木窗棂作为框架。❸ 书院的木框架地板由正方形木柱支承，后者架设在地面的大石块上。大石块的顶部从夯实的素土围边中露出，在木头和潮湿的泥地之间形成隔断。在屋檐滴水线的部位设有一条宽大的雨水沟，雨水沟以小圆石铺成，它标示出了房屋底下夯实的泥地与庭园的草地青苔之间的界线。虽然我们能够察觉到书院的重量通过木柱落在了石头上，但障子之轻、木柱之细，以及二者伫立在石头基础上的纤弱形态，仿佛都在暗示这是一座几乎没有重量的、悬浮于地景之上的建筑。

回到中门内侧的庭园，我们走上一段由矩形大石板组成的、宽阔的入口台阶。台阶的顶部是入口门廊，门廊的木地板是架空的，下方是石砌平台。石砌平台上设有一块"踏脱石"，供访客在进入室内之前把鞋子留在上面。走上门廊，双脚便能即刻感受到木板的肌理。向前一步，我们来到室内。地板上铺着草编的榻榻米垫子，让我们在脚下感到了些许弹性。

❹ 室内的空间层层展开，通过上下两个连续的平面——天花板和地板——串联在一起。下方是榻榻米垫子形成的连续平面。每块垫子宽90厘米、长180厘米，呈双正方形，由两部分组成：厚厚的草编底子在下，薄薄的黄褐色席子在上。席子由蔺草绕着麻绳编织而成，其边缘通过黑色的宽布条缝制在一起。上方的天花板也是一个连续的水平面，以深色的木板制成，木板之间以薄薄的细木条加以划分。室内没有从地板直通天花板的固定墙壁，用来分隔空间的是白、金双色的丝绸饰面屏风，它借助嵌入地板中的木制轨道得以左右移动。屏风之上是精致的细木条格栅、白色的灰泥板和障子隔断。这两种垂直的表面——推拉式屏风和上半部分综合材质形成的"墙体"——交接于一根位于门头高度的、沿着房间四周连续设置的水平向木横梁。支承上方屋顶的木柱十分隐蔽，随着我们在相互复叠和彼此渗透的空间中穿行，它们一会儿出现，一会儿又消失了。

在桂离宫的书院中行走和在森林中穿行的感觉异常相似。当我们从一侧行进到另一侧时，会发现自己更多地是依靠眼角的余光而不是聚焦的视线来辅助行进。我们也没有沿着任何笔直的路径行走，而是在这个由榻榻米垫子和层次丰富的垂直面所形成的、不断变换着方向的网格中穿

❻

梭。当书院外围的隔墙全部关闭时，空间的外部边界看上去就像是世界的尽头：半透明的障子隔断泛着均匀的光，营造出一种极其强烈的私密感和围合感，仿佛我们位于一盏悬空的纸灯笼里。当外围的隔墙打开时，室内的空间伸入外部的庭园，室外的庭园也由此进入室内。我们感觉到阵阵微风，看见周围地景中明朗开阔的景色。每一处开口的取景都经过精心调整，如画的景致在眼前逐一展开。障子隔断现在看起来更加轻薄透明，它们熠熠发光的多层次表面悬浮在空间的边缘，犹如不真实的存在。走到室外，站在铺设木地板的走廊之上和悬挑的屋顶之下，❺ 我们感到自己也悬浮在地面上。庭园中柔软的绿地——其间穿插着踏脚石组成的路径——犹如一块漂移中的平面，缓缓地离我们而去，与池塘的水面融为一体。

我们对桂离宫的体验还没有结束。走出书院，进入精心雕琢的地景，我们来到位于小岛和池塘沿岸的茶室，随机参观了其中的一间，然后沿着另一条小径回到书院。❻ 每间小小的茶室都用以举行一种特殊的仪式，包括著名的茶道。相应地，庭园中的每一座山顶和谷地、每一片树林和草坪也都各自拥有迥然不同的性格。小桥分别采用泥地、石子或红漆木板作为桥面，我们必须时时留意脚下，因为每一级踏步的高度都不同。刚开始上桥时，桥身陡然升起，到桥顶处坡度逐渐变缓；下桥时，坡面又变得越来越陡。从一进门起，我们走过的所有庭园小径都由相似的踏脚石组成，然而没有任何两条小径是一模一样的，因为石头的组合方式、地面的坡度和肌理、周围树木花草的种类、小径与水面的远近关系等都在不断发生着变化，每条小径所通往的目的地也都各不相同。栖居在这里，我们能够与地景进行亲密的互动，感受大自然最微妙的节奏变化。地景融入了我们，也成了我们的一部分。

弗吉尼亚大学

The University of Virginia

美国，弗吉尼亚州，夏洛茨维尔

1817—1827年

托马斯·杰斐逊

（Thomas Jefferson，1743—1826年）

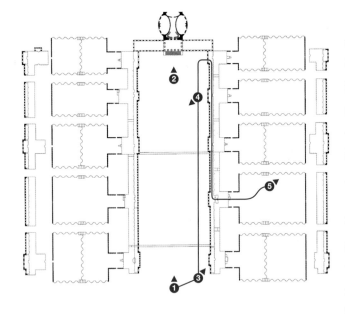

弗吉尼亚大学的设计师是美国前总统托马斯·杰斐逊，他把这所大学的创立看作是他一生之中最大的成就。在这里，一系列方楼和廊道勾勒出地景的框架并与之相融，使树木环绕的大草地成了这座"学术村"的心脏。虽然之后的加建项目为原有建筑带来了一些改变，导致学院与开敞地景之间的直接联系不复存在，但从建筑与自然交融的角度而言，弗吉尼亚大学仍然是最具前瞻性和最打动人心的范例之一。

❶ 我们从南面进入位于学术村中央的院子——它被称作"大草坪"（The Lawn）。在当年，院子周边全是农田和树林。这里的空间十分开阔，长度是宽度的三倍，地面上碧草如茵，左右两侧树木成排。院子的另一头是逐级升高的缓坡，坡顶伫立着一座巨大的圆顶大厅（rotunda），它以圆柱形砖墙围合而成。❷ 圆顶大厅前设有门廊，门廊由六根高大的白色圆柱组成。院子两侧以低矮的单层平顶白色柱廊为界，柱廊串联起十座两层高的坡顶方楼。柱廊后方，透过白色木柱的间隙，我们看见以砖墙筑成的单排学生宿舍。方楼的体量较大，上层是教授的住所，底层是教室。上午，大草坪左侧的柱廊和方楼被晨光照亮；下午，右侧的柱廊和方楼接受光照。正午时分，两道柱廊都处于阴影之中，只有图书馆和讲堂所在的圆顶

大厅可以享受整日的光照。

　　沿着大草坪的缓坡向上走去，我们这才发现十座方楼各不相同。方楼的间距看似规律，实际上从南向北逐渐变窄。❸ 右侧的第一座楼是"10 号楼"（Pavilion X），其立面上设有四根两层高的白色巨柱。柱子跨设在低矮的柱廊之前，托着高高的山花，山花上设有一扇半圆形的窗子。在它的正对面是"9 号楼"（Pavilion IX），即左侧的第一座楼。这是一个以四坡顶覆盖的立方体砖砌体块，它退缩在柱廊后方，立面上设有拱形入口前厅。前厅的空间呈半圆柱形内凹，其高度位于柱廊之上。沿着缓坡上行的过程中，我们感到这些隔着大草坪遥遥相望的成对的方楼似乎正在进行着一场对话，它们就同一建筑主题展开了各具特色的演绎。❹ 随着大草坪地面的不断升高，我们发现柱廊地面的高度也在不断增加。在标高的转换处，柱廊的地面之间由台阶相连，顶部则由一段斜向设置的屋顶相连。越往北走，方楼的间距就越为紧密。离圆顶大厅较近的最后四座方楼都带有四根双层高圆柱，圆柱跨设于柱廊前方。走在草坪高处，我们还可以看见伫立在圆顶大厅前方的六根巨柱，柱子下方单层高的基座和大台阶也进入了我们的视野。

　　转身向南回望，我们又有了新的发现：刚才站在草坪的底部时，方楼之间逐渐缩小的距离造成了视觉上的错觉，让我们以为圆顶大厅比实际情况更远、尺寸更大。而此刻，从顶部的高点位置（靠近此处的方楼间距最为紧密）向下看去，沿着山坡逐级下降的大草坪并不显得那么长，远处林深叶茂的地景和绵延起伏的山峦也并非遥不可及。反之，它们走入我们的栖居空间，被柱廊张开的双臂拥在怀里。

　　我们转身下行，沿着大草坪的边缘往回走。进入柱廊的砖砌通道，我们一边透过白色木柱的间隙向外眺望洒满阳光的户外空间，一边用脚步丈量学生宿舍的白色木门之间的距离。我们在每一座方楼前驻足，感受着水平向通道和垂直向方楼之间的相互锁扣，观察着偶尔落入柱廊后方的光线及其照亮内凹式入口门厅的方式。我们有幸受到邀请，参观了一位教授的住所。底层空间的后方向外敞开，通向一座长长的花园。在楼上的房间里，我们可以看到外面的大草坪。走出房间，步入阴影遮蔽下的阳台，只见阳台的中部退缩在高高的圆柱后面，两侧与下方柱廊的屋顶对齐，一旁的树冠触手可及。向下望去，大草坪在尺度上几乎与自家的庭院毫无二致。在大草坪建筑群中，杰斐逊关于"学术村"的设计理念真正得到了实现。

　　大草坪每排学生宿舍的中央都有一座楼梯，楼梯将

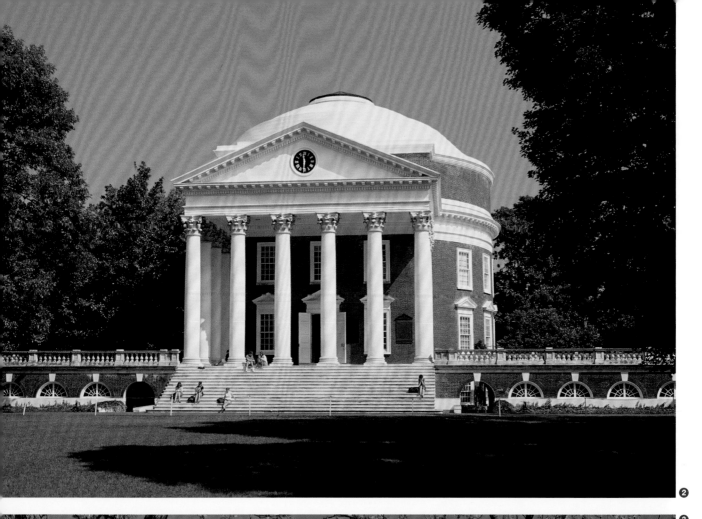

我们引向后方的花园。花园的空间十分宽阔，对面是另外五组以砖墙筑成的学生宿舍，它们被称作"排屋"（The Ranges）。排屋背对着花园，柱廊设在外侧。它们一字排开，和大草坪的学生宿舍平行设置，其中穿插着三座用作餐厅的小方楼。餐厅楼分别与大草坪的第一、第三和第五座方楼对齐。顺着下行的缓坡向排屋走去，我们看到了花园四周蛇形蜿蜒的围墙——这无疑是弗吉尼亚大学里最引人注目和最具创造性的设计之一。❺ 波动起伏的砖墙在面向花园的内侧和面向通道的外侧都呈现出相同的外观。我们不禁触摸它那柔美的曲面，惊讶地发现这些时进时出、凹凸交替的围墙事实上只由一层砖体筑成——蛇形弯曲的形状使它自身具有了侧向支撑力，从而使这个大胆的设计得以实现。

在体验弗吉尼亚大学大草坪的过程中，我们对学校这一理念的起源发起了新一轮的思考。按照路易斯·康所说，学校是一种非常简单的设想，它始于一棵枝繁叶茂的大树：树荫下，学生们围坐一团，听老师讲话。[1]坐在草地平台的斜坡边缘，在两侧高大树木的包围之中，我们目送夕阳缓缓西下。正当左边的柱廊和方楼被温暖的阳光照得明亮耀眼之时，右边的建筑投下越拉越长的影子。这一刻，我们感到自己正栖居于房间和花园相结合的理想式空间之中。

林地公墓

Woodland Cemetery

瑞典，斯德哥尔摩

1915—1940年

埃里克·贡纳尔·阿斯普隆德

西古德·莱韦伦茨

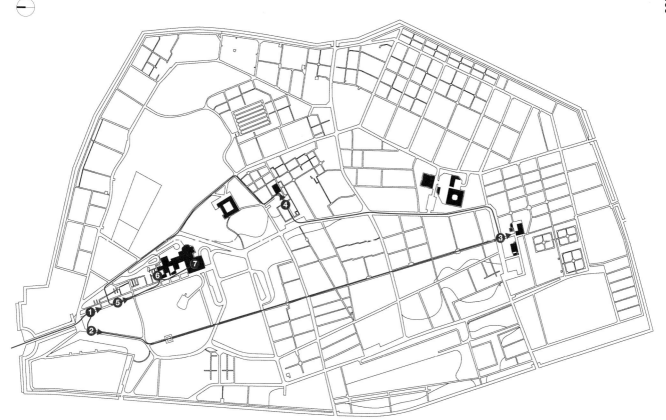

　　林地公墓位于斯德哥尔摩南郊的恩斯柯德（Enskede），由若干建筑组成，其设计者为莱韦伦茨和阿斯普隆德。两位建筑师不仅设计了公墓中的建筑，还联手打造了这些建筑所处的地景。建筑内部用于举行葬礼仪式，它与公墓中长眠的逝者息息相关，而建筑外部也与公墓的地景融为一体。通过建筑师的精心设计，这片土地被赋予了某种神圣的气息，从而为公墓带来了可触知的存在感。这种存在感使人们深切感受到了公墓的双重属性：它既是一个充满回忆的场所，也是一处静谧祥和的地景。

　　进入林地公墓前，我们首先经过一座半圆形前院，然后穿过一条宽阔的通道。前院和通道均以毛石墙围合而成。在通道左侧，四根石柱伫立在墙体前方，支承起一道平檐口。柱子后方的墙体上有一个内凹的曲面空间，泉水从中涌出，沿着墙面慢慢向下流淌，在石体上留下斑驳的水渍。❶ 我们走到通道尽头，来到了公墓的外缘。此刻，左侧是以金属板封顶的低矮的灰泥墙，它沿着缓坡上行，通向巨大通透的列柱门廊，门廊近旁伫立着一个巨型十字架。右侧是陡峭的山坡，坡顶是密林，坡下是花岗石斜墙。山坡后面，一组台阶通往"怀念之丘"（Hill of Remembrance）。

　　❷ 我们首先被这座山丘所吸引。"怀念之丘"是这片地景中的最高点，山坡上长满了青草，顶部栽种着一圈树木。我们慢慢地沿着台阶上行，台阶以 12 级宽阔的石砌踏步为一组，每组之间以狭窄的休息平台作为分隔。踏步的踢面在山坡底部较高，随着上行而逐渐变矮，走起来也更容易。我们来到坡顶的"追思林"（Meditation Grove），它由一圈环状排列的垂榆树组成，内部是一块平整的矩形地面，四周以低矮的正方形石墙为界，石墙顶部种着各类花草。我们踏上碎石地面，看到地面中心的草地上设有一口井。此外，这里还安置了一些长椅。坐在长椅上，我们可以望见山下的火化房和教堂组群，也能看到位于山丘东、南两面的墓地森林。

　　在追思林的另一端，我们走下台阶，进入森林。沿着"七井小道"（Way of the Seven Wells）向南走去，一座座墓园在道路两旁依次展开。每座墓园的中心处都设有一口井，我们可以从井里打水，为访者留在墓碑前的花束浇水，使其保持新鲜。道路两旁繁茂的树冠框限住了头顶上方的视野，我们抬头看到狭长的蓝色天空，其宽度正好与脚下路面的宽度相等。❸ 在这条道路的尽头，我们走进一座以灰泥墙围合而成的前院，其后方是"复活教堂"（Resurrection Chapel）。穿过前院，我们步入门廊的阴影之中。这是一座独立式门廊，由 12 根圆柱组成，采用石

头铺地，位于小教堂主体块的右前方。小教堂的平面呈矩形，内部狭长高耸的空间由四面光滑洁白的墙壁和深色的平顶天花板围合而成。灵柩停放在中央的低矮台座之上，吊唁者在两边相向而坐。阳光从南面的窗口洒入，将这一场景照得格外明亮。窗子又大又深，分为三部分。它向前出挑，仿佛是被光的力量推进了空间内部。

退出复活教堂，我们朝"林地教堂"（Woodland Chapel）走去。林地教堂位于一片封闭的区域之中，四周以围墙为界。❹沿着碎石小路上行，穿过森林，我们来到了教堂前。教堂顶部是铺着木瓦的金字塔形屋顶，屋顶支承在 12 根简洁的白色木柱之上。教堂左侧，一条小路通往下方的停灵房，停灵房的屋顶以草和泥做成；右侧，一组台阶通往下方下沉式的儿童墓园。这一刻，我们敏锐地发觉，在大地的表层之下，在这片永恒寂静的地景之下，存在着一个为逝者所占用的空间。走入门廊，脚下是石砌地面，头上是低矮的白色石膏抹灰的平顶天花板。进入教堂内部，我们的目光即刻被引向头顶上方：巨大的半球形穹顶取代了低矮的天花板，打开了上方的空间。穹顶的表面亦采用光滑的白色石膏抹灰，顶部设有一扇圆孔玻璃窗，边缘落在八根柱身饰有凹槽的圆柱之上。圆柱仁立在加高的圆形基座上，基座采用了和地面同样的石头铺

地景

林地公墓

❻

面。地面中央是灵柩停放台，它被来自上方圆孔的天堂般的光线所照亮，成为整个空间的视觉焦点。

❺ 回到公墓的入口处，我们沿着石砌的"十字架小道"（Way of the Cross）慢慢往上走，来到"信念教堂"和"希望教堂"（Chapels of Faith and Hope）的退缩式入口庭院。❻ 两座教堂的平面呈矩形，外墙均采用石板覆面。在教堂内部，一根巨大的石柱伫立在左侧，光源则来自右侧的高窗，铺地上饰有花岗石和陶土砖镶嵌而成的图案——葬礼过程中，这正是默哀者低垂的双目聚焦的地方。两座教堂的边缘都设有供逝者亲友使用的等候室：这是一个以白粉墙围合而成的空间，其中两面墙上贴有大张的原木胶合板。胶合板的下半部分向外翻卷，沿着墙壁形成了连续的长条形座椅。座椅正对着一扇巨大的窗口，窗外是一座带围墙的小花园。

我们回到外面的步道，步道的尽端是"纪念大厅"（Monumental Hall）的门廊。门廊东侧是一座小小的池塘，水面倒映出蓝天白云的幻影。门廊西侧是"圣十字教堂"（Chapel of the Holy Cross）。走上门廊的石板地面，我们看出这是一个独立的结构体，它与圣十字教堂的西立面是分开的。光线从二者的缝隙射入，照亮了教堂的石板墙。教堂的入口由通长的玻璃墙组成，玻璃墙以间距紧密

的纵向金属板条作为框架，可以整体下降，隐藏于地下。在教堂内部，我们看到围护墙在东端转变为平缓的弧形，停放灵柩的中央空间则由八根圆柱围合而成。葬礼结束后，灵柩缓缓沉入地面，进入下方的火化间，在那里穿过被一排圆形天窗照亮的墙壁，最后被送入火化炉。❼ 我们走出教堂，回到门廊。门廊中伫立着四根柱子，柱顶与屋顶上矩形洞口的四角相连。木框架的屋顶从四周缓缓向洞口倾斜，这一设计效仿了古罗马"承雨池"的做法。下雨时，屋顶上汇集的雨水从洞口落下。洞口外围的立柱上设有曲面造型的灯具，其形状如向上卷起的树叶一般，将灯光投向上方的屋顶。门廊中这个小小的露天空间让我们感到自己仿佛处于公墓的中心：环视四周，我们看到石板路、倒影池、森林墓园以及林地公墓中最重要的组成部分——山丘和追思林。毋庸置疑，这片寂静的地景成了我们在此处体验的焦点。

流水别墅

Fallingwater

美国，宾夕法尼亚州，米尔溪

1935—1939年

弗兰克·劳埃德·赖特

　　流水别墅是埃德加·考夫曼及其夫人莉莲（Edgar and Liliane Kaufmann）的乡村住宅，由建筑师赖特设计和命名。它以森林为背景，扎根于它所处的天然地形中，让栖居者在大自然中亦能感到家一般的自在舒适。在我们的栖居体验中，大地默默无闻的性格得到了彰显，地形的轮廓得到了界定，材料的天性得到了利用，自然的场景被转化为一个令人难忘的场所，最终在建筑中实现了地景的"内化"。

　　沿着小溪前行，我们首先注意到的是地景中清丽的自然风光，因为建筑被遮掩在茂密的树丛后面。❶ 待到走上小桥，这座房子才真正进入视线之内：我们看到了一系列相互交织的水平面，它们似乎游离于溪水之上，不带任何可见的支撑方式；我们也看到了垂直向的毛石墙，它伫立在瀑布上方的巨石之上，其形态俨然是对小溪两岸天然的水平向岩层的一种效仿。水平向的面——浅色的混凝土露台和平面屋顶——冲出了垂直向毛石墙的重重围裹，它们向外出挑，有的横跨于溪水之上，有的与溪流方向平行。小桥架设在溪水两岸，其长度几乎与溪水的宽度相等。因此，站在桥上，我们能够更加直观地把握露台向外出挑的距离。桥下溪水潺潺，流水的动态进一步反衬出别墅深深扎根于大地的稳固感。目光上移，我们看见了悬浮于溪流之上的起居室。至于瀑布，此刻却只闻其声不见其影。小桥的另一端通向一条窄道，窄道紧邻陡峭的山坡，它将我们引向别墅后方的入口。

　　我们来到山洞一般的小门厅，门厅的墙面以毛石砌成。随后，我们走上三级石头台阶，进入起居室。❷ 起居室的空间向四周的地景敞开，透过水平向连续展开的玻璃窗，我们看到室外浓浓的绿意。天花板是由光滑的白色石膏形成的水平面，距地只有 2.15 米高，它从室内延伸到室外，飘浮在红色钢框玻璃窗的上方。地面铺着大块不规则形的深色石板，石板表面经过抛光而显得异常光亮，它映出微微变形的倒影，犹如泛起涟漪的水面，看上去与别墅下方的小溪惊人地相似。起居室内最引人注目的是位于斜对角的玻璃门。通过这扇门，我们来到了露台，露台就悬挑在瀑布上方。虽然瀑布尚未出现在视野中，但它却通过听觉这种更为私密的方式渗入了我们的整个体验过程。此外，我们的平衡感和在空间中的体位感也时刻与悬空于瀑布之上的飘浮感交织在一起。随后，我们又被房间对面来自天窗的明亮光线引回室内。天窗下方是一个玻璃围合体，围合体的底部是敞开的，借由悬挂式的混凝土楼梯通往下方的水面。在楼梯的踏步前，我们不禁再度感叹脚下经过抛光的石板地面与小溪那深灰色泛着涟漪的水

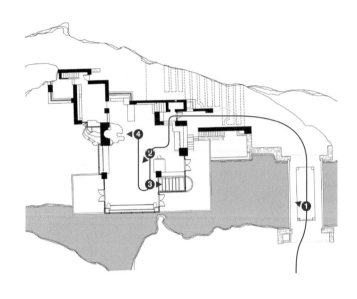

面是何其相似。❸ 沿着这座开放式楼梯扁平的踏板下行，我们逐渐步入开阔的室外空间。在上方，我们看到悬挑式的楼板，楼板底部距离小溪的水面有 3 米高，而最下方一级踏板距离水面大约只有十几厘米高。站在这里，我们背对着瀑布，只听得飞流在身后轰轰作响。

从楼梯里钻出来，重新回到起居室，我们在空间的斜对面看见一个巨大的壁炉。❹ 壁炉凹陷于毛石墙之中，呈半圆筒形，从地面直达涂有灰泥的檐口底面。炉火摇曳，在毛石墙的阴影中忽明忽暗。火塘是一块基地原有的巨石，其下方与大地相连，上方从室内的地面中冒了出来。巨石周围的石板地面经过抛光，如水面一般光滑，而巨石本身却是毛糙的，它"从地板中钻出来，就像是巨石从溪水中露出来的干爽的顶部"。[1] 壁炉旁边设有一张固定的木餐桌，餐桌位于这个正方形房间的中轴线上。餐桌后方，毛石墙的水平向接缝处是一层层悬挑的木搁板，搁板的布局微妙地仿效着别墅的整体结构。绕过餐桌，我们看到一座狭窄的石砌楼梯。楼梯夹在两面毛石墙之间，通往二层。我们穿过实墙上坚固石块的重重阻碍，感觉身体不断下沉，接近树根的位置，最后却出乎意料地从树冠的高度冒出来。回想刚才，我们穿过石板地面，沿着轻巧的楼梯下行，最终却在水面上看到了头顶上方天空的倒影。在

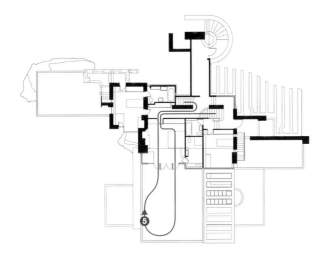
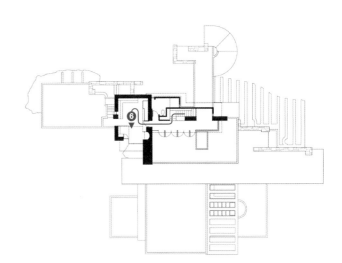

❻

攀爬两座楼梯的过程中，我们都得到了与实际位移方向相反的错觉。这种重力颠倒的体验完全是由起居室的独特设计引起的：它紧靠山坡，通过石板地面把整座别墅与大地紧密地贴合在一起，同时又借助悬挑式的体块飘浮在水面之上。

❺ 我们来到二楼的主卧室，由此通往石板铺地的露台。露台位于起居室之上，其面积远远大于主卧室，从而成了别墅中规模仅次于起居室的"房间"。从这个高点位置环视四周，东、南、西三个方向的风景一览无余。此外，我们还看见室内和露台上与水面极为相似的石板铺地，它们自下而上在不同的高度得到了一次又一次的重复，形成了若干水平面的叠置。这种叠置来自对溪水的效仿——水流在瀑布上方和下方形成的两个水平向表面。同时，别墅的纵向毛石墙也是一种对地景的效仿，它对河床外露巨石的岩层纹理加以发扬光大。通过这两种对自然形态的模仿，整座建筑完全融入了地景之中。❻ 继续上行，我们来到三楼的书房：书房的三面以毛石墙这界；在南面，上下叠置的水平向玻璃窗绕过转角，直接与左侧的毛石墙相连。从这个山洞般的庇护所中向外眺望，我们看到了悬浮在瀑布之上的起居室露台。书房中一些精巧的设计吸引了我们的注意，如窗子左侧玻璃与毛石墙的对接：由

于没有设置窗框，壁炉外围的毛石墙看起来就像是从玻璃中穿过一般，由室内伸向室外。又如窗子右侧的转角：上下两排小小的平开窗叠置于此，当我们把所有的窗扇打开之后，房间的这个转角便消失了。这两处设计成功地体现了建筑与地景的融合方式。在流水别墅中，我们还能看到很多类似的细节。

流水别墅悬浮在树木的枝叶之间，同时又扎根于大地的岩床之中。它的空间格局将我们从室内引向室外，它的整体结构形成了一个位于流水之上的稳固体块。它是山洞和帐篷这两种建筑原型的完美组合，一方面让我们能够享受明媚的阳光和四周森林的景致，另一方面也让我们能够随时回到毛石墙的保护中，隐匿在阴影深重的室内空间里。开阔的视野和可靠的庇护——这正是我们在地景中栖居所需要的两个基本条件。[2]

莱萨-达帕尔梅拉
海洋游泳池

Swimming Pools on the Sea

葡萄牙，莱萨-达帕尔梅拉

1961—1966年

阿尔瓦罗·西扎

（Álvaro Siza，1933年—）

❶

莱萨-达帕尔梅拉
海洋游泳池

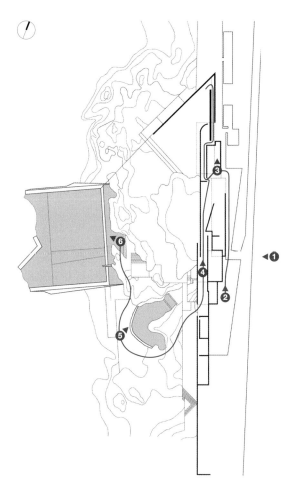

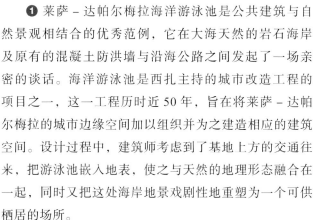

❶ 莱萨－达帕尔梅拉海洋游泳池是公共建筑与自然景观相结合的优秀范例，它在大海天然的岩石海岸及原有的混凝土防洪墙与沿海公路之间发起了一场亲密的谈话。海洋游泳池是西扎主持的城市改造工程的项目之一，这一工程历时近 50 年，旨在将莱萨－达帕尔梅拉的城市边缘空间加以组织并为之建造相应的建筑空间。设计过程中，建筑师考虑到了基地上方的交通往来，把游泳池嵌入地表，使之与天然的地理形态融合在一起，同时又把这处海岸地景戏剧性地重塑为一个可供栖居的场所。

我们在沿海公路上开车经过此地时，几乎不会注意到两座游泳池的存在，因为它们沉陷于公路和海滩之间的斜坡里。❷ 沿着公路的外沿行走，我们才留意到一系列低矮的墙体和深色的金属平屋顶，它们位于公路和下方的海岸岩石之间。在连续的、低矮的混凝土防洪墙上，我们找到了一个入口，由此沿着一条石板铺砌的坡道慢慢向下走去。坡道的两侧仨立着两面间距逐渐加大的混凝土墙，随着我们不断下行，坡道的空间也渐渐拓宽。因此，当我们到达坡道的底部时，并没有感到丝毫的压抑，反而身处一个宽敞明亮的空间里。此时，我们看到左墙上出现了一个

开口，悬挑的大梁下方形成了一个退缩式的空间。

进入阴影深重的前厅，双眼需要一段时间才能适应从亮到暗的突然变化。随后，我们走进幽暗的更衣室。❸ 这里唯一的光线来自一条水平向的狭缝，它位于混凝土墙顶部和略微倾斜的屋顶结构之间。更衣室的地面采用了与坡道铺地相同的大石板，墙壁则以钢筋混凝土制成，用于混凝土浇筑的木模板在墙上留下了清晰可辨的横向条纹。更衣室隔断、方木杆、横梁和天花板均以木头制成，它们被漆成了黑色，泛着亮光。地面常常会被海水和雨水打湿，但更衣室内的木制元素却与石板地面完全没有交集，就连更衣室隔断也是如此——它悬挂在横贯天花板的深梁上。

从地下洞穴般黑暗的更衣室中钻出来，向着大海走去，我们惊讶地发现自己依然位于地表之上：泳池建在天然斜坡上，斜坡向着海岸方向逐级下降。我们转过身，走入两面混凝土高墙之间的石板地通道，这条通道的走向与海岸线的走向平行。渐渐地，海滩从视野中消失，我们感觉仿佛正在潜回地下。穿过一条逼仄的门道，再绕过一个急转的墙角，我们来到咖啡吧前敞亮的三角形广场。广场以混凝土墙为界，其后缘设有出挑的屋顶天棚，咖啡吧的

柜台就隐藏在天棚的阴影之中。坐在这里，背后和侧身都被斜向的混凝土墙所包围。视线越过岩石嶙峋的海岸，我们望向遥远的海平线，完全忘记了附近公路上的车流。我们感到自己深陷在大地之中，同时又面向整个苍穹。庇护着我们的不是屋顶，而是环绕式的围墙。

从围墙的阴影中往回走，经过黑暗的更衣室，沿着混凝土墙通道来到综合体的另一端，我们找到了卫生间和淋浴房。入口门廊上方设有微微倾斜的木屋顶，屋顶从靠公路一侧的墙上搭到靠海一侧的较高的墙上，供使用者遮阴纳凉。地面铺着浅蓝色的熔岩砂（lava sand），赤裸的双足能够感觉到它柔软的质地。❹ 回望通向这里的混凝土墙通道，我们看到两侧的墙体上设有长长的现浇混凝土座椅。一座时钟高高地挂在墙上，人们从海滩上就可以知晓时间。我们在又高又厚的墙体之间穿行的整个过程——无论在更衣室、咖啡吧、卫生间、淋浴房，还是众多连接彼此的通道中——几乎都无法看见大海。然而我们知道大海就在近旁，因为混凝土墙时刻反射着浪涛的回响，仿佛海水随时都会破墙而入。在我们对这个场所的体验中，大海始终在场。

走出长长的混凝土墙，我们来到岩石沙滩上，在前方看到一座混凝土平板桥，它通往大游泳池。同时我们也注意到了混凝土墙外侧的空间——一个从岩石中挖凿出来的洞穴。走下混凝土楼梯，我们来到铺满沙子的小岩穴中，由此通往儿童戏水池。❺ 儿童池很浅，大部分边缘由天然的岩石露头构成，只在靠近大海的一侧筑有一段弧形的混凝土壁。不规则形的泳池像是在岩石中形成的一座储水池，里面蓄满了涨潮时积留的海水。儿童池的下方是这里最大的一片天然沙滩。在岩石露头的保护之中，人们尽情享受着温暖的日光浴。

翻过儿童池右边的岩石群，我们沿着混凝土楼梯下行，走向另一座游泳池。❻ 大游泳池几乎呈现出了与儿童池完全相反的特性：它的形状接近正方形，三条边都是略微内倾的厚厚的混凝土壁，第四条边则主要由原有的岩石露头组成；它没有嵌在高处的岩石里，而是将一端伸入海水之中，任由海浪撞击着另外三条边沿。我们走上类似沙滩的平台（一边是游泳池笔直的混凝土壁，另一边由不规则的岩石墙组成），踩在熔岩砂地面上，继而进入游泳池。它比儿童池更大、更深，水面只比海平面高出一两米。游泳时，耳边时刻能够听到激浪拍打岩石发出的轰鸣声。从岩石之间的缝隙向大海的方向望去，我们看不到泳

⑤

池的边沿，只觉得游泳池的水面和海水的水面正在融为
一体。我们漂浮在陆地和海洋的交汇点，大地的骨骼像
摇篮一般保护着我们。

⑥

间间质力线静所间式忆景

空时物重光寂居房仪记地

场所

如果两位不同的作者用了"红""硬"或"失望"这些字眼，没人会怀疑他们所表达的意思是大致相近的……但是，对于像"场所"或"空间"这些与心理体验的关系不那么直接的词语来说，它们的释义存在着深远而广泛的不确定性。[1]

——阿尔伯特·爱因斯坦（Albert Einstein，1879—1955 年）

场所和场所感并不适合于科学性的分析，因为它们和生活中的所有希望、失意和困惑有着解不开的密切关系。或许正是出于这个原因，社会科学家们一直在回避这些话题。[2]

——爱德华·雷尔夫（Edward Relph，1944 年—）

凡是适用于空间和时间的，也同样适用于场所。我们沉浸在其中，不能没有它。存在的根本——任何方式的存在——都是存在于某个地方，而存在于某个地方就是存在于某种场所中。场所，和我们呼吸的空气、我们站立的大地、我们拥有的躯体一样，是必不可少的。我们被场所包围着。我们从它的上面走过，从它的中间穿过。我们在场所中生活，在场所中与其他人产生关联，在场所中死去。没有任何我们做的事是脱离于场所的。[3]

——爱德华·凯西

每一个真实的场所，或多或少地，都会被人记住，部分是因为它是独特的，部分是因为它对我们的身体产生了影响并生成了足够的关联，以至于我们能够把它保留在我们的个人世界中。[4]

——查尔斯·摩尔肯特·布卢默（Charles Moore，1925—1993 年；Kent Bloomer，1935 年—）

场所的力量

对场所的体验，无论是从我们的心理构成和环境认知，还是从我们对世界加以结构化的天性来说，都是至关重要的。我们所经历的体验性世界是一幅由若干相互并列和彼此嵌套的场所组成的马赛克拼图，而不是一个连续的、无结构的、一成不变的无意义空间。在心理上，我们无法存在于无限的、无个性的、未经定义的无意义空间中。然而，空间却一直被普遍理解为一无所有的虚空（void），或只是一个实体性的地点。澳大利亚哲学家杰夫·马尔帕斯（Jeff Malpas，1958 年—）指出："空间已经与有关实体性延伸的狭隘概念联系在一起，同样，场所也被看作是一个大型空间结构内部的简单定位那样的东西。"[5]

当我们把实体空间变为一种若干场所的集合并把具体的意义投射到这些体验性实体上之时，实体空间便成为可栖居的生活性空间，自然空间便

被刻画为若干体验性场所。我们无法理解、形容或记住空间本身，但是我们可以理解和记住一个个的场所。美国城市规划专家凯文·林奇（Kevin Lynch，1918—1984 年）曾提出"可意象性"（imageability）[6]的概念，以此谈论那些有助于建立个性鲜明、结构清晰和切实有用的关于环境的心理意象的形状、颜色或布局。场所感将我们置于我们的体验性空间的中心，用梅洛－庞蒂的说法，这个体验性空间就是"世界的肌肤"。场所感与古罗马"场所精神"（genius loci，原意为一方土地的守护神。——译注）的概念相关联。场所是我们在现实中的体验性的立脚点。即便是一个自然空间，例如一处地景，也是作为若干场所的集合而被体验的。人们对地景特征的命名是对此类场所（或者说可识别的空间意象单元）的一种认可。正如英国考古学家雅克塔·霍克斯

（Jacquetta Hawkes，1910—1996 年）所指出的："地名是将人与其领地联系起来的最亲密的方式之一。"[7]当肯尼亚的马赛人（Masai）被迫迁移时，他们把山川和平原的名字也一并带走，将其套用在新的久居地的地貌上。美国境内的大量欧洲地名也反映出了殖民者同样的意愿，因为这些挪用的名字在陌生的异乡能够投射出一种亲切的熟悉感。[8]

我们的视知觉系统把杂乱无章的视域加以结构化，使之成为若干明确的实体：个体和完形（gestalts）、图与底等等。我们也以同样的方式将空间世界的领域加以结构化，使之成为若干场所、若干具有明确的体验连贯性和个人意义的单元。所以，创造场所感是建筑的第一职责。每一件有意义的建筑作品——不管是小是大，是世俗的还是神圣的——都散发着它自己特有的场所感和权威性。

图 1

古代的环状石阵，在大地上创造出了一个场所和一个中心点。布罗德盖石圈（Ring of Brodgar），英国，奥克尼群岛中的主岛，据推测建于公元前 2500 年前后。圆环由垂直的长条石组成，直径为 103.6 米。

在一个建筑场景中，场所感的体验产生于具有识别度且令人难忘的性格、氛围、尺度和意义。爱德华·雷尔夫曾说："'场所'一词最适用于某些人类环境的片段，在那些片段中，所有的意义、活动都与一处具体的地景相互牵连，彼此缠绕。"[9]对场所感的感受，可以来自其中的清晰感或神秘感，可以来自体验上的克制约束或丰富充裕，可以来自它的规律性或自发性。一个场所总有边界、大小和尺度，它可以辽阔如大洲或国家，宽广如城市、广场或林荫大道，小巧如私宅或单间，甚至可以亲密贴身如咖啡店里心仪的专属座位。然而，无论何种情况，一个场所始终是作为一个实体、一件物品被体验的，我们熟悉的整个生活世界（lifeworld）是作为由无数场所组成的一个系列来为我们所理解的。

我们有一种特殊的本领：在一瞬间就能把握住一个场所、一处地景、一座城市乃至更为庞大的实体的感觉、氛围或气场，并且在记忆中形成一个相关的意象。这种环境感知力与我们对外部刺激的无意识的外围感知力和理解力交结在一起，虽然它在建筑理论中尚未得到深入研究，但是对于我们的情境性和空间性理解却具有显著意义。[10]

一个场所的特征可以相当明确，如罗马万神庙轮廓清晰的空间，或阿斯普隆德设计的斯德哥尔摩公共图书馆的内部空间。场所也可以是更加复杂和难以定义的，如法国尼斯的盎格鲁街海滨步行道（一个由事件和场景组成的线性序列），或路易斯·康设计的位于拉霍亚的沙克生物研究所的中央广场（以苍天为顶、以太平洋的海平线为界的体验性空间）。又如巴黎城这种形状古怪的巨大实体：它已然超出了心理意象的范围，几乎无法

图 2
对场所的体验将我们与世界的相遇加以结构化并作出表达，同时将我们置于体验性宇宙的中心。墨西拿的安托内洛，《书房中的圣哲罗姆》，约 1475—1476 年，意大利，威尼斯，学院美术馆。画家将这位圣人的书房设定在舞台式平台上，以看似废弃的教会空间作为背景。

图 3
为冥想和追思的场所而设计的地景形式。贡纳尔·阿斯普隆德，西古德·莱韦伦茨，林地公墓，瑞典，斯德哥尔摩，1915—1940 年。追思林。

定义，然而却仍然可以拥有场所感所具有的体验性特质。

　　建筑的一项根本职责是为空间赋予意义：把实体空间的连续体转变为若干体验性场所，使空间在物质和心理两方面都变得有用。一个栖居地的空间通过它的可预见性而变得有用，同时通过它的可识别性和固有的熟悉感而变得具有心理上的支持感。当一个场所围绕着栖居者（或观看者）与他（她）的记忆、意向和愿望等内心世界对自身加以组织时，它便获得了它的具体性。因此，对场所的体验意味着物质世界和精神世界、外部现实和内部现实的融合。"一个好的环境意象赋予它的拥有者一种珍贵的情感上的安全感，这种安全感正是与迷失方向带来的恐惧感相对立的。"[11]

　　在场所中安定下来的行为——栖居并扎根于其中——是一个熟悉和学习的过程。在这个过程中，我们逐渐刻画出由场所及其在日常生活中的角色与意义组成的网络。西蒙娜·韦伊写道："扎下根来，或许是最重要却最不为人所知的人类灵魂的诉求。它是最难以定义的诉求之一……每一个人都需要拥有许多'根'。他需要通过自身所在的环境才能描绘出他的几乎整个道德、理性和精神生活。"[12]

　　今天，随着生活方式和价值观越来越趋同、通用的生产方法越来越普遍、人和货物的流动性越来越强，地域、城市和建筑的独特性格日趋衰微，场所感也在持续减弱。过度的重复性、标准化和还原主义以及感官性（sensuality）和意义的缺失不仅消除了场所感，还使我们建造的场景让人在心理上觉得不够友善甚至冷漠。技术上最先进的结构体，例如国际机场和大型医院，往往是最缺少认同感、集中感和永久性的"非场

所"（non-place）。爱德华·雷尔夫曾经提出"存在性局外感"（existential outsideness）这一概念，以此提醒世人警惕当代生活中扎根感和归属感的消失。"存在性局外感，是指一种有意识的刻意不想被卷入的意向，一种对人和场所的疏远，一种无家可归的心理状态，一种对世界抱有的虚幻感和一种不属于这个世界的感觉。"[13]

在这个充满存在性局外感的世界中，建筑或许可以从其他学科那里学到一些东西。文学和电影叙事也建立在真实或虚构的场所的基础之上。一位作家或电影导演把他（她）的故事中的事件放置于明确的场所之中，而这个场所必须能够营造出他（她）想要的氛围。通过定义和描绘他们设定的场景，作家和电影导演在无意间进入了建筑学的领域，因为场所的建立正是建筑的一项基本功能。这些场所可以是轻松愉快的，可以是严苛有序

的，也可以是带有不祥之兆乃至阴森恐怖的。这些小说和电影中的场所和空间通常带有强烈的暗示性，因为作家和电影导演不受现实建造工程的约束，他们直接以文字与影像共有的诗意意象为基础来创造体验性的场所。虽然小说和电影中的场所往往由碎片化的、间断的和短暂的部分拼接而成，但是它们却能够唤起一种生活性的现实感。电影和文学中的蒙太奇手法都能够调动出碎片化和拼图式影像的惊人力量，相应地，建筑的空间排序和戏剧性手法也应该被看作是一种空间上的舞蹈编排和蒙太奇。

巴什拉曾说："房子，比之地景，更接近一种心理状态。"[14]确实，作家、电影导演、诗人和画家并不单纯把地景或房子当成故事发生的地理场所或实体场景来加以描绘，他们试图对自然和人造场景做出刻意的和诗意的描绘，借此来表达、唤起和放大某

图 5
建筑化的户外空间也可以唤起人们对独特而神奇的场所的体验。路易斯·康，沙克生物研究所，美国，加利福尼亚州，拉霍亚，1959—1965 年。

图 6
这些供个人使用的私密场所位于一座巨大的图书馆空间内部，近似于墨西拿的安托内洛描绘的圣哲罗姆的书房。路易斯·康，埃克塞特学院图书馆，美国，新罕布什尔州，埃克塞特，1965—1972 年。木质阅读卡座嵌在外墙内，紧邻自然光源。

些具体的人类情感、心理状态、性格和记忆。真实的建筑依赖物质，往往会受到功能合理性和技术可行性等因素的强大制约。因此，艺术家基于场所体验而创造出的诗化的建筑便为建筑师提供了可参照的范本，在场所与事件、叙事与角色、情感与氛围的融合等方面为建筑师打开了新的思路。

雅典卫城

The Acropolis

希腊，雅典

公元前447—前406年

伊克提诺斯（Ictinus）

卡利克拉特（Callicrates）

步行通道

1954—1957年

季米特里斯·皮吉奥尼斯

❶

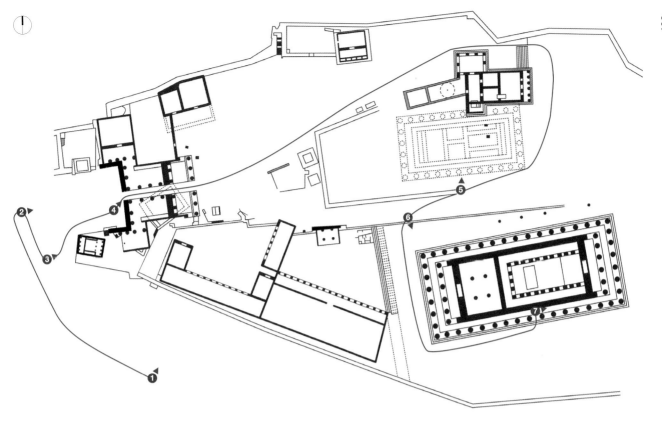

　　雅典卫城是敬奉诸神的场所，它位于古代雅典城的中心，耸立在高地之上，傲视着阿提卡平原（Attic plain，被群山和岛屿环绕的辽阔平原）。高地四周以陡峭的城墙为界，顶部坐落着供奉雅典娜女神的庙宇——帕特农神庙（Parthenon），它是世人公认的最杰出的古希腊建筑典范。雅典卫城由古代的建筑物——山顶的神庙、外围的城墙（部分天然，部分人造）——以及现代的行进通道组成，它们共同在此营造出了一个饱含情感力量和富于体验性的场所。

　　❶ 我们首先从雅典城的另一端向卫城望去，只见它高耸天际，顶部的建筑在强烈的太阳光照下愈显洁白，光彩熠熠。卫城建在巨大的独立岩石山峰上，山峰底部如今大多已是草木丛生，只在西南侧嵌在山坡中的半圆形剧场中留下了石砌观众席的景观。神庙高地的东、南两侧是几乎垂直的石砌城墙，城墙上设有一系列巨大的内倾式扶壁，扶壁以不规则的方式凸出在外。在西侧（卫城的入口），我们在蜿蜒上行的通道尽头看见一系列紧密地聚集在一处的结构体。

　　❷ 走向卫城的过程中，我们的视线并没有被引向上方，而是被脚下的铺地石所吸引。这些石头在大小、形状、肌理和颜色等方面呈现出了种种变化：宽窄不一、

❸

大小各异、有明有暗、或抛光或凿毛、或矩形或不规则形……我们所能想到的各种类型的石头都得到了利用，它们在地面上拼出了千变万化的图案。路面边沿时收时放，就像一块起了毛边的布料。通道缓缓上升，把人的行进牢牢固定在山坡上，也把台阶、石砌平地、长椅和偶尔出现的建筑残片贯穿起来，合为一体。这条步行通道与地势紧密贴合，它把我们的注意力引向石头的品质、地面的起伏和四周地景的辽阔，同时又使我们远离尘嚣，将繁忙的现代都市生活置之脑后。

❸ 登上第一组宏伟的台阶，我们首先看到的是胜利神庙（Temple of Athena Nike）。它位于神庙界域之外，伫立在高高的石砌基座之上。这是一座小型的立方体结构，东、西两侧各设四根圆柱，南、北两侧为实墙。沿着通往卫城山门（Propylaia）的最后一段之字形坡道向上攀登，我们便可以越来越清楚地看到它。来到山门前，站在以列柱围合而成的 U 形前院里，我们转身回望胜利神庙，驻足欣赏远处的层峦叠嶂以及其间的广袤地景。❹ 山门是通向神庙界域的仪式性大门，大门两侧平行排列的圆柱框定出了一条轴线。在穿行的过程中，我们不时伸手触摸这些饰有凹槽的、边缘依然锋利的大理石柱，继而惊叹于头顶上方大理石横梁的精确度以及立柱后面的墙壁那平整得

近乎完美的表面。

穿过山门，我们进入神庙界域。此刻，帕特农神庙位于右侧的山坡上，体量较小的伊瑞克提翁神庙（Erechtheion）位于左侧。沿着山坡上行，伊米托斯山（Mount Hymettus）的群峰逐渐进入视野，地景在左右两侧被两座神庙所框定。转过身来，我们发现峰峦在所有方向都得到了框限，它们界定出了神庙统辖的广阔疆域，也把周围的地景牢牢固定在了这一神圣的场所之中。与帕特农神庙单一性的外形相比，伊瑞克提翁神庙的立面显得更加复杂。❺ 它由一系列看似独立却相互锁扣的不同尺度的元素组成，每个元素对各自朝向的地景都做出了回应：神庙的东侧是一面实墙，实墙前面是由六根圆柱组成的门廊，朝向吕卡维多斯山（Mount Lycabettus）；西侧，四根圆柱被夹在两面侧墙之间，向着卫城山门和萨拉米斯岛（Salamis Island）回望；北侧墙的西端设有独立的门廊，门廊由四根圆柱组成，体块向前凸出，迎向帕尼萨山（Mount Parnitha）；在与帕特农神庙相对的南侧也设有独立的门廊，它位于南侧墙的西端，上方的六根少女柱（caryatid，石雕的女性人像）托起了柱顶楣与屋顶，下方以矮墙围合而成。

❻ 与此相反，作为雅典卫城的中心和焦点，帕特农

场所

雅典卫城及步行通道

神庙有意朝西而立。它位于基地的最高点：从柱廊内四下环视，周围的群山和岛屿一览无余。我们绕着帕特农神庙行走，不禁为它在比例上呈现出的完美而啧啧称奇。整座建筑根据 4：9 的和谐比例进行组织：整个结构的总尺寸为 31 米宽、70 米长；每根圆柱的直径为 1.9 米，柱间距为 4.3 米；正立面的高度和宽度也遵循了这一比例。此外，圆柱、基座和檐口带有微妙的收分曲线——微凸的曲线似乎来自柱子在负荷之下产生的弹性屈曲，而从两边向中央的轻微倾斜之感又为神庙的整体结构赋予了平衡感和内聚性。

❼ 我们在饰有凹槽的圆柱和接缝紧密的墙体之间穿行，触摸着洁白晶莹、半透明的潘泰列克大理石（Pentelic marble）那细腻光滑的表面：这是一种由石灰石经过变质作用而形成的岩石，采自附近的潘泰列克斯山（Mount Pentelikon，又译"彭特利库斯山"。——译注），我们此刻可以在东北方向看见它白色的金字塔形山峰。大理石被雕刻出刀锋般坚利的线条，被打磨出完美的弧线、精确的回转和锐利的角度，被切割得如此方正和挺直，以致在经过漫长岁月的磨砺之后，石块间的接缝得以消失，圆柱和墙面之间逐渐融合成整片式的体块和表面。

我们在方圆几公里外就可以看见雅典卫城，它无疑是

整个地区的焦点。在卫城内停留时，我们所处的场所不断把我们与限定古希腊文明疆域的地标联系起来。当我们站在帕特农神庙的底座上，被大理石巨柱环绕和包围时，会感到自己完完全全扎根于这一场所之中。透过帕特农神庙的门廊，沿着侧面的柱廊向外眺望，我们的视野时刻被框限着，从而使视线聚焦于群山和岛屿的尖峰，同时又被外部所吸引，感到自己被安放在雅典城这片更为广大的地域中，以最为深切动人的方式与之联结为一体。

场所

雅典卫城及步行通道

卡比托利欧广场

Piazza del Campidoglio

意大利，罗马

1538—1650年

米开朗基罗

卡比托利欧山（Capitoline Hill）曾是古罗马城的中心，与山脚下东南方向的古罗马广场（Forum）遥遥相望。到了文艺复兴时期，这一区域已成废墟。就在这片废墟之上，米开朗基罗主持设计了卡比托利欧的广场和宫殿，塑造出了世界上最打动人心的场所之一。罗马万神庙素有"宇宙之轴"（axis mundi）之称，而作为一种文艺复兴式的回应，❶ 建筑师将位于山顶的卡比托利欧广场打造为罗马世界的中心——一个举世无双的场所。它不是向内聚焦的，而是向外敞开的；它居高临下，俯瞰着整座罗马城及城中的七座山丘。

我们在城内古老的中世纪窄巷中穿行，一直走到卡比托利欧山的山脚下。目光沿着长长的斜坡向上望去，只见广场钟楼的塔尖恰好从坡道的顶部显露出来。通道采用大块的矩形灰色石板铺地，每隔一段便会出现一级白色的石灰华台阶，两边是低矮厚实的石灰华栏杆。沿着缓缓上升的斜坡通道上行，"元老宫"（Senate Building）逐渐进入视野。我们来到通道的顶部，从两座雕塑之间穿过，步入广场。转身回望，我们才讶异于所处的高度，因为我们此刻与山脚建筑的屋顶等高，只看到周围高耸的教堂穹顶。在蓝天的映衬下，它们的圆形轮廓显得格外清晰。

❷ 我们所在的这座广场有着独特的性格，既威严端庄，又活力四射。左右两侧是两座庞大的双层高的建筑物，二者略微呈八字形相向而设，与位于广场尽端的三层高的元老宫共同形成了一个梯形的空间。广场尽端比我们所在的入口处更宽，因此此空间是向外打开的。我们被对面的高大建筑所吸引，向前走去。与此同时，我们看到左右两侧建筑的底层都遮蔽在柱廊的阴影之中，仿佛也在向参观者发出盛情邀请。与两侧建筑通透的立面相反，位于中间的元老宫是以实墙为主组成的体块，两端各有一跨向外凸出，含蓄地将广场空间拥入怀中。元老宫的正前方伫立着一座巨大的两级式喷泉，喷泉两侧各有一座雕像，呈现了侧卧的河神的形象。喷泉后上方正对着元老宫的正门，正门位于二层的高度，通过高台及左右的大楼梯与地面相连。楼梯从两侧落下，通往广场的两个角落。

广场中处于主导地位的并不是周围庞大的建筑，而是脚下的铺地图案。地面的核心部分由巨大的椭圆形表面构成：其边缘略微下沉，低于外围的地面，被三级石灰华台阶所环绕；中心部分轻微向上拱起，像一个极浅的穹顶正在破土而出。❸ 地面上饰有复杂的十二角星形的石灰华铺地图案，它以椭圆形的中心为原点向外辐射，进一步增强了拱形表面向上凸起的动势。星形图案的中心处是古罗马皇帝马可·奥勒留（Marcus Aurelius，121—180年）的

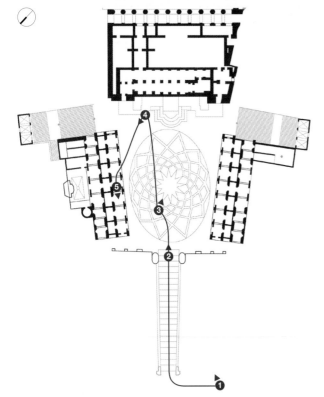

青铜骑马像，它伫立在呈弧形外凸的石灰华基座之上。以微微拱起的星形图案的 12 个尖角为出发点，一系列以条形石灰华铺成的棱面状装饰图案相互交织，向椭圆形的外缘层层展开并逐渐变宽。在条形石灰华之间形成的菱形格子里铺满了小块的正方形黑色铺地石，在它们的衬托下，大块的白色石灰华铺地石显得格外醒目。地面富有动态的螺旋形线条及其缓缓拱起的弧形坡度让我们在视觉和触觉上都受到了强烈的震撼：它仿佛抵在左右两边建筑的基座上，努力想要把后者推向两旁。

我们环绕在中央雕塑的周围，沿着铺地图案在广场两侧的建筑之间来回走动。两座建筑的立面相互呈镜像对称，唯一的不同之处在于接受光照时间的长短：右侧的建筑面朝东北，几乎照不到太阳；❹ 左侧的建筑面朝西南，终日沐浴在阳光里，立面上的材料也因为常年的日晒而呈现出较浅的色调。两座建筑的立面均由八根巨大的石灰华壁柱构成，壁柱伫立在高高的基座之上，将上下两层联系起来。这是具有首创性的"巨柱式"（giant order）壁柱：它下接地面，上抵檐口和屋顶。壁柱之间设有一对对石灰华圆柱，它们位于下层，柱顶支承着上层楼板位置的楣梁。上层每个跨度中央都设有一扇大窗，窗口采用石灰华边框。窗子周围的墙面以细长的浅褐色砖块砌成，砖块紧

密相依，砖缝中仅施以一层极薄的嵌缝砂浆。砖块在建筑表面形成了水平向的颗粒状纹理，与砖墙外围石灰华的水平向石纹相得益彰。整个立面由多层平面与多重柱式交织而成，各个元素之间以不同的尺度相互渗透，形成了节奏富于变化的组织模式，将水平向和垂直向的元素带入了一种动态的平衡之中。

两座建筑底层的柱廊都处在深深的阴影中，它们仿佛发出某种召唤，将广场的空间以及空间中的我们一起引入其中。❺ 柱廊的地面高于广场地面，二者交接处以一级石灰华台阶作为过渡。我们踏上石阶，细细观察台阶前沿的线脚。它的断面呈半圆形，在左右两边微妙地绕过壁柱的基座。壁柱两侧的圆柱之间形成了一个个开口，我们由此进入，沿着柱廊向前走。柱廊靠墙的一侧设有成对的圆柱，其规格与立面上的圆柱相当。圆柱深陷在砖砌的弧形凹龛里，仿佛正从墙体的厚度中凸现出来。每对嵌入式圆柱之间都有一个门洞，门洞开设在砖墙上，门框以石灰华制成。柱廊每一跨内的天花板都饰有层层退缩的藻井，地面上则铺着深灰色的石板。内外两根圆柱之间设有长条形的石灰华铺地，石灰华的白色线条呼应着天花板上横梁的节奏。

在广场上俯瞰罗马城，我们的视野即被两侧的建筑立面所框限。墙面形成了具有围合感的梯形空间，而椭圆形的地面则为人带来了向外膨胀的感觉——这二者之间存在着一股强烈的张力。正如诺伯格 - 舒尔茨指出："因为其中并存的扩张与收缩，这个空间实现了人类创造史上对场所概念最伟大的具体化（concretization）之一。"[1] 椭圆形表面似乎正从大地中破土而出，它凸起的方式可以被解读为一种对地球的圆弧形轮廓的呈现，而这也正是古罗马作为"世界之都"（caput mundi）的一种自我表达。

珊纳特赛罗镇中心
Säynätsalo Town Hall

芬兰，于韦斯屈莱市，珊纳特赛罗

1949—1952年

阿尔瓦·阿尔托

珊纳特赛罗（又译"赛于奈察洛"。——编注）位于芬兰中部的森林小岛上，是一座传统的锯木业小镇。它的镇中心建筑虽然规模不大，却拥有庄重的性格和纪念性的场所感，令观者颇感意外。通过加高的内院，整座建筑被牢牢固定在森林基地上，各种行政办公及文化活动空间环绕在院子四周。其中，议事厅的戏剧性加高进一步突显出了该建筑的使用功能。

透过森林树木的垂直缝隙望向珊纳特赛罗镇中心，我们首先看到的是一个狭长低矮的红砖墙体块。它坐落在枝繁叶茂的南向缓坡上并顺着山势跌落，一座坚实的方形塔楼高耸在东南角。随后，我们走入建筑南侧采用石头铺地的广场，看到了立面上最大的组成部分——图书馆的砖墙。砖墙位于地面层的连续通高玻璃窗的上方，砖体的上部被挖空，设以一系列垂直的条形木框玻璃窗。立面右侧是一座砖砌的塔楼，它退缩在前方墙体的后面。塔楼里设有镇中心建筑中最重要的空间——议事厅。议事厅塔楼拔地而起，逐层向东出挑。它的屋顶呈不对称式的蝶形（内天沟双坡顶），以黑色镀锌金属和铜皮组成。

镇中心建筑共设两个入口，位于图书馆左右两侧，它们都通往加高的内院。❶ 我们首先从广场走向右侧的入口，它位于议事厅塔楼的基座部位。在这里，我们看到塔楼东侧的墙体自上而下逐层内收，在南墙上形成了90度转角的折线。最下方一段水平向折线位于底层玻璃店面的上方，它微妙地暗示出了内部庭院地面的高度。图书馆和议事厅外墙之间设有一组黑色的石砌大台阶，其平面呈矩形。我们沿着梯级上行，被上方开阔的天空吸引向前，来到内院的边缘，站在从镇中心办公楼入口延伸出来的木花架下。与东侧的入口大台阶形成鲜明对比的是西南方向的次入口。它面向森林，夹在两侧建筑的砖砌实墙之间，因此显得较为阴暗。它将内部庭院的空间向下拓展，像是一系列不规则形状的、跌落式的草地平台，从内院落入我们所在的地面层。走在错位设置的、踏面宽大的平台上，我们看到高耸的议事厅，它吸引我们不断上行。两侧的砖墙中，一面偏斜，另一面缩进，仿佛受到了某种不可抗力量的侵蚀。在我们的体验中，正是这种不可思议的力量塑造出了内院的边缘。

❷ 终于，我们来到了加高的内院。内院以四周铜皮内坡屋顶的边缘为界，三面环绕在 U 型办公楼的外墙之中。外墙的主体由玻璃窗构成，窗子下方是黑色瓷砖基座，上方是白色石膏板，中间以铜和木制成的纵向窗棂相隔。窗棂看起来像是悬挂在屋顶上，它们与限定内院的第四条边——图书馆沉重的砖砌实墙——形成了一种对位关

❷

系。院子的草地上嵌着一座矩形水池和两块小小的方形硬地,其中一块硬地用砖铺成,另一块用断面朝上的陶瓦管铺成。院内植物茂密生长,为这个空间赋予了一种苍凉、古老的氛围。

走在院子东南角的木花架下,我们登上四级台阶,来到办公楼入口门廊的平台上。入口大门的门把手呈曲线造型,上面缠满了藤条。拉开由木条和玻璃拼成的大门,我们进入红砖铺地的门厅。此刻,我们面前出现了一条类似敞廊的走廊,它围绕在内院的北侧和东侧。❸走廊地面的外缘用砖砌成,就像是院子中的铺地砖悄悄溜进了建筑内部。暖气散热管的上方是一条通长的砖砌长凳。在寒冷而漫长的冬季,阳光从西、南两侧的通高玻璃窗洒入,我们坐在经过加热的砖砌长凳上,可以尽情享受阳光的温暖。

前往议事厅的攀登之路始于砖砌楼梯。❹楼梯坐落在入口门厅的大面积砖砌地面上,与走廊隔着门厅相向而立。在厚实的砖墙、砖地以及逐级上升的砖砌台阶的包裹中,我们感到这条迷宫般的上行之路就像是从实心的砖体结构中挖出来的一条隧道。连续的高侧窗为楼梯间引入了光源,光线从窗口射入,再从低矮而富有层次的天花板滤出。天花板由木板和木条组成,它被侧光打亮,犹如失去

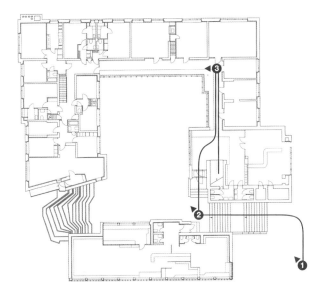

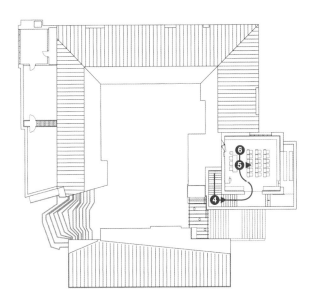

了重量一般飘浮在头顶上方。上行过程中，我们每登上一级台阶，就愈发感受到位于通道尽头的那个房间的尊贵地位。走出楼梯间狭窄、低矮、如同被压缩过的空间，议事厅以一种令人振奋的、带有扩张性的释放感出现在面前。此时，我们便知道已经到达了目的地。

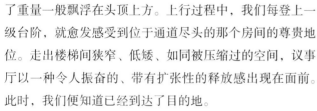

❺ 议事厅四周以通高的砖墙为界，下方是随着我们的脚步嘎吱作响的木地板，上方是木质天花板。❻ 议事厅的内部空间高敞开阔，高度为 10 米，略大于长度和宽度，形状接近立方体。室内的主要光源来自高悬在北墙上的一面巨大的正方形开窗，窗上嵌着 20 块以细密的木百叶条制成的小型遮光板。另一个自然光源来自西墙上的小窗，窗子位于议事会主席台右侧。小窗的前方有一道平面呈荷叶边状的木格栅，木格栅把强烈的阳光反射到墙面上，照亮了凹龛中出自法国画家费尔南·莱热（Fernand Léger，1881—1955 年）之手的一幅小画。主席台左侧设有一张简洁而优雅的讲台，这里是镇上居民发言的地方。讲台的木台面略微倾斜并以皮革包裹，支撑在两条黑色的钢腿上。房间中央是供议事会成员使用的三排座椅，座椅由曲木和黑色皮革制成，椅子前面是带有黑色皮革台面的木桌。议事厅的三面墙壁上设有连续的木长椅，我们在长椅上坐下，细细观察由木质层压板制成的椅面和靠背。长

椅的造型极具雕塑感，断面柔和地弯曲转折，配合着我们的身体曲线。开会时，议员的发言回荡在高高的上空，我们的视线随即被引向高悬在头顶上方的木质天花板。支承天花板的是一对造型奇特的结构性木桁架，其主杆件相互锁扣，交汇于房间的中心位置并在交汇点以铆钉固定在一起。还有一些较小的木支杆从木桁架的中心点呈不对称式向上斜出，它们像手指一般张开，直抵木屋顶倾斜的底面。珊纳特赛罗镇中心的议事厅是现代建筑中最鼓舞人心的场所之一，坐在其中令我们深感荣幸。

阿姆斯特丹市立孤儿院

Municipal Orphanage of Amsterdam

荷兰，阿姆斯特丹

1955—1960年

阿尔多·凡·艾克

❶

阿姆斯特丹市立孤儿院

Municipal Orphanage of Amsterdam

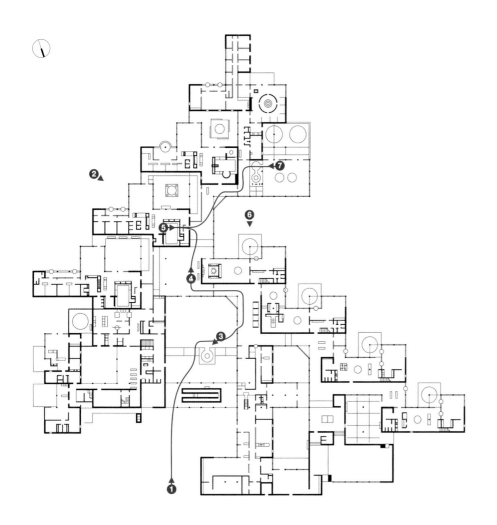

阿姆斯特丹市立孤儿院位于城市南郊，能够同时收容 125 名 0—20 岁的孤儿。它实现了建筑师的设计理念：既是一座小小的城市，又是一座大大的房子。在这里，各个年龄段的孩子都能安心生活并找到归属感。孤儿院由匠心独运的空间和新颖别致的元素组成，完美地满足了孩子的需求和愿望，是当代建筑中成功地对"归家"（homecoming）这一概念进行阐述的示范性场所。

❶ 孤儿院的建筑简洁朴素，是一个低矮的、呈水平向展开的结构体，坐落在两条主路的交叉路口。走进铺着石头的前院，我们便立刻识别出了整座建筑中使用的结构与建造模数——由间距为 3.36 米的混凝土圆柱组成的正方形。每个正方形单元中，四根圆柱托起留有水平向洞口的混凝土横梁，横梁支承起低矮的方形穹顶。❷ 对于立柱之间的空间，建筑师采用了各式各样的处理方式：有些是透空的，有些用玻璃或玻璃砖加以填充。如果是封闭的空间，柱间就会出现一堵砖砌的实墙。

孤儿院的大部分区域由单层的平房组成。在前院边缘，我们看到了一个架空的体块。它由长长的混凝土墙构成，高悬在二层的高度，由此形成了公共区域与个人区域的界线。我们走进体块下方的门廊，从通往自行车停车场

的下行坡道旁经过，步入门廊后方的入口庭院。庭院中，我们穿过了另一条具有门槛意义的界线：两级相隔甚远的踏步向下方展开，铺地也从石头变成了砖。❸ 踏步上设有混凝土砌成的正方形平台，平台上嵌有环形座椅。环形区域内部的地面用砖铺成，环形的开口以两根高高的灯柱为界。这是孤儿院的心脏部位，孩子们在这里等着与好友见面而不必受到外部繁忙街道的干扰。

❹ 走进孤儿院，我们发现室外使用的材料——铺地石、砖墙、混凝土柱梁、玻璃墙，甚至灯具——都延伸到了室内，从而形成了一个具有街景意象的室内空间。延续的街景从墙角转过，消失在右前方。与露天的入口庭院有所不同的是，此刻，我们头上出现了一系列轻微隆起的穹顶以及由此构成的向四面八方连续展开的波浪形天花板。虽然可以感受到这个将空间加以结构化的正方形网格，但在沿着这条室内"街道"（将八个不同年龄组的住宿区域串联在一起）前行时，我们面前的空间并没有笔直地展开，而是不断地左右折转，与四周的室外空间相互锁扣和复叠。在迷宫般的空间中穿行，初来乍到的我们很快就迷了路，而生活在这里的孩子们却对这个场所的路径模式了如指掌。

2

3

❹

　　在孤儿院中，我们发现所有的住宿区域都共用一种
总体相似的几何关系和空间形式：青年组的活动室位于底
层，宿舍位于活动室上方；幼年组的卧室和活动室则全部
位于底层。❺ 幼年组（0—10 岁）的活动室是边长为 10
米的正方形房间，顶部覆盖着巨大的曲面穹顶，穹顶上设
有一圈圆形的采光天窗。青年组（10—20 岁）的活动室
有 23.5 米长，顶部覆盖着若干方形的小穹顶。与采用红
砖墙的室内街道截然不同，所有活动室都由白色灰泥的外
围墙体和经过抛光的水磨石地面构成，室内还有粉刷过的
独立式砖砌矮墙、木制的橱柜和漆成紫色的凹龛。然而，
由于内嵌式家具设施各不相同，两个年龄组的活动室中没
有任何两间是一模一样的。幼年组活动室周边环绕着一圈
睡觉用的小凹室，中心处是加高的游戏平台，游戏平台由
低矮的同心圆台阶套叠而成。从台阶爬上"山顶"，孩子
们便能获得向外的视野。这种布局并不鼓励聚集的能力，
而是依据婴儿最根本的"以自我为中心"的世界观设计而
成。10—14 岁的女生活动室中设有混凝土圆桌，桌面外
缘为木质。桌子嵌在以矮墙围合起来的正方形空间里，上
方是巨大的圆锥形吸顶灯。桌子周围摆放着许多木凳，女
孩们聚集在圆桌旁，相向而坐。这样的设计正与青少年热
衷社交的天性相吻合。

整座孤儿院中，室内和室外的空间浑然天成地交织在一起，二者之间的过渡也得到了发扬光大。例如活动室和花园之间就设有一道圆柱形的混凝土门槛，平台式的门槛不仅贯通了内外空间，也提供了一个可以坐下休息的场所，让孩子们能够同时享受活动室和花园的乐趣。❻青年组的宿舍位于二层，房间的一角支撑在一根独立的柱子上，柱子伫立在正方形混凝土平台的中心，平台上刻着一个大圆圈。孩子们沿着圆圈肆意奔跑，在廊下的阴影和室外的阳光之中来来回回，往返穿梭。幼年组的每一间活动室都带有一座和房间同样大小的、边长为10米的正方形游戏院子，院子四周是玻璃和砖墙，上方没有遮蔽。每座院子里都有一个沙坑，沙坑各具特色，例如在4—6岁孩子的院子中，正方形混凝土地面中心处就嵌有一个圆形的大沙坑。院内的四个角落还摆着浅浅的凹陷式圆形水盆。每当雨水落下，水盆就变成镜子，倒映出上方的天空。2—4岁孩子的院子中设有圆形的戏水池，水池的一半藏在屋檐下，一半露在花园里，池中心伫立着一根圆柱。花园一侧的水池被半圆形的混凝土长椅环绕，长椅的靠背以粉红色的玻璃作为分隔。

❼孤儿院的室内设计完全以孩子们的日常使用和娱乐活动为出发点，随处可见构思巧妙的人性化细节。低龄

儿童独享的，是位于活动室外围只有他们才进得去的小房间；为年龄较大的男生专门设计的，是设于木偶小剧场旁边、以矮墙围合而成的下沉式读书角；就连贯穿在整座建筑中的小方块镜子也只有孩子才能看到，因为它们嵌在柜台式长桌的侧面及矮墙上，远在成人的视线高度之下。派对房间由玻璃墙围合而成，建筑师将房间内的矩形混凝土体块掏空，形成了双环形的座椅和台面。要想进入，我们必须经过符合孩子身高尺寸的、镶嵌着粉红色玻璃的混凝土入口大门。座椅的顶部嵌着哈哈镜，镜面反射着从玻璃砖墙射入的光线，映出了变形的人影。阿姆斯特丹孤儿院是一个奇妙的场所，它属于孩子。作为成人，我们也同样感到了家的归属感，因为它让我们重新发现了内心深处永不泯灭的童真。

悉尼歌剧院

Sydney Opera House

澳大利亚，悉尼

1957—1973年

约翰·伍重

（Jørn Utzon，1918—2008年）

❶

悉尼歌剧院坐落在悉尼港南岸的便利朗角（Bennelong Point），紧邻皇家植物园，地处市中心以北。这座建筑综合体是一个杰出的场所范例，它不仅为人类行为的发生提供了空间，同时也是悉尼市最重要的地标。它以令人过目不忘的独特造型——紧贴大地的巨大底座和高高扬起的白色曲面贝壳形屋顶——连通水陆，将这座城市牢牢地固定在滨水区之中。

❶ 我们首先从海上望向悉尼歌剧院。它漂浮在港湾的水面上，下方是水平向的多层式深色混凝土底座，底座上是一系列相互嵌套的曲面壳体。壳体的白色表面在阳光下闪闪发亮，其外缘的弧形线条从底部升起，交汇于尖尖的顶点。从城市的陆路过来，我们可以经由植物园的外部道路来到前院的广场。歌剧院的庞大底座直接伸入北侧的海港，形成了一座三面环水的半岛式平台。底座的大台阶和平台的铺地采用了 1.2 米宽的预制混凝土板，混凝土内掺入了粉色的花岗岩细石，从而为灰色的铺地添加了一抹温暖的色调。包围在底座侧面的垂直向预制板也采用了同样的材料，由此，底座的外观得到了统一，更显宏伟。此刻，我们可以近距离观察屋顶的壳体。壳体的白色表面呈扇形张开，自下向上逐渐变宽。它被划分为许多细瘦的长条，每根长条都由一系列首尾相连的 V 形板块拼接而

成。壳体表面贴满了菱形的白色瓷砖：V 形板块的外框是一圈亚光的釉面砖，中间部分则采用反光的釉面砖。如此一来，随着我们的行进，壳体在阳光的照射下时而微微闪烁，时而明亮耀眼，形成了不断变化的几何图案。

我们开始攀登底座上宽大的台阶，它足有 100 米宽，似乎与左右两侧的地平线连为一体。在前方，我们看到两组较大的壳体，其内部分别是音乐厅和歌剧院；❷ 左侧另有一组较小的壳体，里面是餐厅。在宽阔的集散平台上，台阶被分成左右两个部分。台阶之间夹着一排玻璃门，由此可以通往售票处、衣帽间和辅助用房。我们继续沿着台阶上行，向左侧的音乐厅走去。来到底座的顶部，向东望去，海湾风光尽收眼底；回头西望，我们看到前后排列的三组壳体。❸ 我们驻足片刻，仔细端详闪着微光的壳形屋顶——它们的形状都截取自单个球体的球面。音乐厅和歌剧院的两个最靠南的巨型壳体呈扇面展开，扇面的两条外缘在底座的地面上相接于一点，由三角形的现浇混凝土基座支撑。在基座内侧，我们看见了一组排列有致的后张预应力（post-tensioning）混凝土拉结件，它们将壳体的预制混凝土肋牢牢固定在下方。

进入音乐厅的前厅，我们暂作停留，抬头仰望屋顶。它高悬在距地 28 米高的上空，随后又越过悬挂式玻璃墙

❸

上的垂直向橙色钢梁，飘出室外。强烈的光线从南侧射入，打在壳体内侧形式精美的预制混凝土结构上，在头顶上方创造出充满戏剧性的阴影图案。❹ 左右两侧，一条条 Y 形断面的混凝土肋从基座上升起，呈弧形弯曲，渐渐上行至空间顶部。随着不断向上弯曲，混凝土肋的斜面也不断凹进凸出，最后汇聚在天花板最高处的中央屋脊梁上。转过身来，透过玻璃墙向外回望，我们看见混凝土底座的一部分地面被抬高了，下面藏着一座楼梯。楼梯通向位于底座大台阶下方的汽车落客区，上方是造型富于雕塑感的预制混凝土梁。大梁支承起底座平台的地面和大台阶，它们从地下层向我们冲上来，表面也带有凹进凸出的折痕。

入口大门对面是一面用狭长的垂直木板条组成的实墙，它包裹在观众大厅的外围，在两边向后折起。我们顺着它拐进了东侧的过道。脚下的地面和前方的上行楼梯全部采用以粉色花岗岩为石料的混凝土板建成，因此我们能够感受到整片式的大底座在材质上的一致性。左侧是水平向分层的木板条墙面，它向外挑出；右侧是通透的悬挂式玻璃墙，它位于倾斜的巨大基座和屋顶壳体的肋条之间。❺ 当我们沿着楼梯上行时，便可以看见旁边歌剧院单元的壳体，港湾的壮阔美景也逐渐在眼前展开。楼梯另一侧

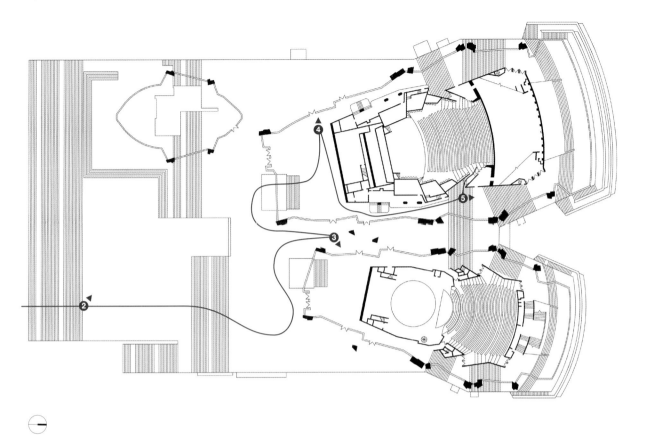

三楼

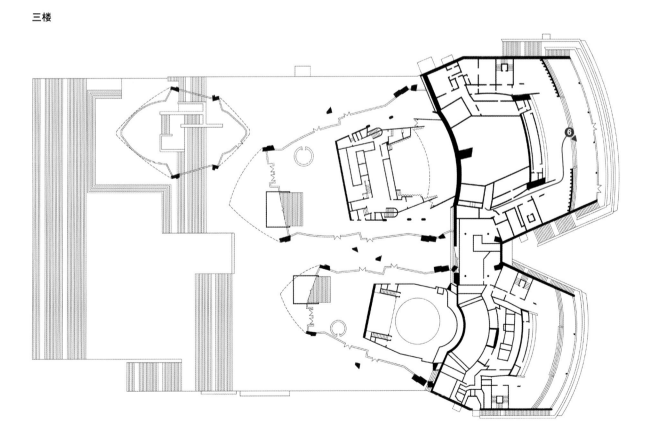

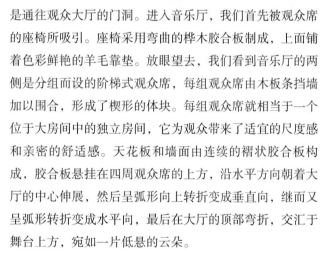

是通往观众大厅的门洞。进入音乐厅，我们首先被观众席的座椅所吸引。座椅采用弯曲的桦木胶合板制成，上面铺着色彩鲜艳的羊毛靠垫。放眼望去，我们看到音乐厅的两侧是分组而设的阶梯式观众席，每组观众席由木板条挡墙加以围合，形成了楔形的体块。每组观众席就相当于一个位于大房间中的独立房间，它为观众带来了适宜的尺度感和亲密的舒适感。天花板和墙面由连续的褶状胶合板构成，胶合板悬挂在四周观众席的上方，沿水平方向朝着大厅的中心伸展，然后呈弧形向上转折变成垂直向，继而又呈弧形转折变成水平向，最后在大厅的顶部弯折，交汇于舞台上方，宛如一片低悬的云朵。

演出结束后，我们退出音乐厅，没有沿着楼梯向下往回走，而是继续向上，前往底座的最高点——位于建筑北侧的休息厅和观景廊。这里的地面位于水面上方约 20 米的高度，上方覆盖着混凝土壳形屋顶，两侧设有通往下方广场的楼梯，港湾的景色一览无遗。❻ 在观景廊的外缘，我们在视线高度看到连续的玻璃墙以陡峭的角度向外斜出，其顶部与悬挂式玻璃墙的底部相接。后者戏剧性地向上推进，把北侧壳体下方的开口围合起来。悬挂式玻璃墙上的钢棂形同刀锋，在上升过程中，钢棂不断呈斜角转折，首先形成一片几乎与地平线平行的玻璃屋顶，然后向

上斜向转折两次，在上方变成一面垂直玻璃墙，与壳体的底面相接。在巨大底座的地面上，我们感到自己被牢牢固定在下方的大地之中；而在向外飘出的薄薄的壳体和向上倾斜的悬挂式玻璃屋顶之下，我们又感到自己被提升到上方的天空之中。在我们对悉尼歌剧院的体验中，大地和天空紧密相依，营造出了一个以天为盖、以地为庐的场所。

蒙泰卡拉索镇翻新与加建工程

Renovations and Additions to Monte Carasso

瑞士，提契诺州

1979年至今

路易吉·斯诺齐

（Luigi Snozzi，1932年—）

❶

❷

❸

蒙泰卡拉索是贝林佐纳市（Bellinzona）郊外的一座小镇，位于马焦雷湖（Lake Maggiore）以北几公里外的提契诺河（Ticino River）西岸。作为一名土生土长的"乡村建筑师"，斯诺齐已经为蒙泰卡拉索工作了三十年（本书首次出版于2012年。——编注）。在这三十年中，二十座由斯诺齐设计的建筑以及几十座出自其他建筑师之手的房屋已经建成，而该镇的规划改造工程至今仍在继续。在斯诺齐介入之前，蒙泰卡拉索正在向郊区化发展：占支配地位的不再是行人的需求，而是汽车的需求。曾几何时，它是一座没有中心、没有广场、没有场所感的小镇。现在，这一切已经完全改变，经过重塑的蒙泰卡拉索正是彰显场所精神的典范。

显然，在过去三十年小镇经历的戏剧性变化中，众多新建和翻建的建筑十分引人注目，但其变化的本质却并非显而易见，因为它来自斯诺齐付出的大量个人努力：走访镇上的每一户人家，与业主倾谈，征得他们的签字，以求改变原有的规划准则。旧准则要求建筑从街道向后退缩以满足停车需要，结果造成小镇的大部分公共空间都让给了汽车使用。相反，新法规鼓励建筑外移，贴近道路红线，而汽车则被引入住宅或花园内部，同时在道路边缘建造围墙。这个改动看似简单，却至关重要。它把镇上的街道再

次改造为符合行人尺度的城市生活空间，而私人住房既赢得了额外的室内空间，也获得了以围墙为界的私密的花园空间。

❶ 沿着小镇狭窄的街道前行，我们的脚步声和谈话声在高矮不一的花园围墙和建筑外墙之间轻轻回荡。墙面采用的材质各不相同：石砌的、混凝土的、毛面或光面灰泥的。值得注意的是，小镇上没有任何两个地方是一模一样的。街道的一侧可能是某户人家新建的混凝土住宅，房前是带围墙的花园，而业主的弟弟可能就住在花园斜对面经过翻新的老房子中——石墙加毛面灰泥的老房子与混凝土新宅之间形成了强烈的反差。另一条街上，另一对兄弟的两个家庭住在新建的三层高的混凝土结构中：在临街的一侧，建筑立面与旁边的毛石围墙对齐，入口处有两座凹入建筑内部的院子；在住宅后方，两户人家拥有各自以矮墙围合的花园，以供孩子们玩耍。我们还看见了一座瘦高的白粉墙房子，它建在两间以石墙筑成的马厩之间（这两间马厩现已被翻建为住宅）。新房子有着光滑的白墙、边角挺括的窗洞和平屋顶，它与两侧老马厩的石墙、边角毛糙的窗洞和斜坡陶瓦屋顶形成了鲜明对比，这种对比为街道赋予了一种朝气蓬勃的再生感。镇上所到之处，我们总能看到各类建筑元素的戏剧性组合：混凝土悬挑部分飘浮

❹

❺

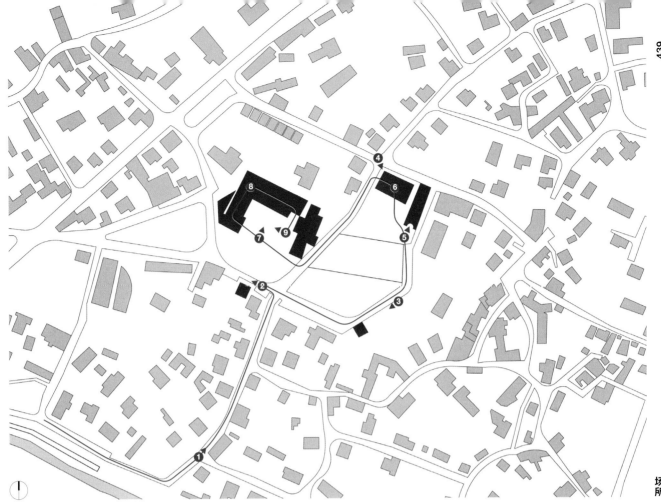

在石片瓦斜坡顶的近旁；水平的玻璃长窗与带遮光百叶的垂直小窗洞隔街相望；笔直的白粉墙撞上边缘粗糙的不规则石墙……无论何种情况，建造物的年龄始终是清晰的。由此，我们将这座小镇体验为一种旧与新的相互交织——一个有生命的、不断变化的场所。

我们回到了小镇的中心。在这里，一条新建的林荫道将经过修复的镇中心会堂和新建的镇长住宅连接起来。我们沿着林荫道漫步，途经道路一侧的教堂、经过翻建的修道院以及另一侧新建的银行，然后转过弯来，看到了改造后的墓地和新建的体育馆。❷ 银行由灰色的混凝土立方体体块构成，混凝土表面留下了木模板的水平向印迹，清晰可辨。银行的正方形立面极具正式感，其中心处设有巨型玻璃窗，玻璃窗中央是一面凸出在外的独立式正方形白粉墙，白粉墙经过抛光而显得异常明亮。墙体顶部向外出挑，形成了底面呈弧形的檐口，檐口下方是伫立在两级大理石台阶上的金属大门。镇长的私宅是一座混凝土塔楼，位于街道转角处，带有花园式内院。长长的混凝土围墙沿街而设，从塔楼一直延伸到了内院另一端的储物房。❸ 住宅的立面面向街道，而起居室却通过双层高的玻璃窗向内部的花园敞开。在屋顶平台上，我们能够看到小镇外围提契诺河畔的美景。

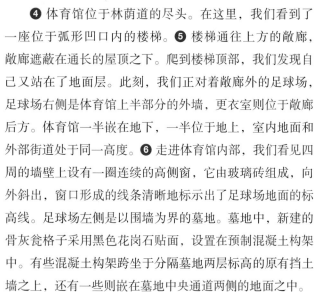

❹ 体育馆位于林荫道的尽头。在这里，我们看到了一座位于弧形凹口内的楼梯。❺ 楼梯通往上方的敞廊，敞廊遮蔽在通长的屋顶之下。爬到楼梯顶部，我们发现自己又站在了地面层。此刻，我们正对着敞廊外的足球场，足球场右侧是体育馆上半部分的外墙，更衣室则位于敞廊后方。体育馆一半嵌在地下，一半位于地上，室内地面和外部街道处于同一高度。❻ 走进体育馆内部，我们看见四周的墙壁上设有一圈连续的高侧窗，它由玻璃砖组成，向外斜出，窗口形成的线条清晰地标示出了足球场地面的标高线。足球场左侧是以围墙为界的墓地。墓地中，新建的骨灰瓮格子采用黑色花岗石贴面，设置在预制混凝土构架中。有些混凝土构架跨坐于分隔墓地两层标高的原有挡土墙之上，还有一些则嵌在墓地中央通道两侧的地面之中。

❼ 最后，我们回到已被改造为学校的修道院。修道院的建筑呈 U 形，形成了内部院子的三条边界。其中两边是由灰色石柱和白粉墙组成的宽敞的拱廊，角落耸立着石砌的教堂钟楼。我们进入以十字拱顶覆盖的拱廊通道，走向原有的转角楼梯，只见梯级像瀑布一般向两侧奔涌而出。❽ 走上楼梯，我们进入一间新建的教室。教室为双层高的空间，内部光线充足。天花板一半为弧形（半个筒形拱），另一半与地面平行。位于弧形天花板下缘的条形

窗俯瞰着后面的花园，而对面夹层工作空间上的条形窗则面向中央的院子。❾ 回到院子中，我们愈发体会到，这个精心设计的空间是斯诺齐送给蒙泰卡拉索镇的最了不起的礼物。院子中央的硬地由灰色石头铺成，被划分为一个个简洁的正方形，硬地周围是一圈草坪（提醒人们这里曾是修道院回廊内的花园）。孩子们在院内嬉戏玩耍，欢声笑语不绝于耳，大人们坐在拱廊的阴影中轻声攀谈，其乐融融。院子被塑造为这座小镇的广场，它是居民社交和公共生活的中心，是赋予小镇居民归属感和身份认同感的共享场所。这个场所包容并保护着人类体验的原真性。

8

9

注释

前言

1 John Dewey, *Art as Experience* (New York: Putnam's, 1934), 4, 231.

2 Alvar Aalto, quoted in Colin St John Wilson, *The Other Tradition of Modern Architecture* (London: Academy, 1995), 76.

3 Ludwig Wittgenstein, *Tractatus Logico-Philosophicus* (London: Routledge and Kegan Paul, 1922), 183.

4 Frank Lloyd Wright, 'In the Cause of Architecture' (1908), *Frank Lloyd Wright: Collected Writings, Volume 1: 1894–1930*, ed. Bruce Pfeiffer (New York: Rizzoli, 1992), 95, 87.

5 Dewey, *op. cit.*, 158.

6 Henri Bergson, *Time and Free Will* (1888; reprint, New York: Harper and Row, 1960), 112.

7 Dewey, *op. cit.*, 193.

8 Ralph Waldo Emerson, 'Experience', *Essays and Lectures* (New York: Library of America, 1983), 487.

9 Louis H. Sullivan, *Kindergarten Chats and Other Writings* (New York: Dover, 1979), 192.

10 Louis Kahn (Alessandra Latour, ed.), *Louis I. Kahn: Writings, Lectures, Interviews* (New York: Rizzoli, 1991), 45–6.

11 Paul Valéry, 'Introduction to the Method of Leonardo da Vinci', in *Paul Valéry: An Anthology*, J. R. Lawler, ed. (Princeton: Princeton University Press, 1965, 1977), 82.

12 Dewey, op. cit., 83.

13 *Ibid.*, 3.

14 *Ibid.*, 270.

15 George Steiner, *Tolstoy or Dostoevsky* (New York: Random House, 1959), 3.

空间

1 Georges Matoré, *L'Espace Humain* (Paris: La Columbe, 1962), 22–23. As quoted in Edward Relph, *Place and Placelessness* (London: Pion, 1986), 10.

2 Henri Lefebvre, *The Production of Space* (Oxford, UK/Cambridge, US: Basil Blackwell, 1991), 1.

3 Joseph Brodsky, *Watermark* (London: Penguin Books, 1997), 44.

4 Bruno Zevi, *Architecture as Space* (1957) (New York: Da Capo Press, 1993), 23.

5 *Ibid.*, 32.

6 人际互动中对空间的下意识利用, 是爱德华·霍尔创建的一个人类学的研究领域——空间关系学 (Proxemics) ——所研究的课题。See Edward T. Hall, *The Hidden Dimension* (New York: Doubleday, 1966).

7 See George Lakoff and Mark Johnson, *Metaphors We Live By* (Chicago/London: University of Chicago Press, 1980).

8 Karsten Harries, 'Thoughts on a Non-Arbitrary Architecture', in: David Seamon (ed), *Dwelling, Seeing, and Designing: Toward a Phenomenological Ecology* (Albany: State University of New York Press, 1993), 47.

9 Gaston Bachelard, *The Poetics of Space* (Boston: Beacon Press, 1969), 46.

10 *Ibid*, 113.

11 As quoted in Rudolf Wittkower, *Architectural Principles in the Age of Humanism* (London: Academy Editions, 1988), 109.

12 *Ibid.*, 109.

13 Martin Heidegger, 'Building, Dwelling, Thinking', *Basic Writings* (New York: Harper and Row, 1997), 334.

14 Maurice Merleau-Ponty, Merleau-Ponty describes the notion of 'the flesh of the world' in his essay, 'The Intertwining—The Chiasm', *The Visible and the Invisible*, edited by Claude Lefort (Evanston: Northwestern University Press, 1959).

15 Joseph Brodsky, 'An Immodest Proposal', *On Grief and Reason* (New York: Farrar, Straus and Giroux, 1997), 206.

16 Merleau-Ponty, 248. "我的身体是用和这世界一样的血肉做成……而且……这世界也用到了我身上的血肉……"。

17 Quoted in Dorothy Dudley, 'Brancusi', *The Dial 82* (February 1927), 124.

18 Adrian Stokes, 出处不详。

19 Maurice Merleau-Ponty, 'The Film and the New Psychology', *Sense and Non-Sense* (Evanston, Ill: Northwestern University Press, 1964), 48.

罗马万神庙

1 *The Interior of the Pantheon*, Giovanni Paolo Panini, National Gallery of Art, Washington DC.

2 Frank E. Brown, *Roman Architecture* (New York: George Braziller, 1961), 35.

佛罗伦萨圣灵教堂

1 Giovanni Fanelli, *Brunelleschi* (Florence: Scala Books, 1980), 74.

橡树园联合教堂

1 Walt Whitman, 'Chanting the Square Deific', *Leaves of Grass* (1855), in *Walt Whitman: Poetry and Prose* (New York: Library of America, 1982), 559.

朗香教堂

1 这段形容来自凯瑟琳·迪安 (Kathryn Dean) 与笔者的对话, 2009年5月。

2 Le Corbusier, 'L'espace indicible' (Ineffable space), *L'Architecture d'Aujourd'hui* (Paris), special arts issue, 2nd quarter, 1946.

洛杉矶天使圣母大教堂

1 Carlos Jimenez, 'The Cathedral by Moneo in Los Angeles', *Arquitectura Viva, AV Monographs 95: Recintos Religiosos* (Madrid), 2002, 121.

时间

1 Karsten Harries, 'Building and the Terror of Time', *Perspecta: The Yale Architectural Journal*, issue 19 (Cambridge: The MIT Press, 1982), as quoted in: David Harvey, *The Condition of Postmodernity* (Cambridge: Blackwell, 1992), 206.

2 George Kubler, *The Shape of Time: Remarks on the History of Things* (New Haven and London: Yale Univeristy Press, 1962), 13.

3 Joseph Brodsky, *Watermark* (London: Penguin Books, 1991), 41.

4 T. S. Eliot, 'Burnt Norton', Four Quartets (San Diego/New York/London: Harcourt Brace Jovanovich Publishers, 1988), 13.

5 As quoted in Jorge Luis Borges, *This Craft of Verse* (Cambridge, MA/London: Harvard University Press, 2000), 19.

6 As quoted in Sigfried Giedion, *Space, Time and Architecture: The Growth of a New Tradition* (Cambridge, MA: Harvard University Press, 1952), 377.

7 Bernard Knox, *Backing Into the Future: The Classical Tradition and Its Renewal* (New York/London: W. W. Norton, 1994).

8 Giedion, *Space, Time and Architecture*, 368.

9 *Ibid*, 376.

10 David Harvey, *The Condition of Postmodernism* (Cambridge, MA: Basil Blackwell, 1992), 284.

11 Milan Kundera, *Slowness* (New York: Harper Collins Publishers, 1966), 39.

12 Italo Calvino, *If on a Winter's Night a Traveler* (San Diego/New York/London: Harcourt Brace

& Company, 1981), 8.

13 Karsten Harries, 'Thoughts on a Non-Arbitrary Architecture', *Dwelling, Seeing, and Designing: Toward a Phenomenological Ecology*, edited by David Seamon (Albany: State University of New York Press, 1993), 54.

14 Helen Dorey, 'Crude Hints', *Visions of Ruin: Architectural Fantasies and Designs for Garden Follies* (London: Soane Gallery, 1999), 53.

15 J. B. Jackson, 'The Necessity For Ruins''The Necessity For Ruins' and Other Topics (Amherst: The MIT Press, 1980), 102.

16 Lars Fr. H. Svendsen, *Ikävystymisen filosofia* [*A Philosophy of Boredom*] (Helsinki: Kustannusosakeyhtiö Tammi, 2005), 175.

17 隐藏在深层时间中的行为性和体验性反应正在引起建筑师和学者的注意。在《建筑愉悦的起源》一书中, 美国建筑师格兰特·希尔德布兰德 (1934年—) 通过我们对特定栖居地类型的生物学偏好解释了某些根本性的建筑布局对我们产生吸引力的原因。Grant Hildebrand, *Origins of Architectural Pleasure* (Berkeley/Los Angeles/London: University of California Press, 1999).

18 Paul Valéry, *Dialogues* (New York: Pantheon Books, 1956), 94.

埃皮达鲁斯露天剧场

1 Vincent Scully, *The Earth, the Temple, and the Gods* (New Haven: Yale University Press, 1962), 206.

古堡博物馆

1 Kenneth Frampton, *Studies in Tectonic Culture* (Cambridge: MIT Press, 1995), 332–3.

穆勒玛奇教堂

1 Juha Leiviskä, *Juha Leiviskä*, Marja-Riita Norri, Kristiina Paatero, eds (Helsinki: Museum of Finnish Architecture, 1999), 50.

水之教堂

1 Tadao Ando, 'The Eternal in the Moment', Francesco Dal Co, ed., *Tadao Ando: Complete Works* (London: Phaidon, 1995), 474.

物质

1 Rainer Maria Rilke, *The Notebooks of Malte Laurids Brigge*, M. D. Herter Norton, trans (New York/London: W. W. Norton, 1992), 30–31.

2 Gaston Bachelard, 'Preface', *Earth and Reveries of Will: An Essay On the Imagination of Matter* (1943) (Dallas, TX: Dallas Institute Publications, 2002), 6.

3 Quoted by Flora Merrill, 'Brancusi, the Sculptor of the Spirit, Would Build "Infinite Column"' in *Park*', *New York World*, 3 October 1926, 4E.

4 Paul Valéry, 'Eupalinos, or The Architect', *Dialogues* (New York: Bollingen Foundation/Pantheon Books, 1956), 69.

5 Gaston Bachelard, *Water and Dreams: An Essay on the Imagination of Matter* (Dallas, TX: Pegasus Foundation, 1983), 3.

6 *Ibid*, 3.

7 Le Corbusier, *Towards a New Architecture* (London: Architectural Press, 1959), 31.

8 As quoted in Mohsen Mostafavi and David Leatherbarrow, *On Weathering: The Life of Buildings in Time* (Cambridge, MA: MIT Press, 1993), 76.

9 Le Corbusier, *L'art décoratif d'aujourd'hui* (Paris: Editions G. Grès et Cie, 1925), 192.

10 Marshall Berman, *All That is Solid Melts into Air: The Experience of Modernity* (London: Verso, 1990), 15.

11 Walter Benjamin, 'Surrealism', as quoted in Anthony Vidler, *The Architectural Uncanny: Essays in the Modern Unhomely* (Cambridge, MA/London: MIT Press, 1999), 218.

12 André Breton, *Nadja*, as quoted in *ibid*, 218.

13 *Louis Kahn Writings, Lectures, Interviews*, introduced and edited by Alessandra Latour (New York: Rizzoli International Publications, 1991), 288.

14 Bachelard, 46.

15 See, Colin St John Wilson, *The Other Tradition of Modern Architecture* (London: Black Dog Publishing, 2007).

16 *The Lamp of Beauty: Writings On Art by John Ruskin*, edited by Joan Evans (Ithaca, New York: Cornell University Press, 1980), 238.

17 Alvar Aalto, Speech at the Helsinki University of Technology, Centennial Celebration, 5 December 1972. Republished in *Alvar Aalto in His Own Words*, edited and annotated by Göran Schildt (Helsinki: Otava Publishing, 1997), 285.

18 Jean-Paul Sartre, *What Is Literature?* (Gloucester, MA: Peter Smith, 1978), 30.

19 在《水与梦：论物质的想象》一书中，巴什拉指出，水象征着像时间、生命和死亡那样的抽象性类别："日常的死亡是水的死亡。水总是在流淌，总是在跌落，总是终结于地平线式的湮灭。在无数例子中，我们会看到，对于正在将这些概念加以形象化的想象力而言，与水相关的死亡比起与土相关的死亡更具梦幻色彩：水的痛苦是无限的。"

威尼斯奇迹圣母堂

1 Adrian Stokes, *The Stones of Rimini* (1934), in *The Image in Form: Selected Writings of Adrian Stokes*, Richard Wollheim, ed. (New York: Harper and Row, 1972), 281, 266–7.

巴塞罗那德国馆

1 Robin Evans, 'Perils of the Imagination', author's notes from a lecture given at the University of Florida, 27 January 1993.

克利潘圣彼得教堂

1 Walter Benjamin, 'The Work of Art in the Age of Its Technological Reproducibility' (1936), *Walter Benjamin: Selected Writings, Volume 3:1935-1938* (Cambridge: Harvard University Press, 2002), 120. 笔者谨向维尔弗里德·王（Wilfried Wang）致以谢忱，感谢他在本雅明的这段论述和克利潘圣彼得教堂之间做出的联系。Wilfried Wang, ed.,*O'Neil FordMonograph 2: St. Petri Church, Klipan 1962-66, Sigurd Lewerentz* (Austin, Texas: University of Texas, 2009), 20.

重力

1 Gaston Bachelard, *Earth and Reveries of Will: An Essay On the Imagination of Matter* (1943) (Dallas, TX: Dallas Institute Publications, 2002), 262.

2 Simone Weil, *Gravity and Grace* (New York: Routledge, 1952),1.

3 Leonardo da Vinci, *Les Carnets*, 2 vols, trans. Louise Servicen (Paris: Gallimard, 1942), 145.

4 Auguste Perret, *Lecture in the 100 Year Celebration of the Helsinki University of Technology* (Arkkitehti 9–10: 1949), 128.

5 *Ibid*, 129.

6 *Ibid*, 130.

7 Bachelard, 262–309.

8 Gustaf Strengell, *Rakennus taideluomana [A Building as an Artistic Creation]* (Helsinki: Otava, 1929), 104 and 111.

9 Kyösti Ålander, *Rakennustaide renessanssista funktionalismiin [The Art of Building from Renaissance to Functionalism]* (Helsinki: Werner Söderström Oy, 1954), 55–56.

埃克塞特学院图书馆

1 Louis Kahn, 'Spaces, Form and Use' (1956), in Alessandra Latour, ed. *Louis I. Kahn: Writings, Lectures, Interviews* (New York: Rizzoli, 1991), 76.

2 *Ibid.*, 69.

光线

1 As quoted in Henry Plummer, (Tokyo: A+U, extra edition, 1987), 135.

2 Gaston Bachelard, *The Poetics of Space* (Boston: Beacon Press, 1969), 35.

3 Hermann Usener, *Götternamen*, as quoted in *ibid*, 195.

4 Le Corbusier, *On the Abbey of Le Thoronet* (near Lorgues, Var, France), quoted in Henry Plummer, 'Poetics of Light' (Tokyo: A+U, December, Extra Edition, 1987), 67.

5 Steen Eiler Rasmussen, *Experiencing Architecture* (Cambridge, MA: MIT Press, 1993), 225.

6 Paul Valéry, 'Eupalinos, or The Architect', *Dia-logues* (New York: Pantheon Books, 1956), 107.

7 Louis Kahn, paraphrasing Wallace Stevens in 'Harmony Between Man and Architecture', *Louis I Kahn Writings, Lectures, Interviews*, edited by Alessandra Latour (New York: Rizzoli International Publications, 1991), 343.

8 Official address, 1980 Pritzker Architectural Prize. Reprinted in *Barragán: The Complete Works*, edited by Raul Rispa (London: Thames and Hudson, 1995), 205.

9 Alejandro Ramírez Ugarte, 'Interview with Luis Barragán' (1962) in Enrique X de Anda Alanis, *Luis Barragán: Clásico del Silencio*, Collección Somosur (Bogota: 1989), 242.

10 Jun'ichirō Tanizaki, *In Praise of Shadows* (New Haven, CT: Leete's Island Books, 1977), 16.

11 As quoted in Robert McCarter, *Frank Lloyd Wright: A Primer on Architectural Principles* (New York: Princeton Architectural Press, 1991), 284.

12 James Turrell, *The Thingness of Light,* edited by Scott Poole (Blacksburg, VA: Architecture Edition, 2000), 1,2.

13 James Carpenter, Lawrence Mason, Scott Poole, Pia Sarpaneva, *James Carpenter* (Blacksburg, VA: Department of Architecture & Urban Studies, Virginia Tech, 2000), 5.

14 Maurice Merleau-Ponty, 'Cezanne's Doubt' in *Sense and Non-Sense* (Evanston, IL: Northwestern University Press, 1992) 19.

15 Martin Jay, as quoted in David Michael Levin, *Modernity and the Hegemony of Vision* (Berkeley/Los Angeles: University of California Press, 1993), 14.

圣索菲亚大教堂

1 Otto Graf, lecture at the Vicenza Institute of Architecture, 1 September 2004.

三十字教堂

1 Donna Cohen, 'Other Waves: An Acoustic Understanding of the Architecture of Alvar Aalto', Thesis, Masters of Science in Archi-tectural Studies, University of Florida, 1998.

金贝尔美术馆

1 Richard Saul Wurman, ed., *What Will Be Has Always Been: The Words of Louis I. Kahn* (New York: Rizzoli, 1986), 63.

寂静

1 Max Picard, *The World of Silence* (Washington DC: Gateway Editions, 1988), 221.

2 As quoted in Picard, 231.

3 Picard, 145.

4 Picard, 141.

5 Picard, 161.

6 Picard, 168.

7 Victor Hugo, *The Hunchback of Notre-Dame*, transl. Catherine Liu (New York: The Modern Library, 2002), 168.

8 *Ibid.*, 162.

9 Picard, 212.

10 *Jean-Paul Sartre: Basic Writings*, edited by Stephen Priest (London and New York: Routledge, 2001), 272.

11 Donald Kuspit, 'Ooppera on ohi' [Opera is over], *Modernin ulottuvuuksia* [Dimensions of the Modern], edited by Jaakko Lintinen (Helsinki: Kustannusosakeyhtiö Taide, 1989), 300.

吉萨金字塔群

1 Louis Kahn, as quoted by Vincent Scully, *Louis I. Kahn: l'uomo, il maestro*, Alessandra Latour, ed. (Rome: Edizioni Kappa, 1986), 147.

帕埃斯图姆神庙群

1 Vincent Scully, *The Earth, the Temple, and the Gods* (New Haven: Yale University Press, 1962), 171.

沙克生物研究所

1 Luis Barragán, as quoted by Louis Kahn, 'Silence', Alessandra Latour, ed., *Louis I. Kahn: Writings, Lectures, Interviews* (New York: Rizzoli, 1991), 232-3. 据路易斯·康书中自述，他邀请巴拉干对他为沙克设计的中央花园给些评价，然而，在触摸过那些混凝土墙之后，巴拉干说道："我不会在这个空间里种上一棵树或一根草。它应该是一座石头的广场，而不是一座花园。如果你把它做成一个广场，你将会赢得一个立面——一个面向天空的立面。"

居所

1 *Aldo van Eyck*, edited by Herman Hertzberger, Addie van Roijen-Wortmann and Francis Strauven (Amsterdam: Stichting Wonen, 1982), 65.

2 Christian Norberg-Schulz, *The Concept of Dwelling: On the Way to Figurative Architecture* (New York: Rizzoli International Publications, 1985), 12.

3 马丁·海德格尔引用德国诗人荷尔德林（Friedrich Hölderlin, 1770—1843年）一首晚期诗作中的短语作为他论文的标题："人，诗意地栖居"。Martin Heidegger, *Poetry, Language, Thought* (New York/ Hagerstown/San Francisco/ London: Harper & Row,1975), 213.

4 Bachelard, 34.

5 Pierre Teilhard de Chardin, *The Phenomenon of Man* (New York/London/Toronto/Sydney/New Delhi/Auckland: Harper Perennial, 2008). The writer develops ideas of this ideal and utopian point in the chapter 'The Convergence of the Person and the Omega Point' on pages 257–268 of the book.

6 Gaston Bachelard, *The Poetics of Space* (Boston: Beacon Press, 1969), 46.

7 *Ibid*, 4.

8 *Ibid*, 6.

9 *Ibid*, 7.

10 *Ibid*, 17.

11 *Ibid*, 79.

12 *Ibid*, 6.

13 Paul Auster, *The Invention of Solitude* (New York: Penguin Books, 1988), 9.

14 Pierre Teilhard de Chardin, *The Phenomenon of Man* (New York: Harper & Row, Publishers, 1965), 219.

多贡人村落

1 Fritz Morgenthaler, 'The Dogon People', *Forum* (1967—8); reprinted in Aldo van Eyck, 'A Miracle of Moderation', George Baird and Charles Jencks, eds, *Meaning in Architecture* (New York: Braziller, 1969), 203.

玛丽亚别墅

1 Juhani Pallasmaa, 'Image and Meaning', Juhani Pallasmaa, ed., *Alvar Aalto; Villa Mairea 1938–1939* (Helsinki: Alvar Aalto Foundation, 1998), 93.

房间

1 Louis Kahn, 'Architecture: Silence and Light', *Louis I. Kahn: Writings, Lectures, Interviews*, edited by Alessandra Latour (New York: Rizzoli International Publications, 1991), 251.

2 Curzio Malaparte, *Fughe in Prigione* [Escape in prison] (Milan: Aria d'Italia, 1943), foreword to the 2nd edition. 引用段落出自作家对监狱生活的苦涩回忆的描写。

3 Bo Carpelan, *Homecoming*, trans. David McDuff (Manchester: Carcanet, 1993), 111.

4 Sigfried Giedion, *Bauen in Frankreich* (Berlin, 1928), as quoted in Anthony Vidler, *The Architectural Uncanny: Essays in the Modern Unhomely* (Cambridge, MA/London: MIT Press, 1999), 217.

5 C. G. Jung's dream published in Clare Cooper, 'The House as Symbol of Self', in J. Lang, C. Burnette, W. Moleski and D. Vachon, editors, *Designing for Human Behavior* (Stroudsburg: Dowden, Hutchinson and Ross, 1974), 40–41.

6 Marcel Proust, *In Search of Lost Time, Volume 1: Swann's Way*, trans. C. K. Scott Moncrieff and Terence Kilmartin (London: Vintage, 1996), 4–5.

7 Marilyn R. Chandler, *Dwelling in the Text: Houses in American Fiction* (Berkeley/Los Angeles/Oxford: University of California Press, 1991), 3–10.

8 Rainer Maria Rilke, *The Notebooks of Malte Laurids Brigge*, trans. M. D. Herter Norton (New York/London: W. W. Norton, 1996), 4–5.

9 *Aldo van Eyck*, edited by Herman Hertzberger, Addie van Roijen-Wortmann, Francis Strauven (Amsterdam: Stichting Wonen, 1982), 45.

法国国家图书馆

1 Kenneth Frampton, *Studies in Tectonic Culture* (Cambridge, MA: MIT Press, 1995), 48.

约翰逊制蜡公司总部大楼

1 Frank Lloyd Wright, *An American Architecture* (New York: Horizon, 1955), 165.

仪式

1 As quoted in Edward Relph, *Place and Placelessness* (London: Pion, 1986), 51.

2 Richard Kearney, *Poetics of Imagining* (London: Harper Collins Academic, 1991), 158.

3 Paul Ricouer, 'L'histoire comme récit et comme pratique', interview with Peter Kemp, editor (Paris: *Esprit* no 6, June 1981), 165.

4 Louis Kahn, 'The Room, the Street, and Human Agreement', in *Louis I. Kahn Writings, Lectures, Interviews*, introduced and edited by Alessandra Latour (New York: Rizzoli International Publications, 1991), 265.

5 Karsten Harries 'Thoughts on a Non-Arbitrary Architecture', in David Seamon, editor, *Dwelling, Seeing and Designing: Towards a Phenomenological Ecology* (Albany: State University of New York Press, 1993), 47.

6 For example, Carl G. Jung, *Man and his Symbols* (New York: Doubleday, 1976 [1964]).

7 Sinclair Gauldie, *Architecture, the Appreciation of the Arts* (London: Oxford University Press, 1969), as quoted in Juan Pablo Bonta, *Architecture and Its Interpretation* (New York: Rizzoli, 1979), 226.

8 Adrian Stokes 'Smooth and Rough', as quoted in Colin St. John Wilson, 'Alvar Aalto and the State of Modernism', *Alvar Aalto vs. The Modern Movement*, ed. Kirmo Mikkola, (Helsinki: 1981), 114.

9 Colin St John Wilson, 'Architecture—Public Good and Private Necessity', *RIBA Journal*, March 1979.

10 Joseph Rykwert, *The Idea of a Town* (Cambridge, MA/London: MIT Press, 1999). 书中引用了罗马城建城的故事以及其他关于旧大陆城市建城的神话作为例证。

11 段义孚 (Yi-Fu Tuan), *Landscapes of Fear* (New York: Pantheon Books, 1979), 206, 207.

12 The fascinating Dogon mythology is recorded in Marcel Griaule, *Conversations with Ogotemmêli: An Introduction to Dogon Religious Ideas* (London: Oxford University Press, 1975 [1965]).

13 As quoted in Richard Plunz, 'A Note on Politics, Style and Academe' (*Precis*, Spring 1980).

14 Edward F. Edinger, *Ego and Archetype* (Baltimore: Penguin Books, 1973), 109, 117.

切尔托萨修道院

1 Lewis Mumford, 'The Monastery and the Clock', *The Lewis Mumford Reader*, Donald Miller, ed. (New York: Pantheon, 1986), 324.

萨伏伊别墅

1 Kenneth Frampton, *Le Corbusier: Architect of the Twentieth Century* (New York: Abrams, 2002), 4.42.

记忆

1 Antoine de Saint-Exupéry, *Wind, Sand and Stars* (London: Penguin Books, 1991), 39. 这位传奇的飞行员描写作家在飞行员紧急降落在北非的沙漠中之后, 追忆起他童年时代的家。

2 T. S. Eliot, *Four Quartets* (New York: Harcourt Brace Jovanovic Publishers, 1971), 58, 59.

3 Joseph Brodsky, *Watermark* (London: Penguin Books, 1992), 61.

4 Ludwig Wittgenstein, *Tractatus Logico-Philosophicus* (Milton Keynes UK: Lightning Source UK Ltd, 2009, 78 [proposition 5.63]).

5 As quoted in Robert Hughes, *The Shock of the New—Art and the Century of Change* (London: Thames and Hudson, 1980), 225.

6 Joseph Brodsky, 'A Place as Good as Any', in *On Grief and Reason* (New York: Farrar, Straus and Giroux, 1997), 43.

7 Wallace Stevens, 'Theory', in *The Collected Poems* (New York: Vintage Books, 1990), 86.

8 Noël Arnaud, as quoted in Gaston Bachelard, *The Poetics of Space* (Boston: Beacon Press, 1969), 137.

9 Marcel Proust, *In Search of Lost Time* (London: Random House, 1996), 59–60.

10 Edward S. Casey, *Remembering: A Phenomenological Study* (Bloomington and Indianapolis: Indiana University Press, 2000), 148 and 172.

11 Milan Kundera, *Slowness* (New York: Harper Collins Publishers, 1966), 39.

12 As quoted in Casey, 1.

13 Gaston Bachelard, *Water and Dreams: An Essay on the Imagination of Matter* (Dallas: Pegasus Foundation, 1983), 46.

14 *Borges on Writing*, edited by Norman Thomas di Giovanni, Daniel Halpern and Frank MacShane (Hopewell, NJ: Ecco Press, 1994), 53.

15 Milan Kundera, *The Art of the Novel* (New York: HarperCollins Publishers, 2000), 158.

克诺索斯宫

1 Aldo van Eyck, *Aldo van Eyck: Writings*, Vincent Ligtelijn and Francis Strauven, eds (Amsterdam: SUN, 2008), 425.

阿尔罕布拉宫

1 The Koran, as quoted in John Hoag, *Islamic Architecture* (New York: Abrams, 1977), 126.

神圣裹尸布小圣堂

1 Robin Evans, 'Perils of the Imagination', lecture given at the University of Florida, 27 January 1993; Robert McCarter, 'Robin Evans: Perils of the Imagination', *ARK* (University of Florida, spring 1995), 12.

图尔库复活小教堂

1 布吕格曼引用斯宾诺莎的这句短语作为他的设计竞赛方案的题记。Quoted in Janey Bennett, 'Sub Specie Aeternitatis', Riita Nikula, ed., *Erik Bryggman, Architect, 1891-1955* (Helsinki: Museum of Finnish Architecture, 1991), 243.

地景

1 Peirce F. Lewis, 'Axioms for Reading the Landscape', in D. W. Meinig (ed), *The Interpretation of Ordinary Landscapes: Geographical Essays* (New York: Oxford University Press, 1979), 12.

2,3,4 Aulis Blomstedt, *Thought and Form: Studies in Harmony*, edited by Juhani Pallasmaa (Helsinki: Museum of Finnish Architecture, 1980), 20.

5 Mildred Reed Hall and Edward T. Hall, *The Fourth Dimension In Architecture* (Santa Fe: Sunstone Press, 1975), 8.

6 *Ibid*, 9.

7 Gaston Bachelard, *The Poetics of Space* (Boston: Beacon Press, 1969), 72.

8 See, Segall, Campbell, Herskovits, *The Influence of Culture on Visual Perception* (Indianapolis/New York: The Bobbs-Merrill Company Inc., 1966).

弗吉尼亚大学

1 Louis Kahn, 'Form and Design' (1960); reprinted in Robert McCarter, *Louis I. Kahn* (London: Phaidon, 2005), 465.

流水别墅

1 Donald Hoffmann, *Frank Lloyd Wright's Fallingwater: The House and its History* (New York: Dover, 1978), 56.

2 Jay Appleton, *The Experience of Landscape* (New York: John Wiley, 1975).

场所

1 Albert Einstein, foreword to Max Jammer, *Concepts of Space: The History of Theories of Space in Physics* (Cambridge, MA: Harvard University Press, 1970), 2nd edition, p. XII. As quoted in J. E. Malpas, *Place and Experience: A Philosophical Topography* (Cambridge, UK: Cambridge University Press, 2007 [1999]), 19.

2 Edward Relph, *Place and Placelessness* (London: Pion, 1976), Preface, page.

3 Edward S. Casey, *The Fate of Place: A Philoso-*

phical History (Berkeley/Los Angeles/London: University of California Press, 1998), IX.

4　Charles Moore and Kent Bloomer, *Body, Memory, and Architecture* (New Haven, CT: Yale University Press, 1977), 107.

5　J. E. Malpas, *Place and Experience: A Philosophical Topography* (Cambridge, UK: Cambridge University Press, 2007), 27–28.

6　Kevin Lynch, *The Image of the City* (Cambridge, MA: MIT Press, 1960).

7　Jacquetta Hawkes, *A Land* (London: Cresset Press, 1951), 151. (Cambridge, MA: MIT Press, 1972), 41.

8　Kevin Lynch, *What Time Is This Place?* (Cambridge, MA: MIT Press, 1972), 41.

9　Edward Relph, 'Modernity and the Reclamation of Place', in *Dwelling, Seeing, and Designing: Toward a Phenomenological Ecology*, edited by David Seamon (Albany: State University of New York Press, 1993), 37.

10　For a current discussion of atmospheres see Juhani Pallasmaa, "Space, Place and Atmosphere: peripheral perception and emotion in architectural experience", Inaugural Kenneth Frampton Endowed Lecture at Columbia University in New York on 19 October 2011.

11　Kevin Lynch, *The Image of the City*, 4,5.

12　Simone Weil, *The Need for Roots* (London: Routledge, 2001), 43.

13　Edward Relph, *Place and Placelessness*, 51.

14　Gaston Bachelard, *The Poetics of Space* (Boston: Beacon Press, 1969), 72.

卡比托利欧广场

1　Christian Norberg-Schulz, *Meaning in Western Architecture* (New York: Praeger, 1975), 272.

阿姆斯特丹市立孤儿院

1　我在本章中撰写的栖居体验来自一座几乎已经不复存在的建筑：因为不恰当的"重新利用和翻新"，孤儿院遭受着日益加剧的破坏。笔者真诚地希望荷兰政府能够介入并修复这座伟大的建筑物———一座献给人类精神的真正的纪念碑。（罗伯特·麦卡特）

图片来源

Abxbay 126; ADAGP, Paris and DACS, London 2011/Photo Phillips Collection Washington DC, USA/DACS/The Bridgeman Art Library 14 (l); © Adam Woolfitt/Corbis 332 (l); akg/Bildarchiv Steffens 191 (l), 191 (r), 229 (l); akg/De Agostini Pic. Lib. 88, 91, 90, 296 (l), 337; akg/Bildarchiv Monheim 164, 232, 234 (t), 294, 372 (t); akg-images/Albatross 335; akg-images/album 31(b), 339, 340 (r), 340 (l); akg-images/Alfons Rath 372 (r); akg-images/Andrea Jemolo 87, 190 (t), 368; akg-images/Cameraphoto 233; akg-images/Catherine Bibollet 163; akg-images/Erich Lessing 157 (r), 270, 271 (t), 410; akg-images/François Guénet 228, akg-images/Gerard Degeorge 57, 158, 165, 224, 341 (b), 372 (l); akg-images/Hilbich 95 (b-l), 296 (r); akg-images/Interfoto 86; akg-images/Pirozzi 371; akg-images/ullstein bild 408; akg-images/View Pictures Ltd 30 (r); akg-images/L.M.Peter 321; akg-images/Schütze/Rodemann 325 (b); Alamy © Bildarchiv Monheim GmbH/Alamy 125, 170, 172 (r); Alamy © David Ball/Alamy 194; Alamy © Otto Greule/Alamy 193 (r); Alamy © Werner Dieterich/Alamy 172 (r); Alan Wylde 351 (l); Aldo van Eyck/© Aldo van Eyck archive 293 (m), 429 (left); © Alinari Archives/Corbis 122; Alvar Aalto Museum © Martii Kapanen/Alvar Aalto Museum 243, 244, 246, 247; Anders Bengtsson 111 (l), 112; © Andrea Jones/Alamy 366 (r); © Andreas Keller/Artur Images 103 (t); © Angelo Hornak/Alamy 16, 119 (l); © Angelo Hornak/Corbis 30 (l); Anthony Browell Photography 431, 432, 434 (l,r), 435; Antony Browell courtesy of Architecture Foundation Austrailia 248, 249, 250, 251 (b,t); Antti Bilund 82 (m); © Araldo de Luca/Corbis 123, 124 (b); © Arcaid Images/Alamy 31 (t), 276, 279 (t,b); © Architectural Press Archive/RIBA Library Photographs Collection 242; Archivision 200, 202 (l,r); © Ariadne Van Zandbergen / Alamy 225 (b); Armando Solos Portugal/The Solos Portugal Archive, Mexico 187 (m); © Art Directors & TRIP/Alamy 40; © Art on File/Corbis 18 (r), 38; Atlantide Phototravel/Corbis 417 (b); © Axel Hartmann/Artur Images 101; Barragan Foundation, Birsfelden, Switzerland/ProLitteris/DACS 153 (r), 205, 206, 207; BECHS – Buffalo and Erie County Historical Society, used by permission 236; © Bernard Annebicque/Sygma/Corbis 266 (t); Bernard Gagnon 12 (m); © Bernard O'Kane / Alamy 282 (l); © Bildarchiv Monheim GmbH / Alamy 234 (b), 322 (b), 325 (t); © Bill Ross/Corbis 199 (b); © Blaine Harrington III/Corbis 159; © Bob Winsett/CORBIS 197; Botand Bognar 74, 75, 76, 77 (t); Brad Darren 27 (l); © Brooks Kraft/Corbis 196; charistoone-stock/Alamy 311; © Charles Bowman/Robert Harding World Imagery/Corbis 160, 192; © Chris Deeney / Alamy 190 (b); © Christophe Boisvieux/Corbis 59, 61; Christopher Little 390, 391, 392, 393, 394, 395; Clinton Steeds 367 (r); CM/foto Hans Wilschut 258 (l); Collection Centre Canadien d'Architecture/Canadian Centre for Architecture, Montréal 238, 239, 240 (t,b); © Aldo van Eyck archive 424; © Renzo Piano Building Workshop 142; Corbis © Michele Burgess/Corbis 89; Corbis/GE Kidder Smith 277, 278; © Cubolmages srl/Alamy 23 (b); © Daniel Hewitt / RIBA Library Photographs Collection 144; © Dave Pattison/Alamy 235, 372 (b); © David Sailors/CORBIS 382 (t); © Dennis Hance/RIBA Library Photographs Collection 245; Dimboukas 186 (r); © Duccio Malagamba 397, 398 (l), 398 (r), 399 (t,b); Elizabeth Buie 95 (r); Emmanuel Thirard/RIBA Library Photographs Collection 130; © Erich Lessing 269, 266 (b), 267 (r); © ETCbild / Alamy 405 (r); Eva Kröcher 12 (l); Fernando Guerra 396; © Fototeca CISA A. Palladio - Stefan Buzas 68 (l), 69, 333 (r), 354, 355; Fototeca CISA A. Palladio - Vaclav Sedy 66, 67 (r); Francine van den Berg MA 293 (r); © Francis G. Mayer/CORBIS 17 (r); © Francois Halard/ Trunk Archive 131, 132, 133, 134 (t,b), 135; Fred de Noyelle/Godong/Photononstop/Corbis 49; French School/Bridgeman Art Library/Getty Images 118 (r); Fulvio Roiter © CISA–A. Palladio 356 (t); Gabriele Basilico 260, 262 (l,r), 263(l,r); Gamma-Rapho via Getty Images 331 (r); Gareth Gardner 384, 386 (t,b), 387 (t,b), 389; Georg Mayer 175, 176

(l,r), 177 (l,r); Getty David Madison 231; © Getty Images 412 (r); Courtesy Getty Research Institute, Research Library, 84-B10997 © 2007 Fondation Le Corbusier 291 (l), 292 (r); Getty/Leemage 18 (l), 173 (tr); Getty/Robert Llewellyn 383 (r); Gianantonio Battistella ©CISA- A. Palladio 352, 356 (b); Giani Blumthaler 203; Grant Mudford, Los Angeles 137 (r), 138; Hans Wilschut 272, 237 (t), 275 (t, l,r), 276 (b); © Helene Binet 145, 146 (t,b), 187 (r); © Hercules Milas/Alamy 336 (br); Hervé Champollion/akg-images 223, 343, 411, 412 (l); © Hervé Hughes/Hemis/Corbis 417 (t); Hickey & Robertson/© Renzo Piano Building Workshop 141, 143 (r); © Ian Nellist / Alamy 225 (tr); ICE 119 (r); © imagebroker/Alamy 82 (l), 189; © Ingolf Pompe 52 / Alamy 218 (r); © International Photobank / Alamy 342; © Jan Wlodarczyk / Alamy 55 (b); Jeffery Howe 381; Jeffrey Pfau 47; JJ van der Meyden 427; © John Heseltine/Corbis 195 (l,r); © John Warburton-Lee Photography/Alamy 225 (tl); Joni S 152 (l); © Jose Fuste Raga/Corbis 313; © José Palanca / Alamy 157 (l); Juhani Pallasmaa 218 (l), 292 (l); Keith Collie / RIBA Library Photographs Collection 268; Kevoh 72 (l); © Klaus Frahm/Artur Images 68 (r), 357; Kochi Prefecture/Ishimoto 298, 299, 300, 301, 302, 303 (l,r); Kolossos 50; Krohorl 129; Kroller Muller Museum 14 (r); Lars Hallen/Design Press 406; László Sáros 332 (r); © Lizzie Shepherd/Eye Ubiquitous/Corbis 58; © Lonely Planet Images/Alamy 25; © Louis Galli/Alamy 318; Louis van Paridon/copyright Louis van Paridon 426 (t,b); Lund & Slatto 154 (l); Maija Holma, Alvar Aalto Museum 420, 421, 423 (l,r); Maija Vatanen, Alvar Aalto Museum 418; © Marco Cristofori / Alamy 193 (l); Margherita Spilutitni 96, 97 (l,r), 98, 99 (l,r); © Mark Karrass/Corbis 198 (t); Mark Roboud/ © Renzo Piano Building Workshop 143 (l); © MARKA/Alamy 22 (r), 336 (tl); Martin Charles 105, 388; © Massimo Listri/CORBIS 65 (l), 67 (l); © Masterpics/Alamy 152 (r); Matteo Bimonte. 305 (l), 306 (r); Michael Moran/OTTO 358, 359, 360, 361 (r,l); © Michael Runkel/Robert Harding World Imagery/Corbis 55; © Michelle Enfield / Alamy 312; © Mike Burton/Arcaid/Corbis 19; © Mike Smartt / Alamy 92; Mimmo Frassinetti AGF/Scala, Florence 167 (l); © Mimmo Jodice/corbis 227, 229 (r); © MLaoPeople / Alamy 41 (r); © Mondadori Electa/Arcaid/Corbis 21; © moodboard/Corbis 17 (l); Mrilabs 153 (l); Museum of Finnish Architecture 369; Museum of Modern Art 48; National Gallery, London/Scala, Florence 405 (l); © Nic Cleave Photography/Alamy 416 (l); © Nickolay Stanev 56; © Nik Wheeler/Corbis 308; © Nikreates/Alamy 29; © Oliver Hoffmann / Alamy 23 (t); Pat Lubas 198 (b), 199 (t); © Paul Almasy/Corbis 264; Paul Hester/© Renzo Piano Building Workshop 140, 154 (r); © Paul Seheult/Eye Ubiquitous/Corbis 22 (l); Paul Warchol Photography Inc 280, 282 (r), 283 (t,b), 284, 285; © Peter Aaron/OTTO 314, 315, 316, 317, 319 (l); Peter Aprahamian 208, 209, 210, 211, 213 (r,l), 407 (l); Peter Blundell Jones 104, 106, 107, 108 (t,b), 109; Peter Guthrie 111 (r), 113 (t,b), 333 (l); Peter Leng 71; Peter Sheppard / RIBA Library Photographs Collection 39; © Philip Scalia / Alamy 28; Photoservice Electa/Universal images group/Getty Images 416 (r); © pictureproject / Alamy 94 (l); R. & S. Michaud/akg-images 156; Rama 121 (l); © Ray Roberts/Alamy 12 (r); Renata 404; Rene Burri/Magnum Photos 258 (r); © Riccardo Moncalvo 344, 345 (l,r), 346, 347; © Richard Bryant/Arcaid/Corbis 63, 64, 65(b); Richard Pare 77 (b); Robert Elwall / RIBA Library Photographs Collection 83, 102; © Robert Harding Picture Library Ltd/Alamy 222, 267 (l); Robert LaPrelle, © Kimbell Art Museum, Fort Worth 178, 179, 180, 181 (l,r); Robert MacCarter 137 (l); © Robert Rosenblum/Alamy 41 (l); Roberto Schezen/Esto 84; Roger Ulrich 297; © Roger Wood/Corbis 336 (tr), 413; © Roland Halbe/Artur Images 100; Roland Halbe/RIBA Library Photographs Collection 103 (b); © Ross Warner/Alamy 94 (r); Rune Snellman, Alvar Aalto Museum 422; Scala – The Frank Lloyd Wright Fdn, AZ/Art Resource, NY/Scala, Florence 241; Scala, Florence 26 (r), 124 (m), 166, 167 (r), 168, 169, 201, 414; Scala, Florence – courtesy of Musei Civici Florentini 26 (l); Scala, Florence – courtesy of the Ministero Beni e

Att.Culturali 295; Scott Gilchrist/archivision 271 (b); © Sean Clarkson/Alamy 226; © Sonia Halliday Photographs/Alamy 52; Stace Carter 382 (b), 383 (l); © Stefania Beretta 436, 437 (l,r), 438 (t), 439 (b), 440 (l,r), 441 (t,b); © Steven Vidler/Eurasia Press/Corbis 60, 162; Stockfolio/Alamy 54; © Stormcab / Alamy 341 (t); © Sue Clark / Alamy 336 (ml); © SuperStock/Alamy 257 (l); Swedish Architectural Museum 330 (l,r); © Sylvain Sonnet/Corbis 95 (t), 127, 128, 161, 309; Taller de escultura, Luis Gueilbert, Coleccion A. Gaudi 120 (l); Teun Hocks 219 (l); © The Art Archive / Alamy 186 (m), 256 (r); Thermos 118 (l); © Thomas Mayer/Artur Images 34, 35, 36 (t,b), 37; Timo Jakonen 348, 349, 350, 351 (r); Timothy Brown 61; Tomi Studio 319 (r); © Travel Division Images / Alamy 27 (r); By courtesy of the Trustees of Sir John Soane's Museum/Jeremy Butler 62, 65 (tr); Urs Buttiker 136, 139, 407 (r); Van der Meyden/ © Aldo van Eyck archive 428; © View Pictures Ltd/Alamy 320, 322 (t), 324; Vilhelm Helander, Juha Leiviskä, arkkitehdit SAFA 70 (l); Villedargent 53; Violette Cornelius/© Nederlands Fotomuseum 429; Walker Art Gallery, National Museums Liverpool/The Bridgeman Art Library 366 (l); White Star S.R.L. 46 (r); Wilfried Schnetzler 173 (l); Wolfram Janzer/Artur Images 32, 33; Yoshiharu Matsumura 374, 376 (t,b), 377, 378, 379; Zodioque 187 (l); © Zooey Braun/Artur 147

Every reasonable effort has been made to acknowledge the ownership of copyright for photographs included in this volume. Any errors that may have occurred are inadvertent, and will be corrected in subsequent editions provided notification is sent in writing to the publisher.

索引

下文中的斜体数字代表该人名或作品名称出现在此页的图注中。

谨以此书纪念我的父亲——尼利·麦卡特（Neely McCarter）

致谢

本书所涉及的时间和地域范围之广、话题之丰富，以及在诸多贯穿人类历史的伟大建筑作品中做出的艰难选择，让身为作者的我们在撰写致谢感言时十分为难。在去粗取精的建筑生涯中，笔者曾受到过无数前人理念和经验的深刻影响，在此实在无法一一提及。

但是我必须要感谢我的编辑——费顿出版社的维维安·康斯坦丁诺普洛斯（Vivian Constantinopoulos）。维维安早在1993年就建议我写一本"关于建筑的入门书"。虽然我起初有些迟疑，但在此后的12年间，在我致力于费顿的其他出版计划的那段时间中，我的编辑们曾反复提起过这个想法。当卡伦·斯坦（Karen Stein）在2005年年初让我写一份关于建筑入门书的正式提案时，我说我觉得这不是那种我可以独自驾驭的书籍。我请来了我的好友尤哈尼·帕拉斯玛（Juhani Pallasmaa），他也一直在考虑写一本入门书。于是我们达成了一致，以我们共持的对"建筑即体验"的理解为基础，一起投身于这本入门书的编写之中。我们的合作于2005年秋天开始。随之而来的是一个意料之外却令人欣喜的结果，那就是我们友谊的不断加深。甚至可以说，在我们共同的努力下，收获的成果远远超过了一本书。

最终的成书，在很大程度上，是费顿的执行主编埃米莉亚·泰拉尼（Emilia Terragni）和编辑萨拉·戈德史密斯（Sara Goldsmith）、乔·皮卡德（Joe Pickard）、帕梅拉·巴克斯顿（Pamela Buxton）以及费顿团队全体成员的心血结晶。我特别要感谢理查德·施拉格曼（Richard Schlagman），在我与费顿出版社超过20年的合作交往中，他对我的诸多写作项目给予了坚定的支持。

就我个人而言，我希望读者能够在本书中感受到我从父亲尼利·狄克逊·麦卡特那里习得的一些世界观——强烈的好奇心、建设性的批判、道德性的根基、开放的心态和全身心的投入。谨以此书纪念我的父亲。

罗伯特·麦卡特
美国，圣路易斯
2012年

图书在版编目（CIP）数据

认识建筑 / （美）罗伯特·麦卡特 (Robert McCarter)，（芬）尤哈尼·帕拉斯玛 (Juhani Pallasmaa) 著；宋明波译 . -- 长沙：湖南美术出版社，2020.5（2024.2 重印）
　　ISBN 978-7-5356-8837-8

Ⅰ . ①认… Ⅱ . ①罗… ②尤… ③宋… Ⅲ . ①建筑艺术—世界 Ⅳ . ① TU-861

中国版本图书馆 CIP 数据核字 (2019) 第 133696 号

RENSHI JIANZHU
认识建筑

出 版 人：黄　啸　　　　　　　　　　著　　者：［美］罗伯特·麦卡特　　［芬］尤哈尼·帕拉斯玛
译　　者：宋明波　　　　　　　　　　选题策划：后浪出版公司
出版统筹：吴兴元　　　　　　　　　　编辑统筹：蒋天飞
责任编辑：贺澧沙　　　　　　　　　　特约编辑：魏　林
营销推广：ONEBOOK　　　　　　　　装帧制造：墨白空间·肖　雅
出版发行：湖南美术出版社（长沙市东二环一段 622 号）
　　　　　后浪出版公司

印　　刷：天津图文方嘉印刷有限公司　　　开　　本：889×1194　1/16
字　　数：680 千　　　　　　　　　　　印　　张：28.25
版　　次：2020 年 5 月第 1 版　　　　　　印　　次：2024 年 2 月第 5 次印刷
定　　价：198.00 元

读者服务：reader@hinabook.com 188-1142-1266　　　投稿服务：onebook@hinabook.com 133-6631-2326
直销服务：buy@hinabook.com 133-6657-3072　　　　网上订购：https://hinabook.tmall.com（天猫官方直营店）

后浪出版咨询(北京)有限责任公司　投诉信箱：editor@hinabook.com　fawu@hinabook.com
本书若有印、装质量问题，请与本公司联系调换，电话：010-64072833